国家级职业教育规划教材

人力资源社会保障部职业能力建设司推荐

高等职业技术院校电类专业教材

SMT基础与工艺

SMT JICHU YU GONGYI

主 编 夏威

中国劳动社会保障出版社

简介

本书主要内容包括表面组装技术基础，表面组装元器件，表面组装电路板，锡膏印刷工艺与设备，SMT 贴片工艺与设备，贴片胶涂覆工艺与设备，SMT 焊接工艺与设备，SMT 检测、返修工艺与设备，SMT 清洗工艺与材料，贴片小音响的装配与调试等。

本书由夏威任主编，赵丽芝、张凤香任副主编，曾世芳、郝国勇、步晓文参加编写；肖俊任主审。

图书在版编目（CIP）数据

SMT 基础与工艺 / 夏威主编 . -- 北京：中国劳动社会保障出版社，2021
高等职业技术院校电类专业教材
ISBN 978-7-5167-4929-6

Ⅰ.①S… Ⅱ.①夏… Ⅲ.①SMT技术–高等职业教育–教材 Ⅳ.①TN305

中国版本图书馆 CIP 数据核字（2021）第 217380 号

中国劳动社会保障出版社出版发行

（北京市惠新东街 1 号 邮政编码：100029）

*

三河市华骏印务包装有限公司印刷装订 新华书店经销

787 毫米 ×1092 毫米 16 开本 15 印张 345 千字
2021 年 12 月第 1 版 2021 年 12 月第 1 次印刷

定价：29.00 元

读者服务部电话：（010）64929211/84209101/64921644

营销中心电话：（010）64962347

出版社网址：http://www.class.com.cn

http://jg.class.com.cn

前　言

为了更好地适应全国高等职业技术院校电类专业教学要求，全面提升教学质量，人力资源社会保障部教材办公室组织有关学校的一线教师和行业、企业专家，充分调研企业生产和学校教学情况，广泛听取各职业技术院校对教材使用情况的反馈意见，对 2006 年至 2007 年出版的高等职业技术院校电类专业教材进行了修订，并做了适当的补充开发。

本次教材修订（新编）工作的重点主要体现在以下四个方面：

第一，科学合理安排内容，融入先进教学理念。

根据电类专业毕业生所从事职业的实际需要和教学实际情况的变化，合理确定学生应具备的能力与知识结构，适当调整部分教材的内容及其深度、难度，如《数控机床电气检修（第二版）》中增加了教学中广泛使用的广数 GSK980T 系统的相关知识；根据相关工种及专业领域的最新发展，在教材中充实"四新"内容，如《变频技术及应用（三菱　第二版）》中改用目前广泛应用的较新型的 FR-E740 型通用变频器。同时，结合教学改革要求，在教材中融入较为成熟的课改理念和教学方法，以完成具体典型工作任务为主线组织教材内容，将理论知识的讲解与具体的任务载体有机结合，激发学生学习兴趣，提高学生实践能力。

第二，进一步完善教材体系，充分满足教学需求。

在进一步完善现有教材教学内容的基础上，适应专业发展趋势，新开发了《电力电子技术》《过程控制技术》《工业组态软件应用技术》《自动化综合实训》《SMT 基础与工艺》《SMT 设备操作与维护》《SMT 编程技术》等教材，以充分满足当前教学实际需求。

第三，涵盖国家职业标准，与职业技能等级认定要求相衔接。

教材编写坚持以国家职业标准为依据，涵盖相关国家职业标准中、高级的知识和技能要求，并在与教材配套的习题册中增加针对相关职业技能等级认定考试的练习题。同时，严格贯彻国家有关技术标准的要求。

第四，进一步开发辅助产品，提供优质教学服务。

根据大多数学校的教学实际需求，部分教材还配套开发了习题册，以便于学生巩固练习使用。本套教材均提供多媒体教学课件，可通过中国技工教育网（http://jg.class.com.cn）下载，进入主页后搜索相应教材即可找到下载链接。

本次教材的修订（新编）工作得到了江苏、安徽、山东、河南、湖南、广东、广西、四川等省人力资源社会保障厅及一些高等职业技术院校的大力支持，教材的编审人员做了大量的工作，在此我们表示诚挚的谢意。

人力资源社会保障部教材办公室

2021 年 7 月

目 录
CONTENTS

高等职业技术院校电类专业教材

第一章　表面组装技术基础

表面组装技术（surface mount technology，SMT）是当今电子产品制造业中最具生命力的技术之一。在发达国家的电子产品制造企业中，采用 SMT 的已经超过 80%，在我国 SMT 也已迅速发展成为主流的制造技术。SMT 已经成为现代电子产品制造业的核心技术之一。

§1—1　SMT 的产生、特点与发展

学习目标

1. 了解表面组装技术产生的背景。
2. 了解表面组装技术的发展历程。
3. 熟悉表面组装技术的主要特点。
4. 了解表面组装技术的发展趋势。

表面组装技术又称表面贴装技术、表面安装技术，是目前电子组装行业里最流行的一种技术和工艺。它是一种将无引脚或短引脚表面组装元器件（surface mount components/surface mount devices，表面组装元件 / 表面组装器件，简称 SMC/SMD）安装在印制电路板（printed circuit board，PCB）的表面或其他基板的表面上，通过再流焊或浸焊等方法实现焊接组装的电路装联技术。

一、SMT 的产生背景和特点

1. 表面组装技术的产生背景

电子应用技术的快速发展，表现出智能化、多媒体化和网络化三个显著的特征。智能化体现在信号从模拟量转换为数字量，并用计算机进行处理；多媒体化体现在从文字信息交流向声音、图像信息交流的方向发展，使电子设备更加人性化、更加深入人们的生活与工作；网络化是指用网络技术把独立系统连接起来，高速、高频的信息传输使整个单位、地区、国家以至全世界实现资源共享。这种发展趋势和市场需求对电路组装技术提出了如下要求。

（1）高密度化。即单位体积电子产品处理信息量的提高。

（2）高速化。即单位时间内处理信息量的提高。

（3）标准化。用户对电子产品多元化的需求，使少量品种的大批量生产转化为多品种的小批量生产，这样必然对元器件及装配手段提出更高的标准化要求。

这些要求推动了通孔基板 PCB 上插装电子元器件的工艺方式的革命，从而使得电子产品的装配技术全方位地转向 SMT。表面组装技术起源于美国，1963 年世界出现了第一只表面组装元器件。之后，随着表面组装技术的日益成熟和工艺可靠性的不断提高，SMT 开始由

初期主要应用在军事、航空、航天等尖端产品和投资类产品逐渐广泛应用到计算机、通信、工业自动化、消费类电子产品等各行各业。进入 20 世纪 80 年代，SMT 成为国际上最热门的新一代电子组装技术，被誉为电子组装技术的革命。

2. 表面组装技术的主要特点

相对于通孔插装技术（through hole technology，THT），SMT 主要有以下特点：

（1）可靠性高，抗振能力强，焊点缺陷率低

采用全自动化的生产技术，保证了每个焊点的可靠连接，提高了电子产品的可靠性。

（2）高频特性好，减少了电磁和射频干扰

表面组装元器件无引脚或者引脚短，降低了引脚的寄生电感和电容，提高了电路的高频、高速性能以及器件的散热效率。

（3）组装密度高，电子产品体积小、质量轻

贴片元器件的体积和质量只有传统插装元器件的 10% 左右。一般采用 SMT 之后，电子产品体积会缩小 40% ~ 60%，质量会减轻 60% ~ 80%。

（4）成本低，易于实现自动化、提高生产效率

由于表面组装元器件封装的标准化和无孔安装的特点，成本可降低 30% ~ 50%，节省了材料、能源、设备、人力、时间等。

二、SMT 的发展

1. 表面组装技术的发展历程

美国是世界上最早出现 SMD 和 SMT 的国家，在投资类电子产品和军事装备领域，其 SMT 高组装密度和高可靠性能优势明显。

日本在 20 世纪 70 年代从美国引进了 SMD 和 SMT，并应用在消费类电子产品领域。由于日本投入大量资金加强基础材料、基础技术和推广应用方面的开发研究工作，并从 20 世纪 80 年代中后期起加速 SMT 在电子设备领域中的推广应用，使日本很快超过美国，在 SMT 方面处于世界领先地位。

欧洲各国 SMT 的起步较晚，但他们重视发展并有较好的工业基础，发展速度也很快，其发展水平和整机中 SMC/SMD 的使用率仅次于日本和美国。

20 世纪 80 年代以来，新加坡、韩国等国家以及我国香港和台湾等地区不惜投入巨资，纷纷引进先进技术，使 SMT 获得较快的发展。

我国 SMT 的应用起步于 20 世纪 80 年代初期，最初是从美国、日本等国家成套引进 SMT 生产线用于彩色电视机调谐器的生产，后又逐步应用于录像机、摄像机及袖珍式高档多波段收音机、随身听等电子产品的生产中。近几年，在计算机、通信设备、航空航天电子产品中也逐渐得到应用。

进入 21 世纪以来，我国 SMT 引进步伐大大加快。我国海关公布的贴片机引进数据起始于 2000 年，当年公布的贴片机年引进量为 1 370 台，之后平均每年的递增率高达 50% 以上。目前，我国已成为全球最大、最重要的 SMT 市场。

2. 表面组装技术的发展趋势

在整个电子行业中，新型封装技术正推动制造业发生变化，市场上出现了将传统分离功能混合起来的技术手段，使后端组件封装和前端装配融合成为一种趋势。面向部件、系统或

整机的多芯片组件封装技术的出现，改变了以往仅面向器件的设计理念，很有可能引发一次 SMT 工艺革新。

（1）SMT 元器件的发展

元器件是 SMT 的推动力，而 SMT 的进步也推动着芯片封装技术不断提升。常见的芯片封装形式及外形见表 1-1。

表 1-1　　　　　　　　　　　　　　常见的芯片封装形式及外形

封装形式	外形	说明
SIP（single inline package），单列直插式封装		SIP 封装并无固定形态，可为多芯片模块（multi-chip module，MCM）的平面式二维封装，也可再利用三维封装的结构，以有效缩减封装面积。其内部接合技术可以是单纯的打线接合（wire bonding），也可使用覆晶接合（flip chip）。除了二维与三维的封装结构外，另一种以多功能性基板整合组件的方式，也可纳入 SIP 的涵盖范围
DIP（dual inline package），双列直插式封装		也称双入线封装，是 DRAM（动态随机存储器）的一种元器件封装形式。绝大多数中小规模集成电路均采用这种封装形式，其引脚数一般不超过 100
SOP（small outline package），小外形封装		也称集成电路封装，SOP 封装的应用范围很广，并逐渐派生出 SOJ（小尺寸 J 形引脚封装）、TSOP（薄小外形封装）、VSOP（甚小外形封装）、SSOP（缩小型 SOP）、TSSOP（薄的缩小型 SOP）、SOT（小外形晶体管）、SOIC（小外形集成电路）等，其在集成电路中起到了举足轻重的作用。例如，主板的频率发生器就是采用的 SOP 封装
SOJ（small outline j-lead），小尺寸 J 形引脚封装		引脚从封装两侧引出向下呈 J 形。通常为塑料制品，多用于 DRAM 和 SRAM（静态随机存储器）等大规模集成电路，其中绝大部分是用于 DRAM。用 SOJ 封装的 DRAM 器件很多都装配在 SIMM（single inline memory module，内存插槽）上。引脚中心距为 1.27 mm，引脚数为 20～40
QFP（quad flat package），方形扁平式封装		采用该技术封装的 CPU 芯片引脚之间距离很小，引脚很细，一般大规模或超大规模集成电路采用这种封装形式，其引脚数一般都在 100 以上。采用该技术封装 CPU 时操作方便，可靠性高；而且其封装外形尺寸较小，寄生参数小，适合高频应用，主要用表面组装技术在 PCB 上安装布线。LQFP（low-profile quad flat package）是薄型 QFP，指封装本体厚度为 1.4 mm 的 QFP
QFN（quad flat no-lead），方形扁平式无引脚封装		该封装焊盘尺寸小、体积小，现多称为 LCC（leadless chip carrier，无引脚芯片载体）。封装四侧配置有电极触点，由于无引脚，贴装占有面积比 QFP 小，高度比 QFP 低。电极触点一般为 14～100。材料有陶瓷和塑料两种。电极触点中心距为 1.27 mm。塑料 QFN 封装是以玻璃环氧树脂为印刷基板基材的一种低成本封装。电极触点中心距除 1.27 mm 外，还有 0.65 mm 和 0.5 mm 两种

续表

封装形式	外形	说明
BGA（ball grid array），球栅阵列式封装		在封装体基板的底部制作阵列焊球作为电路的 I/O 端与印制电路板互接。按封装材料不同，BGA 元器件主要有 PBGA（plastic BGA，塑料封装的 BGA）、CBGA（ceramic BGA，陶瓷封装的 BGA）、CCBGA（ceramic column BGA，陶瓷柱状封装的 BGA）、TBGA（tape BGA，载带状封装的 BGA）、CSP（chip scale package 或 μBGA）等
PGA（pin grid array），针栅阵列式封装		PGA 封装的芯片内外有多个方阵形的插针，每个方阵形插针沿芯片的四周间隔一定距离排列，根据引脚数目的多少，可以围成 2 ~ 5 圈。安装时，将芯片插入专门的 PGA 插座。该技术一般用于插拔操作比较频繁的场合

其他封装形式还有 COB（chip on board，板上芯片封装）、LGA（land grid array，触点阵列封装）、MCM（multi-chip module，多芯片模块）、CSP（chip scale package，芯片级封装）等。

片式元器件是应用最早、产量最大的表面组装元器件，SMT 应用越来越普及后，相应的 IC 封装开发出了适用于 SMT 的短引脚、无引脚陶瓷芯片载体，有引脚塑料芯片载体，集成电路封装等结构。QFP 实现了使用 SMT 在印制电路板或其他基板上的表面组装，BGA 解决了 QFP 引脚间距极限问题，CSP 取代 QFP 已是大势所趋，而倒装焊接的底层填料工艺现也被大量应用于 CSP 器件中。

随着 01005 元器件［规格为长 0.01 in（1 in = 2.54 cm）、宽 0.005 in 的元器件］、高密度 CSP 封装的广泛使用，元器件的安装间距将从目前的 0.15 mm 向 0.1 mm 发展，这势必推动 SMT 从设备到工艺都将向着满足精细化组装的应用需求发展。

因为 MCM 技术是集混合电路、SMT 及半导体技术于一身的集合体，所以被称为保留器件物理原型的系统。多芯片模块等复杂封装的物理设计、尺寸或引脚输出没有一定的标准，这就导致了虽然新型封装可满足市场对新产品的上市时间和功能需求，但其技术的创新性却使 SMT 变得复杂并增加了相应的组装成本。

可以预见，随着无源器件以及 IC 等全部埋置在基板内部的三维封装的最终实现，引线接合、CSP 超声焊接、堆叠装配技术等也将进入板级组装工艺范围。

（2）SMT 工艺材料和免清洗焊接技术的发展

常用的 SMT 工艺材料包括锡膏、贴片胶、助焊剂等。随着国家对环保要求以及人们环保意识的不断提高，绿色化生产已经成为生产中的新理念。无铅焊料将是目前乃至将来一段时间内的主流。

助焊剂主要用于清除金属表面的氧化物、保持干净表面不再氧化、辅助热传导等。免清洗焊接技术包括免清洗波峰焊技术和免清洗再流焊技术。前者由传统波峰焊接发展而来，通过对设备、材料等方面的变革达到免清洗效果，主要用于插装元器件和固化后贴装元器件的波峰焊接。而后者则是 SMT 装配中的重要工艺环节，通过材料选择和工艺控制来达到免清洗效果，主要用于贴装元器件的再流焊接。基于环保和成本等各方面因素考虑，免清洗焊接技术是一项将材料、设备、工艺、环境和人力因素结合在一起的综合性技术，它的产生推动了制造工艺技术的变革。

（3）印制电路板的发展

印制电路板的创造者是奥地利人保罗·爱斯勒（Paul Eisler）。他于 1936 年在收音机里采用了印制电路板。1943 年，美国人将该技术运用于军用收音机。1948 年，美国正式认可此发明可用于商业用途。自 20 世纪 50 年代中期起，印制电路板才开始被广泛运用。目前我国 PCB 的产量约占世界总量的 25%。用于表面组装的印制电路板对 PCB 的设计有专门要求。除了要满足电气性能、机械结构等常规要求外，还要满足 SMT 自动印刷、自动贴片、自动焊接和自动检测的要求，特别是要满足再流焊工艺的工艺特点要求。未来印制电路板将向高密度、高精度、细孔径、细导线、小间距、高可靠性、多层化、高速传输、轻量、薄型方向发展；在生产上将向提高生产率，降低成本，减少污染，适应多品种、小批量生产方向发展。

（4）SMT 设备的发展

SMT 设备主要包括印刷机、贴片机、再流焊机等。印刷机经历了手动印刷机、半自动印刷机和全自动印刷机的发展过程。贴片机正向着高速、高精度和多功能方向发展。再流焊机正向着更加精准的温度控制、更好的工艺曲线方向发展。

SMT 设备的更新和发展代表着表面组装技术的水平，新的 SMT 设备正朝高效、灵活、智能、环保等方向发展，这是市场竞争所决定的，也是科技进步所要求的。

（5）SMT 生产线的发展

SMT 生产线正向高效率方向发展，这就要求 SMT 的生产准备时间尽可能短，为达到这个目标就需要克服设计环节与生产环节联系相脱节的困难，而 CIMS（计算机集成制造系统）的应用就可以完全解决这一问题。CIMS 是以数据库为中心，借助计算机网络把设计环境中的数据传送到各个自动化加工设备中，并能控制和监督这些自动化加工设备，形成一个包括设计制造、测试、生产过程管理、材料供应和产品营销管理等全部活动的综合自动化系统。

高生产效率是衡量 SMT 生产线的重要性能指标，SMT 生产线的生产效率体现在产能效率和控制效率两方面。产能效率指的是 SMT 生产线上各种设备的综合产能。为了提高产能效率，一些 SMT 生产线的再流焊机后都配上了全自动的联机测试仪，这样在整个生产过程中都可杜绝人为因素的干扰，大幅提高产品生产速度，从而提高生产效率；还有些 SMT 生产线正从传统的单路联机生产方式向双路联机生产方式发展，在减少占地面积的同时，提高生产效率。控制效率包括转换和过程控制优化及管理优化，控制方式上已从传统的分步控制向集中在线优化控制方向发展，生产转换时间越来越短。目前，国外很多企业都在使用生产管理软件对整个 SMT 生产线实行集中在线控制管理，可对各个设备的生产工艺参数进行监控、统计，确保每台机器工作在正常状况下，大幅提高生产线管理效率和生产效率。

SMT 总的发展趋势是元器件越来越小、组装密度越来越高、组装难度也越来越大。最近几年，SMT 又进入一个新的发展高潮，已经成为电子组装技术的主流。随着元器件技术的发展、免清洗技术和无铅焊料的出现，必将推动电子组装技术向更高阶段发展。

§1—2 SMT 组成与工艺内容

学习目标

1. 熟悉表面组装技术的组成。
2. 掌握 SMT 工艺的主要内容和分类。

SMT 是在通孔插装技术的基础上发展而来的，是一个复杂的系统工程，它包括表面组装元器件、印制电路板、表面组装设计、表面组装工艺、表面组装设备、表面组装焊接材料、表面组装检测和系统控制等技术。

一、SMT 的组成

1. 表面组装技术的组成

图 1-1 所示为表面组装技术体系。表面组装元件（SMC）和表面组装器件（SMD）是 SMT 的基础。基板是元器件互连的结构件，在保证电子组装的电气性能和可靠性方面起着重要作用。组装设计主要进行电设计、热设计和元器件布局等，是 SMT 的重要组成部分。组装工艺和设备是生产 SMT 产品的工具和手段，决定着 SMT 产品的生产率和质量。检测技术则是表面组装产品质量的重要保证。

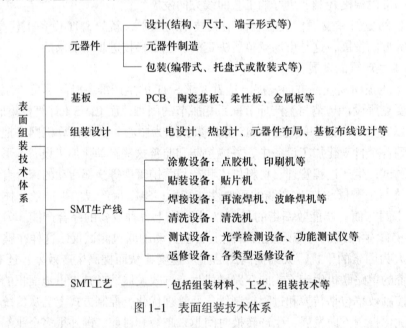

图 1-1　表面组装技术体系

2. SMT 与 THT 的区别

SMT 是从传统的 THT 发展起来的，但又区别于传统的 THT。

从组装工艺技术的角度分析，SMT 和 THT 的根本区别是"贴"和"插"。此外，二者的差别还体现在基板、元器件、组件形态、焊点形态和组装工艺方法等方面。THT 采用有引脚元器件，首先在印制电路板上设计好电路连接导线和安装孔，再通过把元器件引脚插入 PCB

上预先钻好的通孔中暂时固定元器件，然后在基板的另一面采用波峰焊接等软钎焊技术进行焊接，形成可靠的焊点，建立长期的机械和电气连接，元器件主体和焊点分布在基板两侧。采用这种方法，由于元器件有引脚，当电路密集到一定程度以后，就无法进一步缩小体积了。同时，引脚间相互接近导致的故障、引脚长度引起的干扰也难以排除。在 SMT 印制电路板上，焊点与元器件都处在板的同一面上。SMT 印制电路板上的通孔只用来连接印制电路板两面的导线，孔的数量要少得多，孔的直径也小得多。因此，SMT 能使印制电路板的装配密度极大提高。

如前所述，表面组装技术和通孔插装技术相比，具有以下优点：

（1）组装密度高，电子产品体积小、质量轻。贴片元器件的体积和质量只有传统插装元器件的 10% 左右。

（2）可靠性高，抗振能力强，焊点缺陷率低。

（3）高频特性好，减少了电磁和射频干扰。

（4）易于实现自动化，提高了生产效率。

（5）成本可降低 30% ~ 50%。

二、SMT 工艺内容与分类

1. SMT 工艺内容

SMT 工艺内容主要包括组装材料、组装工艺、组装技术和组装设备四部分，见表 1-2。

表 1-2　　　　　　　　　　　　　　SMT 工艺内容

工艺内容	项目名称	项目介绍
组装材料	涂敷材料	锡膏、焊料等
	工艺材料	助焊剂、清洗剂等
组装工艺	组装方式	单面混合组装、双面混合组装等
组装技术	涂敷技术	点涂、印刷等
	贴装技术	顺序式、在线式等
	焊接技术	再流焊、波峰焊等
	清洗技术	溶剂清洗、水清洗
	检测技术	接触式检测、非接触式检测
组装设备	涂敷设备	点胶机、印刷机等
	贴装设备	各类贴片机
	焊接设备	波峰焊机、再流焊机等
	清洗设备	清洗机
	测试设备	光学检测设备、功能测试仪等

SMT 工艺内容涉及化工材料技术（如锡膏知识）、精密加工技术（如钢网制作）、设备应用技术、检测检验技术等，是 SMT 的核心技术。

2. SMT 工艺分类

SMT 生产一般包括印刷、贴片、再流焊、检测四个环节。SMT 生产工艺按元器件的贴装方式，可以分为纯 SMT 装联工艺和混合装联工艺；按电路板元器件分布，可以分为单面和双面工艺；按元器件粘接到电路板上的方法，可以分为锡膏工艺和红胶工艺；按照焊接方式，可以分为再流焊工艺和波峰焊工艺。下面主要介绍锡膏工艺、红胶工艺和元器件的组装方式。

（1）锡膏工艺

先将适量的锡膏印刷到印制电路板的焊盘上，再将片式元器件贴放在印制电路板表面规定的位置上，最后将贴装好元器件的印制电路板放在再流焊机的传送带上，从再流焊机入口到出口，大约需要 5 min 就可以完成干燥、预热、熔化、冷却等全部焊接过程。图 1-2 所示为再流焊工艺简图。

锡膏印刷　　　　　　元器件贴装　　　　　　再流焊

图 1-2　再流焊工艺简图

（2）红胶工艺

先将微量的贴片胶（红胶）印刷或滴涂到印制电路板相应位置（贴片胶不能污染印制电路板焊盘和元器件端头），再将片式元器件贴放在印制电路板表面规定的位置上，并对印制电路板进行胶固化。固化后的元器件被牢固地粘接在印制电路板上，然后插装分立元器件，最后与插装元器件同时进行波峰焊接。图 1-3 所示为单面红胶工艺流程图（实线框为主要工艺流程，下同）。

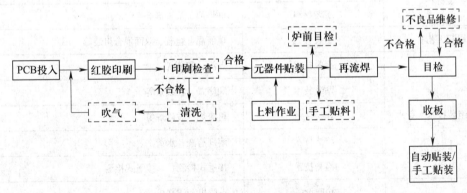

图 1-3　单面红胶工艺流程图

（3）元器件的组装方式

元器件的组装方式及其工艺流程主要取决于表面组装组件（surface mount assembly, SMA）类型、元器件种类和组装设备条件。SMT 的组装方式大体上可分为全表面组装、单面混装和双面混装三种类型共六种组装方式。对于不同类型的 SMA，其组装方式有所不同。对于同一种类型的 SMA，其组装方式也可以有所不同。

第一类是单面混合组装，即 SMC/SMD 分布在与 THC（through hole component，通孔插装组件）不同的面上，PCB 的焊接面仅为单面。这一类组装方式均采用单面 PCB 和波峰焊

（现在一般采用双波峰焊）工艺，具体有两种组装方式，即先贴法和后贴法。先贴法是先在 PCB 的 B 面（焊接面）贴装 SMC/SMD，后在 A 面（元件面）插装 THC。后贴法是先在 PCB 的 A 面插装 THC，后在 B 面贴装 SMD。

第二类是双面混合组装，SMC/SMD 和 THC 可混合分布在 PCB 的同一面，同时，SMC/SMD 也可分布在 PCB 的双面。双面混合组装采用双面 PCB、双波峰焊接或再流焊接。在这一类组装方式中也有先贴还是后贴 SMC/SMD 的区别，一般根据 SMC/SMD 的类型和 PCB 的大小合理选择，通常采用先贴法较多。

第三类是全表面组装，在 PCB 上只有 SMC/SMD 而无 THC。由于目前元器件还未完全实现 SMT 化，实际应用中这种组装形式不多。这一类组装方式一般是在细线图形的 PCB 或陶瓷基板上，采用细间距器件和再流焊接工艺进行组装。它也有两种组装方式，即单面表面组装方式和双面表面组装方式。

§1—3 SMT 生产线

学习目标

1. 熟悉 SMT 生产线的基本组成。
2. 掌握 SMT 生产的一般工艺流程。
3. 了解 SMT 生产对环境及人员的要求。

一条基本的 SMT 生产线，主要由表面涂敷设备、贴装设备、焊接设备、清洗设备和检测设备组成，设备的总价值通常在数百万元至千万元不等。

一、SMT 生产线的基本组成

表面组装元器件的品种和规格繁多，在表面组装过程中有时还需要采用通孔插装元器件，因此，在 SMT 生产过程中会根据实际情况选择再流焊工艺或波峰焊工艺。

1. 再流焊工艺

再流焊也称为回流焊。再流焊技术主要用于焊接采用表面组装技术的电子元器件。再流焊工艺流程如图 1-4 所示。

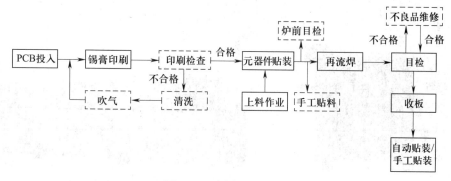

图 1-4 再流焊工艺流程

选择再流焊工艺时，SMT 最基本的生产工艺一般包括锡膏印刷、贴片和再流焊三个步骤，所以要组成一条最基本的 SMT 生产线，主要包括上板机、锡膏印刷机、贴片机和再流焊机等设备。

（1）上板机

上板机（见图 1-5）的主要作用是将放置在料框中的 PCB 一块接一块地送到锡膏印刷机。

（2）锡膏印刷机

锡膏印刷机（见图 1-6）的功能是将锡膏或贴片胶正确地通过钢网漏印到印制电路板相应位置上。

图 1-5　上板机

图 1-6　锡膏印刷机

（3）贴片机

贴片机（见图 1-7）的作用是把贴片元器件按照事先编制好的程序，通过供料器将元器件从包装中取出，并精确地贴装到印制电路板相应的位置上。

（4）再流焊机

再流焊机（见图 1-8）主要用于各类表面组装元器件的焊接，其作用是通过重新熔化预先分配到印制电路板焊盘上的膏状软钎焊料，实现表面组装元器件焊端或引脚与印制电路板焊盘之间的机械与电气连接。

图 1-7　贴片机

图 1-8　再流焊机

2. 波峰焊工艺

波峰焊是让插件板的焊接面直接与高温液态锡接触以达到焊接目的，其高温液态锡保持一个斜面，并由特殊装置使液态锡形成一道道类似波浪的现象，所以称为"波峰焊"。图 1-9 所示为波峰焊工艺简图。

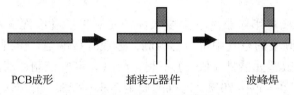

PCB成形　　　　插装元器件　　　　波峰焊

图 1-9　波峰焊工艺简图

波峰焊机主要由传送带、助焊剂添加区、预热区和波峰锡炉组成，如图 1-10 所示。PCB 通过传送带进入波峰焊机以后，会经过某种形式的助焊剂涂敷装置，在这里助焊剂涂覆装置利用波峰、发泡或喷射的方法将助焊剂涂敷到 PCB 上。由于大多数助焊剂在焊接时必须要达到并保持一个活化温度来保证焊点的完全浸润，因此 PCB 在进入波峰槽前要先经过一个预热区。助焊剂涂敷之后的预热可以逐渐提升 PCB 的温度并使助焊剂活化，这个过程还能减小组装件进入波峰时产生的热冲击。同时，还可以用来蒸发掉所有可能吸收的潮气或稀释助焊剂的载体溶剂，如果这些杂质不被去除，它们会在过波峰时沸腾并造成焊锡溅射，或者产生蒸气留在焊锡里而形成中空的焊点或砂眼。另外，由于双面板和多层板的热容量较大，因此它们比单面板需要更高的预热温度。

图 1-10　波峰焊机

二、SMT 生产对环境及人员的要求

SMT 生产设备是高精度的机电一体化设备，为了保证设备的正常运行和组装质量，对环境的清洁度、湿度、温度等都有一定的要求。

1. SMT 车间生产环境要求

（1）电源

电源电压和功率要符合设备要求，电压要稳定，要求单相交流 220 V（允许误差为 ±10%，50/60 Hz）、三相交流 380 V（允许误差为 ±10%，50/60 Hz），如果达不到要求，需配置稳压电源，电源的功率要大于功耗的一倍以上。

（2）温度

印刷工作间环境温度以（23±3）℃为最佳，一般设定为 17～28 ℃。如果达不到，可适当放宽要求，但不能超出 15～35 ℃范围。

（3）湿度

车间湿度对产品质量影响很大。湿度太高，元器件容易吸潮，对潮湿敏感元器件不利，同时锡膏暴露在潮湿的空气中也容易吸潮，造成焊接缺陷。湿度太低，空气干燥，容易产生静电，对静电敏感元器件（ESD）不利，所以一定要控制厂房内湿度。一般要求厂房内相对湿度（RH）在 45%～70%，也有的规定 30%～55%，宽松一些的可扩大到 40%～80%。

（4）空气洁净度

工作车间如果灰尘很多，会对微小元器件，如规格为 0201、01005 的元器件以及细间距（0.3 mm）元器件的贴装和焊接质量产生影响，同时会加大设备磨损，甚至造成设备故障，增加设备维护和维修工作量。SMT 生产车间空气中除了灰尘外，还存在一定量的化学气体，如果这些化学气体有毒、有害，则会对人体造成伤害；如果这些气体存在腐蚀性，严重时会影响产品的可靠性。所以工作车间要保持清洁卫生，无尘土，无腐蚀性气体，无异味气体，以保证产品的焊接质量、设备的正常运转以及人的身体健康。

车间空气洁净度最好达 5 级，遵循《洁净厂房设计规范》（GB 50073—2013）。在空调环境下，要有一定的新风量，尽量将二氧化碳含量控制在 1 000 mg/L 以下，一氧化碳含量控制在 10 mg/L 以下，以保证人体健康。

5 级洁净度的成本高，一般工厂很难做到。为保证这样的环境，人员进入厂房时必须抽取真空，确保整个厂房内有负压。在市场竞争激烈的环境下，生产利润越来越小，如果达不到这样的要求，也必须对洁净度做出规定，例如明确规定对灰尘产生影响的纸箱不能进 SMT 车间等。

灰尘造成设备故障的典型案例：某贴装设备，开机时屏幕上出现乱码，起初怀疑是操作人员不小心将机器数据更改，或软件误操作，或电池有问题，因为此前机器一直运行良好，后经检查发现，计算机里有很多灰尘，清除后机器故障消除。

空气中有害气体影响元器件及产品质量的案例：在某工厂加工产品时发现，某种含银镀层的元器件放置在环境异味很重的车间 1～2 天后，出现了严重的发黑现象，而放置在另一个车间 2 天后，基本没有发黑现象。经分析得知，这些黑色物质是由于空气中含有的化学物质附着在元器件引脚表面，在适当的湿度及温度状态下与元器件表面发生反应，生成了一些氧化物质及盐类，这些物质会腐蚀元器件表面，影响焊接质量，甚至影响焊点的可靠性。

（5）排风

再流焊和波峰焊设备都要求排风良好。

（6）防静电

生产设备必须接地良好，应采用三相五线制并独立接地。生产场所的地面、工作台垫、座椅等均应符合防静电要求。

（7）照明

厂房内应有良好的照明条件，理想的照度为 800～1 200 lx，至少不能低于 300 lx。太暗会影响工作效率与品质，太亮会损害视力。

2. SMT 生产对操作人员的要求

SMT 生产车间组织架构如图 1-11 所示。操作人员是生产一线的直接责任人，操作人员的专业能力和素质直接影响生产线的效率和产品合格率。

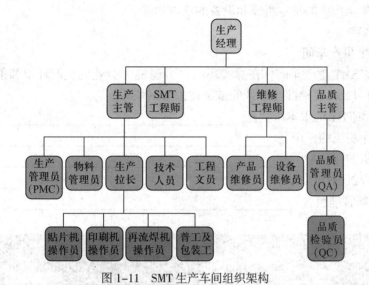

图 1-11　SMT 生产车间组织架构

操作人员的一般工作职责如下：

（1）服从管理、听从指挥。遵守车间规章制度，按生产计划实施生产，保质保量完成任务。

（2）服从技术人员的工艺指导，严格执行产品质量标准和工艺规程。

（3）严格遵守生产工艺文件、安全操作规程、设备操作规程，不违章操作。

（4）合理领用辅料，控制辅料的消耗。节约用电、用水，节能降耗，降低生产成本。

（5）配合做好生产准备工作，做好生产自检并协助其他操作人员进行自检，提高生产质量。

（6）及时解决、上报生产过程中出现的问题。必须做到不合格半成品及时处理，不合格产品不下放。

（7）每天认真检查、维护使用的生产工具和设备，合理使用生产工具和设备，提高生产安全率。

（8）认真做好本职工作，保持机台卫生。

（9）积极参加车间组织的培训，认真做好岗位间的协调工作。

（10）完成上级领导安排的其他任务。

SMT 操作人员的工作主要是操作 SMT 的相关设备，如贴片机、锡膏印刷机、再流焊机等，并会处理一些简单的故障，保证生产顺利进行。

实训 1 SMT 操作工职业感知

一、实训目的

1. 感知企业 SMT 生产环境和条件。

2. 感知企业对 SMT 操作工职业素养的要求。

3. 掌握 SMT 生产线的基本组成和设备的基本功能。

二、实训内容

1. 参观 SMT 生产车间

参观企业的 SMT 生产车间，在真实环境中了解 SMT 企业的生产环境和条件。根据参观情况，结合图 1-12 所示 SMT 生产线完成下述内容的填写。

（1）SMT 和 THT 的根本区别是_____。

（2）锡膏印刷机的作用是_____。

（3）贴片机的作用是_____。

（4）再流焊机的作用是_____。

（5）6S 现场管理包含_____。

图 1-12　SMT 生产线

2. 了解企业 SMT 生产环境和条件

随着人类科技文明的快速发展，成千上万的设备每天都在不停地运转，设备的安全问题已成为生产中的重点问题。消除设备和环境的不安全状态，是确保生产系统安全的物质基础。SMT 设备安全规范包括防静电要求安全规范、设备使用安全规范、设备维护安全规范和设备安全标记等内容。在网上搜索相关知识，了解 SMT 设备安全规范的相关知识，认识图 1-13 所示 SMT 车间常用防静电装备，并掌握表 1-3 所列安全标志的含义。

防静电手环

防静电手套

防静电脚环

防静电鞋

图1-13　防静电装备

表1-3　　　　　　　　　　　　　　常见安全标志

序号	安全标志	安全标志说明
1	**Electrical Hazard** Warning. High voltage is present	高压电警告标记。SMT设备的部分电气设备有较高的电压，该标记提示操作人员注意高压电
2	**Hot Surface** Caution. Motors bearing HOT surface	高温物体警示标记，请勿触碰
3	**Laser Hazard** Caution. Visible laser radiation is present	激光警示标记，请勿用眼睛直视。SMT生产线上使用了大量的传感器，其中一部分是激光传感器，操作人员要避免用眼睛直视
4	**Poison** Warning. Solder paste and other printing	毒性物体警告标记，请勿触碰
5	**Hand Crush Hazard** Caution. Before performing maintenance	注意机械夹伤警示标记，请勿触碰

续表

序号	安全标志	安全标志说明
6	Safety Glasses Caution. Wear protective safety glasses	佩戴护目镜警示标记，注意保护眼睛，请勿直视光源
7	ESD CONTROL AREA	静电控制区域警示标记，注意防静电保护

三、测评记录

按表 1-4 所列项目进行测评，并做好记录。

表 1-4   测评记录表

序号	评价内容	配分/分	得分/分
1	能说出企业 SMT 生产车间的组成和环境要求	3	
2	能说出企业对 SMT 操作工职业素养的要求	2	
3	能列举 SMT 生产线的组成和各设备的作用	5	
	总　分	10	

思考与练习

一、填空题

1. 电子装联技术可以分为＿＿＿＿＿＿＿＿和＿＿＿＿＿＿＿＿。

2. SMT 的组装方式可以分为三种类型，分别是＿＿＿＿＿＿＿＿、＿＿＿＿＿＿＿＿和

＿＿＿＿＿＿＿＿。

3. 在 SMT 工艺中，常用的基板有＿＿＿＿＿＿＿＿、＿＿＿＿＿＿＿＿、

＿＿＿＿＿＿＿＿、＿＿＿＿＿＿＿＿。

4. 贴片机的作用是把＿＿＿＿＿＿＿＿按照事先编制好的程序，通过供料器将元器件从包装中取出，并精确地贴装到＿＿＿＿＿＿＿＿相应的位置上。

5. SMT 设备安全规范包括＿＿＿＿＿＿＿＿、＿＿＿＿＿＿＿＿、＿＿＿＿＿＿＿＿、

＿＿＿＿＿＿＿＿等内容。

二、简答题

1. 简述 SMT 的工艺流程。

2. SMT 与 THT 的区别是什么？

3. SMT 生产线中有哪些设备？其作用分别是什么？

4. SMT 生产对生产环境有哪些要求？

第二章　表面组装元器件

表面组装元件的出现开创了一个新纪元，从无源元件到有源元件和集成电路，最终都变成了表面组装器件并可通过拾放设备进行装配。在很长一段时间内，人们几乎认为所有的引脚元件最终都可采用SMD封装。

§2—1　表面组装元器件的特点和分类

学习目标

1. 了解表面组装元器件的特点。
2. 掌握表面组装元器件的分类。

在使用表面组装技术生产的过程中，会接触到各种各样的电子物料，通常将这些物料分为SMT元件（SMC）和SMT器件（SMD）。SMC包括表面组装电阻、电容、电感等，SMD包括表面组装二极管、三极管、插座、集成电路等。

一、表面组装元器件的特点

表面组装元器件已广泛应用于计算机、通信设备和音视频产品中，而微型电子产品的广泛使用，加快了SMC和SMD向微型化发展。目前，开关、继电器、滤波器等机电元器件也实现了片式化。表面组装元器件有以下几个显著特点：

（1）表面组装元器件的电极焊端完全没有引脚或引脚非常短。表面组装元器件两极间距比THT元器件的引脚间距小很多，IC的引脚中心距离可减小到0.3 mm。与同体积的传统电路芯片相比，SMT元器件的集成度提高了很多。集成度相同的情况下，SMT元器件的体积比THT元器件小很多。SMT元器件无引脚或短引脚的特点，减少了寄生电容和寄生电感，也改善了电路的电学特性。

（2）表面组装元器件提高了印制电路板的布线密度。SMT元器件直接贴装在PCB表面，电极焊接与元器件在同一面，通孔的周围没有焊盘，增加了PCB布线密度。

（3）表面组装元器件组装时不需要引脚打弯、剪线，结构牢固，提高了电子产品的可靠性。

（4）表面组装元器件的尺寸和形状已实现标准化，便于大批量生产，可提高生产效率，降低产品的成本。

表面组装元器件也存在一些不足，如片式化发展不平衡，插座、振荡器和特殊器件发展迟缓；已经片式化的元器件没有完全标准化，不同国家或厂家生产的产品差异较大；SMT元器件与PCB表面贴近，与基板间空隙小，给清洗造成了一定困难；元器件与PCB之间热膨胀系数存在差异，影响 SMT 产品质量。

二、表面组装元器件的分类

表面组装元器件基本上以片状结构为主。从结构形状来说，表面组装元器件包括薄片矩形、圆柱形、扁平异形等。与传统插装元器件一样，SMT 元器件从功能上分为连接件、无源元件（SMC）、有源器件（SMD）和异形电子元件四类。详细分类见表 2-1。

表 2-1　　　　　　　　　　　　表面组装元器件的分类

类别	封装形式	种类	图示
连接件	异形	各类连接件	
无源元件	矩形片式	厚膜或薄膜电阻、热敏电阻、压敏电阻、陶瓷电容、钽电解电容、片式电感等	
	圆柱形	碳膜电阻、金属膜电阻、陶瓷电容、热敏电容等	
	异形	电位器、微调电位器、铝电解电容、微调电容等	
	复合片式	电阻网络、电容网络、滤波器等	
有源器件	圆柱形	二极管	
	陶瓷组件（扁平）	无引脚陶瓷芯片载体、有引脚陶瓷芯片载体	
	塑料组件（扁平）	SOT、SOP、SOJ、PLCC（带引线的塑料芯片载体）、QFP、BGA、CSP 等	
异形电子元件	异形	变压器、混合电路结构、风扇等	

表面组装元器件按照使用环境分类，又可分为气密性封装元器件和非气密性封装元器件，气密性封装元器件一般在高可靠性产品中使用。

§2—2 表面组装元件 SMC

学习目标

1. 了解片式 SMC 的常见外形尺寸。
2. 了解贴片电阻器、贴片电容器和贴片电感器的类型和特点。
3. 熟悉常用贴片电阻器、贴片电容器和贴片电感器的结构和应用。
4. 掌握识别与检测贴片电阻器、贴片电容器和贴片电感器的方法。

电子元器件由大、重、厚向小、轻、薄发展，出现了片式元器件和表面组装技术。如果片式元器件工作时，其内部没有任何形式的电源，则称其为片式无源元件。简单地讲，就是需要能（电）源的称为片式有源器件（SMD），不需要能（电）源的称为片式无源元件（SMC）。

一、SMC 的外形尺寸

SMC 的典型形状是一个矩形六面体（片式），也有一部分 SMC 采用圆柱体的形状，这对于利用传统元器件的制造设备、减少固定资产投入很有利。但也有一些元件由于矩形化比较困难，只能做成其他形状，称为异形 SMC。

片式 SMC 的外形尺寸常以长宽命名，欧美产品多采用英制系列，日本产品多采用公制系列，国产片式 SMC 两种系列都使用，两种单位制的换算关系是 1 in = 0.025 4 m。如图 2-1 所示为片式 SMC 外形尺寸示意图，其中 W 为宽度，L 为长度，t 为高度。表 2-2 所列为片式 SMC 系列常见外形尺寸。

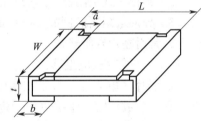

图 2-1　片式 SMC 外形尺寸

表 2-2　　　　　片式 SMC 系列常见外形尺寸

英制（in）	公制（mm）	L/mm	W/mm	t/mm	a/mm	b/mm
0201	0603	0.60 ± 0.05	0.30 ± 0.05	0.23 ± 0.05	0.10 ± 0.05	0.15 ± 0.05
0402	1005	1.00 ± 0.10	0.50 ± 0.10	0.30 ± 0.10	0.20 ± 0.10	0.25 ± 0.10
0603	1608	1.60 ± 0.15	0.80 ± 0.15	0.40 ± 0.10	0.30 ± 0.20	0.30 ± 0.20
0805	2012	2.00 ± 0.20	1.25 ± 0.15	0.50 ± 0.10	0.40 ± 0.20	0.40 ± 0.20
1206	3216	3.20 ± 0.20	1.60 ± 0.15	0.55 ± 0.10	0.50 ± 0.20	0.50 ± 0.20
1210	3225	3.20 ± 0.20	2.50 ± 0.20	0.55 ± 0.10	0.50 ± 0.20	0.50 ± 0.20
1812	4532	4.50 ± 0.20	3.20 ± 0.20	0.55 ± 0.10	0.50 ± 0.20	0.50 ± 0.20
2010	5025	5.00 ± 0.20	2.50 ± 0.20	0.55 ± 0.10	0.60 ± 0.20	0.60 ± 0.20
2512	6432	6.40 ± 0.20	3.20 ± 0.20	0.55 ± 0.10	0.60 ± 0.20	0.60 ± 0.20

以英制 0201 电阻为例，外形尺寸为 0.02 in × 0.01 in，按照公制为 0.6 mm × 0.3 mm。以英制封装尺寸区分，与功率的关系为 0201–1/20 W，0402–1/16 W，0603–1/10 W，0805–1/8 W，1206–1/4 W，1210–1/3 W，1812–1/2 W，2010–3/4 W，2512–1 W。

二、贴片电阻器

1. 贴片电阻器的类型和特点

片式固定电阻器也称贴片电阻器，是一种最常见的电子元器件。

（1）按特性及电阻材料分类

1）厚膜电阻器（RN 型）及电阻网络类。这是目前产量最高、用途最广的一类。这类电阻器中的大多数为丝网印刷并烧结而成，常用二氧化钌电阻浆料作电阻材料，一般为矩形。电阻温度系数分为 F、G、H、K、M 五级。厚膜电阻器精度高、温度系数小、稳定性好，但阻值范围较窄，多用于精密和高频领域。

2）薄膜电阻器（RK 型）及电阻网络类。它包括真空渗碳的圆柱形固定电阻器和真空蒸发合金膜的圆柱形固定电阻器。薄膜电阻器性能稳定，阻值精度高，适用于高温、高湿环境，在电路中应用最广泛。

3）大功率绕线式电阻器类。例如，美国戴尔公司推出的功率为 3 W 和 5 W 的表面组装绕线式电阻器。

（2）按外形结构分类

1）矩形片式电阻器。例如，日本松下公司的 ERJ 型贴片电阻、我国的 RI11 型贴片电阻。

2）圆柱片式电阻器。这类产品目前以日本松下的产品为代表。

3）异形电阻器。例如，已批量生产的半固态电阻器（即表面组装电位器）等。

2. 常用贴片电阻器

（1）矩形片式电阻器

矩形片式电阻器一般是在陶瓷基板上，制备出电阻体和电极。因此，若按电阻材料来分，它可分成薄膜、厚膜两类，其中矩形片式厚膜电阻器应用最广泛，如图 2-2 所示。矩形片式电阻器的结构如图 2-3 所示，它由基板、电阻膜、保护膜和电极四大部分组成。

图 2-2　矩形片式厚膜电阻器

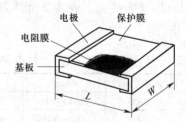

图 2-3　矩形片式电阻器的结构

1）基板。基板材料一般采用纯度为 96% 的三氧化二铝陶瓷。基板除了应具有良好的电绝缘性能外，还应在高温下具有优良的导热性、电气性能和强度等。此外，还要求基板平整、划线准确、标准，以充分保证电阻浆料印刷到位。

2）电阻膜。用具有一定电阻率的电阻浆料印刷到陶瓷基板上，再经烧结而成。电阻浆料一般用二氧化钌。

3）保护膜。将保护膜覆盖在电阻膜上，主要是为了保护电阻体。它一方面起机械保护作用，另一方面使电阻体表面具有绝缘性，避免电阻与邻近导体接触而产生故障。在电镀中间电极的过程中，还可以防止电镀液对电阻膜的侵蚀而导致电阻性能下降。保护膜一般是低熔点的玻璃浆料经印刷烧结而成。

4）电极。电极用于保证电阻器具有良好的可焊性和可靠性，一般采用三层电极结构。内层电极是连接电阻体的内部电极，其电极材料应选择与电阻膜接触电阻小、与陶瓷基板结合力强、耐化学性好、易于施行电镀作业的材料。一般用银钯合金经印刷烧结而成。中间层电极是镀镍层，又称阻挡层，其作用是提高电阻器在焊接时的耐热性，缓冲焊接时的热冲击。它还可以防止银离子向电阻膜层的迁移，避免造成内部电极被蚀现象（内部电极被焊料所熔蚀）。外层电极是锡铅层，又称可焊层，其作用是使电极有良好的可焊性，延长电极的保存期。一般用锡铅系合金电镀而成。

国产贴片电阻命名方法如图 2-4 所示。其中，S 表示功率，05 表示英制尺寸 0805，K 表示温度系数，102 表示阻值为 1 kΩ，J 表示精度为 5%，T 表示编带包装。

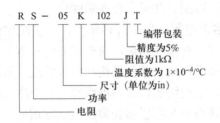

图 2-4　国产贴片电阻命名方法

（2）圆柱形电阻器

圆柱形电阻器的结构形状和制造方法基本上与带引脚的电阻器相同，只是去掉了原来电阻器的轴向引脚，做成无引脚形式，因此也称为金属电极无引脚端面元件，简称 MELF（metal electrode leadless face）电阻器，如图 2-5 所示。MELF 电子元器件可以被直接放置于印制电路板上进行焊接或安装，以其高效和稳定性取代了传统的插孔电子元器件。这些元器件有着体积小、精密度高、散热性好、温度变化范围宽（–55～155 ℃）、耐温度性能好等特点，它们使得生产的印制电路板可在恶劣的工作环境下使用。

图 2-5　MELF 电阻器

由于圆柱形电阻器在结构和性能上与分立元件有通用性和继承性，在制造设备和制造方法上有共同性，因此有关厂家只要有符合标准的陶瓷基体，适当改进和增添部分设备就可以生产这种产品。

圆柱形电阻器的阻值表示法与一般带引脚电阻器相同，用色环标识。

（3）电阻网络（排阻）

所谓电阻网络是指将几个单独的电阻，按预定的配置要求加以连接后置于一个组装体内。也就是说，它们是由厚膜或薄膜电阻单位沉积在陶瓷基体内，然后封装于塑料或陶瓷壳体内所组成。

贴片式电阻网络按结构分，有小型扁平封装（SOP）型、芯片功率型、芯片载体型、芯片阵列型四种结构。

1）小型扁平封装型。SOP 型电阻网络是将电阻元件用厚膜或薄膜方法制作在氧化铝基板上，再将内部连接线与外引出端焊接后，模塑封装而成。SOP 型电阻网络在耐湿性和强度方面有较明显的优点。组装时，由于两侧引脚的作用，具有一定的缓冲效果和散热性。SOP 型电阻网络的外形如图 2-6 所示。

2）芯片功率型。一般用氮化钽薄膜或厚膜做成电阻器，电阻表面覆盖低熔点玻璃膜。电阻的功率大，精度高，形状也偏大，专用于功率电路。

3）芯片载体型。它是在硅基片上制备薄膜微片电阻网络，通过粘贴或低温焊接贴装在陶瓷基板上。此微片上的焊区和基板上的焊区用连接线焊接。基板四个侧面都印制电极，并电镀镍 – 锡（Ni-Sn）层。这种电阻网络适合复杂的电路使用，可做成小型、薄型，并可实现高密度化。

图 2-6　SOP 型电阻网络的外形

4）芯片阵列型。它将多个电阻元件按阵列制作在一块氧化铝陶瓷基片上，其结构和用材几乎与矩形片式电阻器一样。在基板两侧印制电极并电镀 Ni-Sn 层。电极结构分凹电极和凸电极两种，凹电极可作为通孔电极。这种结构在电极强度、焊接时的自调准效果等方面有较明显的优点。芯片阵列型电阻网络的特点是小而薄，适于高速贴装。

电阻网络按电阻膜特性还可分为厚膜型和薄膜型。常用的是厚膜型电阻网络，薄膜型电阻网络只用在高频、精密的情况下。

（4）片式微调电位器

适合表面组装用的微调电位器按结构和焊接方式不同可分为敞开式和密封式两种。敞开式电位器只适用于再流焊，密封式电位器既适用于再流焊，也可应用于波峰焊。图 2-7 所示为片式微调电位器的外形。

3. 贴片电阻器的检测

电阻元件的电阻值大小一般与温度、材料、长度和横截面积有关。衡量电阻受温度影响大小的物理量是温度系数，其定义为温度每升高 1 ℃时电阻值发生变化的百分数。贴片电阻器与引脚式电阻器的检测方法一样，检测时应注意以下几点：

（1）使用指针式万用表欧姆挡的不同量程时，首先要进行表针的欧姆调零，即将红、黑表笔短接，调整欧姆调零旋钮，使表针指向 0 Ω 处。对不同量程的欧姆挡，在每次换挡位时必须调零一次。

图 2-7　片式微调电位器的外形

（2）用万用表检测贴片电阻器的阻值时，手不能同时接触被测贴片电阻器的两电极端，以避免人体电阻对测量结果的影响。

（3）测量电阻器时，可以不区分红、黑表笔，因为它不影响测量结果。

（4）欧姆挡量程选得是否合适，将直接影响测量精度。例如，测 20 Ω 的电阻器时，应选用 R×1 挡，如选用 R×1 k 挡，读数精度会极差。因此，合理选择欧姆挡量程是提高测量精度的重要环节。被测电阻的阻值为几欧至几十欧时，可选用 R×1 挡；被测电阻的阻值为几十欧至几百欧时，可选用 R×10 挡；被测电阻的阻值为几百欧至几千欧时，可选用 R×100 挡；被测电阻的阻值为几千欧到几十千欧时，可选用 R×1 k 挡；被测电阻的阻值为几十千欧以上时，应选用 R×10 k 挡。

4. 贴片电阻器的选用

选用贴片电阻器时，要考虑其标称值、误差、额定电压和额定功率等因素，根据电路的特点选择合适的电阻。

（1）阻值的选择

原则是所用贴片电阻器的标称阻值与所需电阻器阻值差值越小越好。

（2）误差的选择

RC 电路所需电阻器的误差应尽量小，一般可选误差为 5% 以内的电阻器。退耦电路、反馈电路、滤波电路、负载电路等对误差要求不太高，可选误差为 10% ~ 20% 的电阻器。

（3）额定电压的选择

当实际电压超过额定电压时，即便满足功率要求，电阻器也会被击穿损坏。所以应选择额定电压大于最高实际工作电压的电阻器。

（4）额定功率的选择

所选电阻器的额定功率应大于实际承受功率的两倍以上，才能保证电阻器在电路中长期工作的可靠性。

实际使用过程中，首选通用型电阻器。因为通用型电阻器种类较多，规格齐全，生产批量大，且阻值范围、外观形状、体积大小等都有挑选的余地，便于采购、维修。此外，还应该考虑电路特点。对于高频电路，分布参数越小越好，应选用金属膜电阻、金属氧化膜电阻等高频电阻；对于低频电路，可选择绕线式电阻、碳膜电阻；对于功率放大电路、偏置电路和取样电路，由于电路对稳定性要求比较高，应选温度系数小的电阻器；对于退耦电路和滤波电路，由于电路对阻值变化没有严格要求，任何类型电阻器都适用。

三、贴片电容器

为了满足电子设备的整机向小型化、大容量化、高可靠性和低成本方向发展的需要，贴片电容器本身也在迅速地发展：种类不断增加，体积不断缩小，性能不断提高，技术不断进步，材料不断更新，轻薄短小系列产品已趋向于标准化和通用化。其应用正逐步由消费类设备向投资类设备渗透和发展。

此外，贴片电容器还在朝着多元化的方向发展：

➢ 为了适应便携式通信工具的需求，贴片电容器正向低电压、大容量、超小和超薄的方向发展。

➢ 为了适应某些电子整机（如军用通信设备）的发展，高耐压、大电流、大功率、超高 Q 值、低等效串联电阻型的中高压贴片电容器也是目前的一个重要的发展方向。

➢ 为了适应线路高度集成化的要求，多功能复合贴片电容器正成为技术研究热点。

1. 贴片电容器的类型

（1）按结构分类有固定电容器、可变电容器和微调电容器。

（2）按电解质分类有有机介质电容器、无机介质电容器、电解电容器和空气介质电容器等。

（3）按用途分类有高频旁路、低频旁路、滤波、调谐、高频耦合、低频耦合和小型电容器。

1）高频旁路电容器：陶瓷电容器、云母电容器、玻璃膜电容器、涤纶电容器、玻璃釉电容器。

2）低频旁路电容器：纸介电容器、陶瓷电容器、铝电解电容器、涤纶电容器。

3）滤波电容器：铝电解电容器、纸介电容器、复合纸介电容器、液体钽电解电容器。

4）调谐电容器：陶瓷电容器、云母电容器、玻璃膜电容器、聚苯乙烯电容器。

5）高频耦合电容器：陶瓷电容器、云母电容器、聚苯乙烯电容器。

6）低频耦合电容器：纸介电容器、陶瓷电容器、铝电解电容器、涤纶电容器、固体钽电解电容器。

7）小型电容器：金属化纸介电容器、陶瓷电容器、铝电解电容器、聚苯乙烯电容器、固体钽电解电容器、玻璃釉电容器、金属化涤纶电容器、聚丙烯电容器、云母电容器。

目前使用较多的贴片电容器主要有两种：陶瓷（瓷介）系列的电容器和钽电容器。其中瓷介电容器约占 80%。有机薄膜和云母电容器使用较少。

2. 常用贴片电容器

（1）片式瓷介电容器

片式瓷介电容器有矩形和圆柱形两种。圆柱形瓷介电容器是单层结构，生产量很少。矩形瓷介电容器大多数为层叠结构，又称 MLC（多层陶瓷电容器），有时也称独石电容器。自 1979 年以来，MLC 已普遍用于计算机、通信机、电子表、液晶电视等领域，目前正朝着提高介电常数、减小介质厚度、增加容量体积比的方向发展。

如图 2-8 所示，多层片式瓷介电容器的特点是短小轻薄，无引脚，寄生电感小，等效串联电阻低，电路损耗小，有助于提高电路的应用频率和传输速度；因电极与介质材料共烧结，耐潮性能好，结构牢固，可靠性高。

片式瓷介电容器生产厂家主要有 AVX 公司、诺瓦（Novacap）公司、三星（SAMSUNG）公司、TDK 公司、广东风华公司等。包装标识常见类型如下：

图 2-8　片式瓷介电容器

1）AVX 公司

0603	5	A	101	K	A	T	2	A
尺寸	电压	介质	标称电容	允许误差	失效率	端头	包装	专用代码

电压：Y 代表 16 V，1 代表 100 V，2 代表 200 V，3 代表 25 V，5 代表 50 V，7 代表 500 V，C 代表 600 V，A 代表 1 000 V。

介质：A 代表 NPO，C 代表 X7R，E 代表 Z5U，G 代表 Y5V。

包装：1 代表 178 mm 卷盘胶带，2 代表 178 mm 卷盘纸带。

专用代码：A 代表标准产品，T 代表 0.66 mm，S 代表 0.56 mm，R 代表 0.46 mm，P 代表 0.38 mm。

2）诺瓦公司

0603	N	102	J	500	N	X	T	M
↓	↓	↓	↓	↓	↓	↓	↓	↓
尺寸	介质	标称电容	允许误差	电压	端头	厚度	包装	标志

介质：N 代表 COG（NPO），X 代表 Z5U，B 代表 X7R。

电压：与标称电容的表示方法相同，如 500 表示 50 V。

包装：B 代表散装，T 代表盘式，W 代表方形包装。

3）三星公司

CL	21	B	102	K	B	N	C
↓	↓	↓	↓	↓	↓	↓	↓
电容器	尺寸	介质	标称电容	允许误差	电压	厚度	包装

尺寸：03 代表 0201，05 代表 0402，10 代表 0603，21 代表 0805，31 代表 1206，32 代表 1210。

介质：C 代表 COG，B 代表 X7R，E 代表 Z5U，F 代表 Y5V，S 代表 S2H，T 代表 T2H，U 代表 U2J。

电压：Q 代表 6.3 V，P 代表 10 V，O 代表 16 V，A 代表 25 V，B 代表 50 V，C 代表 100 V。

厚度：N 代表标准厚度，A 代表比标准厚度薄，B 代表比标准厚度厚。

包装：B 代表散装，C 代表纸带包装，E 代表胶带包装，P 代表合装。

4）TDK 公司

C	1005	CH	1H	100	D	T
↓	↓	↓	↓	↓	↓	↓
电容器	尺寸	介质	电压	标称电容	允许误差	包装

介质：有 CH、COG、X7R、X5R、Y5V 等。

电压：0J 代表 6.3 V，1A 代表 10 V，1C 代表 16 V，1E 代表 25 V，1H 代表 50 V，2A 代表 100 V，2E 代表 250 V，2J 代表 630 V。

包装：T 代表编带包装，B 代表散装。

5）广东风华公司

CC41	0805	N	102	K	500	P	T
↓	↓	↓	↓	↓	↓	↓	↓
电容器	尺寸	介质	标称电容	允许误差	电压	端头	包装

介质：N 代表 NPO，CG 代表 COG，B 代表 X7R，Y 代表 Y5V。

电压：与标称电容的表示方法相同，如 250 代表 25 V，500 代表 50 V，101 代表 100 V。

圆柱形瓷介电容器的主体是一个覆有金属内表面电极和外表面电极的陶瓷管。为满足表面组装工艺的要求，陶瓷管的直径已从传统管形电容器的 3 ~ 6 mm 减小到 1.4 ~ 2.2 mm，陶瓷管的内表面电极从一端引出到表面电极，再引至陶瓷管的另一端。通过控制陶瓷管内、外表面电极的重叠面积，来决定电容器的容量。将已加工成形的金属帽压在陶瓷管的两端，分别与内、外表面电极结合，构成外电极的两个引出端。陶瓷管的外表面再涂敷一层树脂，然后在树脂上打印标记，这样就构成了圆柱形瓷介电容器的整体。

（2）片式钽电解电容器

片式钽电解电容器简称钽电容器，属于电解电容器的一种。其使用金属钽作介质，不像普通电解电容器那样需要使用电解液，而且钽电解电容器无须像普通电解电容器那样使用镀了铝膜的电容纸绕制，本身几乎没有电感。此外，由于钽电解电容器内部没有电解液，很适合在高温下工作。钽电解电容器具有较大的单位体积容量，容量超过 0.33 μF 的表面组装元件通常需要使用钽电解电容器。钽电解电容器的电解质响应速度快，多应用于大规模集成电路等需要高速运算处理的场合。

片式钽电解电容器有矩形和圆柱形两大类。矩形钽电解电容器如图 2-9 所示。钽电解电容器的工作介质是在钽金属表面生成的一层极薄的五氧化二钽膜。该层氧化膜介质与组成电容器的一端电极结合成一个整体，不能单独存在。因此，单位体积内具有非常高的工作电场强度，所具有的容量特别大，特别适宜于小型化。

图 2-9 矩形钽电解电容器

三星公司的钽电解电容器包装标识如下：

TC	SCN	1C	105	M	A	A	R
↓	↓	↓	↓	↓	↓	↓	↓
钽电容器	型号	电压	标称电容	允许误差	尺寸	包装	极性方向

型号：SCN 与 SCS 系列。

电压：0G 代表 4 V，0J 代表 6.3 V，1A 代表 10 V，1C 代表 16 V，1D 代表 20 V，1E 代表 25 V，1V 代表 35 V。

尺寸：A 代表 3216，B 代表 3528，C 代表 6032，D 代表 7343。

包装：A 代表 7 in，C 代表 13 in。

极性方向：R 代表右，L 代表左。

圆柱形钽电解电容器由阳极、固体半导体和阴极组成，采用环氧树脂封装。制作时，将作为阳极引线的钽金属线放入钽金属粉末中，加压成形；再在 1 650 ~ 2 000 ℃ 的高温真空炉中烧结成阳极芯片，将芯片放入磷酸等赋能电解液中进行阳极氧化，形成介质膜，通过钽金属线与非磁性阳极端子连接后制成阳极；然后浸入硝酸锰等溶液中，在 200 ~ 400 ℃ 的气浴炉中进行热分解，形成二氧化锰固体电解质膜作阴极；成膜后，在二氧化锰层上沉积一层石墨，再涂银浆，用环氧树脂封装，最后打印标识。

圆柱形钽电解电容器的特点是金属电极附着固牢；耐焊接，热特性优良，适宜波峰焊、再流焊；电容器极性可用色环表示，易于识别；阳极采用非磁性金属，阴极采用磁性金属，传送时可根据磁性自动判别。

（3）片式铝电解电容器

铝电解电容器的基本构造是用正极铝箔、负极铝箔和电解纸卷成芯子，再用引线引出正负极，浸电解液后通过导针引出，然后用铝壳和胶密封起来。片式铝电解电容器体积虽然较小，但因为通过电化学腐蚀后，电极铝箔的表面积被扩大了，且它的介质氧化膜非常薄，所以片式铝电解电容器可以具有相对较大的容量。

片式铝电解电容器的主要规格尺寸按公制标准分为 $\phi 4$ mm × 5.5 mm、$\phi 5$ mm × 5.5 mm、$\phi 6.3$ mm × 5.5 mm、$\phi 6.3$ mm × 7.7 mm、$\phi 8$ mm × 6.2 mm、$\phi 8$ mm × 10.2 mm、$\phi 10$ mm ×

10.2 mm、ϕ 10 mm × 12 mm 等。

片式铝电解电容器的额定电压为 4～50 V，常规使用的容量范围为 0.1～220 μF。随着相关技术及材料的发展，最大额定电压至 100 V 和最大容量至 1 000 μF 的产品也已在广泛采用。

图 2-10 所示为片式铝电解电容器。就现在的产量来说，铝电解电容器目前在电解电容器中占第二位。这类电容器原本是一般的直流电容器，但现在已经从直流发展到交流，从低温发展到高温，从低压发展到高压，从通用型发展到特殊型，从一般结构发展到片式、扁平式、书本式等结构。其上限容量已扩展到 4 F 左右，使用频率已达到 30 kHz，工作温度范围已达到 -55～125 ℃，有的甚至高达 150 ℃，额定电压已达到 700 V。

（4）片式云母电容器

云母电容器是用金属箔或者在云母片上喷涂银层作为电极板，电极板和云母一层层叠合后，再压铸在胶木粉或封固在环氧树脂中制成。它的特点是介质损耗小，绝缘电阻大，温度系数小，适宜用于高频电路。

（5）片式薄膜电容器

薄膜电容器具有无极性、绝缘阻抗高、频率特性优异（频率响应范围宽）、介质损耗小等优良特性，因此是一种性能优异的电容器。薄膜电容器被大量使用在模拟电路上。尤其是在信号交连的部分，必须使用频率特性良好、介质损耗极低的电容器，方能确保信号在传送时不致有太大的失真。

薄膜电容器的结构和纸介电容器相同，介质是涤纶或者聚苯乙烯等。涤纶薄膜电容器的介电常数较高、体积小、容量大、稳定性比较好，适宜作为旁路电容。聚苯乙烯薄膜电容器的介质损耗小、绝缘电阻高，但是温度系数大，可用于高频电路。

在所有的塑料薄膜电容器中，聚丙烯电容器和聚苯乙烯电容器的特性最为显著，但是价格较高。

（6）片式微调电容器

片式微调电容器按所用的介质不同可分为薄膜和陶瓷微调电容器，其中后者在电子产品中应用广泛。微调电容器实际上是一种可变电容器，只是容量变化范围较小，通常只有几皮法到几十皮法。图 2-11 所示为一种片式微调电容器。片式微调电容器主要适用于高频电路中。

图 2-10　片式铝电解电容器　　　　　　　图 2-11　片式微调电容器

3. 贴片电容器的检测与选用

电容器是电子产品中大量使用的电子元件之一，广泛应用于电路中的隔直通交、耦合、旁路、滤波、调谐、能量转换、控制等方面。

（1）贴片电容器的检测

贴片电容器的检测方法与一般电容器的检测方法相似，主要应考虑以下几点：

1）质量判定。先将待测电容器两引脚短接放电，然后选用万用表 R×1 k 挡，用两表笔分别接触电容器（1 μF 以上的容量）的两引脚，接通瞬间，表头指针应向顺时针方向偏转，然后逐渐逆时针恢复原位，如果不能复原，则稳定后的读数就是电容器的漏电阻，阻值越大表示电容器的绝缘性能越好。在上述检测过程中，若表头指针无摆动，说明电容器开路；若表头指针向右摆动的角度大且不恢复原位，说明电容器已击穿或严重漏电；若表头指针保持在 0 Ω 附近，说明该电容器内部短路。对于容量小于 1 μF 的电容器，由于其充放电现象不明显，检测时表头指针偏转幅度很小或根本无法看清，并不说明电容器质量有问题。

2）容量判定。检测时，表头指针向右摆动的角度越大，说明电容器的容量越大；反之，则说明容量越小。

3）极性判定。根据电解电容器正接时漏电流小、漏电阻大，反接时漏电流大、漏电阻小的特点可判断其极性。将万用表挡位拨至 R×1 k 挡，先测一下电解电容器的漏电阻值，而后将两表笔对调一下，再测一次漏电阻值。两次测试中，漏电阻值小的一次，黑表笔接的是电解电容器的负极，红表笔接的是电解电容器的正极。

4）可变电容器碰片检测。选用万用表的 R×1 k 挡，将两表笔固定接在可变电容器的定、动片端子上，慢慢转动可变电容器的转轴，如表头指针发生摆动说明有碰片现象，否则说明电容器是正常的。使用时，动片应接地，防止调整时人体静电通过转轴引入噪声。

（2）贴片电容器的选用

在电路设计中，选择合适的贴片电容器显得尤为重要。

1）贴片电容器的封装。每个电路中都应该有固定封装的贴片电容器，不然会因为封装尺寸不均，导致材质的损耗。在实际应用中，应根据印制电路板具体的长、宽、高来决定选择哪一种封装尺寸的贴片电容器。

2）贴片电容器的容量。贴片电容器的容量应根据电路的实际需要进行选择，并非容量越大的贴片电容器就越好，应根据实际情况选择合适的容量。

3）贴片电容器的误差精度。贴片电容器的容量误差称为贴片电容器的误差精度。常用贴片电容器的精度等级用字母表示，其中 D、F、J、K、M 表示的误差精度分别为 ±0.5%、±1%、±5%、±10%、±20%，高精度的精密贴片电容器的允许误差较小。

4）贴片电容器的温度系数。在选择贴片电容器时，应考虑贴片电容器的温度系数。通常情况下，在一定温度范围内，温度每变化 1 ℃，电容器的相对性能也会有相应的变化，贴片电容器的温度系数理论上是越小越好。

5）贴片电容器的频率特性。贴片电容器的频率特性是指电容器的电参数随电场频率而变化的性质。在高频条件下工作的贴片电容器，由于介电常数在高频时比低频时小，贴片电容器的容量也相应减小，损耗也会随频率的升高而增加。另外，在高频工作时，贴片电容器的其他分布参数也会影响贴片电容器的性能。

四、贴片电感器

贴片电感器除了与传统的插装电感器有相同的扼流、退耦、滤波、调谐、延迟、补偿等功能外，还在 LC 调谐器、LC 滤波器等多功能器件中体现了独特的优越性。

由于电感器受线圈制约，片式化比较困难，故其片式化比电阻器和电容器晚，片式化率也较低。尽管如此，电感器的片式化仍取得了很大的进展。不仅种类繁多，而且相当多的产品已经系列化、标准化，并已批量生产。

1. 贴片电感器的类型

（1）按结构分类

贴片电感器按其结构不同可分为绕线式贴片电感器和非绕线式贴片电感器（多层片状、印制电感等），还可分为固定式贴片电感器和可调式贴片电感器。

固定式贴片电感器又分为空心电子电感器、磁芯贴片电感器、铁芯贴片电感器等，根据其结构外形和引脚方式还可分为立式同向引脚贴片电感器、卧式轴向引脚贴片电感器、大中型贴片电感器、小型贴片电感器和片状贴片电感器等。

可调式贴片电感器又分为磁芯可调贴片电感器、铜芯可调贴片电感器、滑动接点可调贴片电感器、串联互感可调贴片电感器和多抽头可调贴片电感器。

有外部屏蔽的电感器称为屏蔽贴片电感器，线圈裸露的电感器一般称为非屏蔽贴片电感器。

（2）按工作频率分类

贴片电感器按工作频率可分为高频贴片电感器、中频贴片电感器和低频贴片电感器。空心贴片电感器、磁芯贴片电感器和铜芯贴片电感器一般为中频或高频贴片电感器，而铁芯贴片电感器多为低频贴片电感器。

（3）按用途分类

贴片电感器按用途可分为振荡贴片电感器、校正贴片电感器、显像管偏转贴片电感器、阻流贴片电感器、滤波贴片电感器、隔离贴片电感器、补偿贴片电感器。

振荡贴片电感器又分为电视机行振荡线圈、东西枕形校正线圈等。

显像管偏转贴片电感器分为行偏转线圈和场偏转线圈。

阻流贴片电感器（也称阻流圈）分为高频阻流圈、低频阻流圈、电子镇流器用阻流圈、电视机行频阻流圈和电视机场频阻流圈等。

滤波贴片电感器分为电源（工频）滤波贴片电感器和高频滤波贴片电感器等。

2. 常用贴片电感器

目前用量较大的贴片电感器主要有绕线式贴片电感器和层叠式贴片电感器两种。薄膜型贴片电感器和编织式贴片电感器也在一些特定电路中被使用。

（1）绕线式贴片电感器

绕线式贴片电感器实际上是把传统的卧式绕线电感器稍加改进而成，如图 2-12 所示。制造时将导线（线圈）缠绕在磁芯上，小电感时用陶瓷作磁芯，大电感时用铁氧体作磁芯。线圈可以垂直绕制也可以水平绕制，一般垂直线圈的尺寸小，水平线圈的电气性能要稍好一些。绕线后再加上端电极。端电极也称外部端子，它取代了传统插装式电感器的引线，以便用于表面组装。

由于绕线式贴片电感器所用磁芯不同，故结构上也有多种形式，主要有工字形结构、槽形结构、棒形结构和腔体结构。

图 2-12　绕线式贴片电感器

（2）层叠式贴片电感器

层叠式贴片电感器也称为多层式贴片电感器，它和多层陶瓷电容器相似，如图 2-13 所示。制造时，由铁氧体浆料和导电浆料交替印刷叠层后，经高温烧结形成具有闭合磁路的整体。导电浆料经烧结后形成的螺旋式导电带，相当于传统电感器的线圈，被导电带包围的铁氧体相当于磁芯，导电带外围的铁氧体使磁路闭合。

多层式贴片电感器的特点如下：

1）线圈密封在铁氧体中并作为整体结构，可靠性高。

2）磁路闭合，磁通量泄漏很少，不干扰周围的元器件，也不易受邻近元器件的干扰，适宜高密度安装。

3）无引脚，可做到薄型化、小型化，但电感量和 Q 值较低。多层式贴片电感器广泛应用在电视、音响、汽车电子、通信、混合电路中。

图 2-13　层叠式贴片电感器

（3）薄膜式贴片电感器

薄膜式贴片电感器（见图 2-14）具有在微波频段保持高 Q 值、高精度、高稳定性和小体积的特性。其内电极集中于同一层面，磁场分布集中，能确保贴装后的元件参数变化不大，在 100 MHz 以上呈现良好的频率特性。

（4）编织式贴片电感器

编织式贴片电感器（见图 2-15）的特点是在 1 MHz 下的单位体积电感量比其他片式电感器大、体积小、容易安装在基片上。编织式贴片电感器常用作功率处理的微型磁性元件。

图 2-14　薄膜式贴片电感器　　　　图 2-15　编织式贴片电感器

3. 贴片电感器的检测与选用

（1）贴片电感器的检测

贴片电感器的检测主要是检测电感器线圈的通断情况，将万用表置于 R×1 挡，用红、黑表笔连接贴片电感器的两个引出端，此时指针应向右摆动，测量值一般比较小。如果被测贴片电感器的电阻值为零，则说明其内部有短路故障。如果表针不动，则说明该电感器内部断路。如果表针显示不稳定，则说明内部接触不良。

（2）贴片电感器的选用

在选用贴片电感器时，主要应考虑以下几个方面：

1）电感量及允许误差。电感量是指在产品技术规范所要求的频率下测量的电感标称数值。允许误差等级分为 F 级（±1%）、G 级（±2%）、H 级（±3%）、J 级（±5%）、K 级（±10%）、L 级（±15%）、M 级（±20%）、P 级（±25%）、N 级（±30%），最常用的是 J 级、K 级、M 级。

2）直流电阻值。除功率电感器不测直流电阻值（只检查导线规格）外，其他电感器按要求须规定最大直流电阻值，一般越小越好。

3）最大工作电流。取电感器额定电流的 1.25～1.5 倍为最大工作电流，一般应降额 50% 使用。

4）电感量的稳定性。电感器会受环境温度变化的影响。除电感温度系数可决定其稳定性外，机械振动和时效老化也会引起电感量的变化，应给予重视。

5）抗电强度及防潮性能。对于有抗电强度要求的电感器要选用封装材料耐压高的品种，一般耐压较好的电感器，防潮性能也较好。采用树脂浸渍、包封、压铸工艺都可满足该项要求。

6）电感的频率特性。在低频时，贴片电感器一般呈现电感特性，即只起蓄能、滤高频的特性。但在高频时，它的阻抗特性表现得很明显，存在耗能发热、感性效应降低等现象。不同电感器的高频特性都不一样。

7）焊盘或针脚。焊盘或针脚是选购和使用电感器不可忽视的重要方向，主要应考虑其拉力、扭力、耐焊接热和可焊性试验等，以保证焊接的可靠性。

§2—3 表面组装器件 SMD

学习目标

1. 掌握识别和检测贴片分立器件（二极管、三极管）的方法。
2. 熟知贴片集成电路的封装形式。
3. 掌握识别贴片集成电路的方法。

表面组装器件（SMD）是 SMT 元器件中的一种。SMD 的出现对推动 SMT 的进一步发展具有十分重要的意义。SMD 的外形尺寸小，易于实现高密度安装。采用 SMD 的电子产品体积小，质量轻，性能优，整机可靠性高，生产成本低。目前，SMD 的贴片分立器件包括贴片二极管、贴片三极管和贴片集成电路等。

一、贴片二极管

1.贴片二极管的类型

贴片二极管的规格品种很多，其具体分类见表 2-3。

表 2-3 贴片二极管的分类

分类方法	类型
按所用半导体材料分	锗贴片二极管、硅贴片二极管、砷化镓贴片二极管
按结构工艺分	点接触型贴片二极管、面接触型贴片二极管
按用途分	整流贴片二极管、开关贴片二极管、稳压贴片二极管、检波贴片二极管、发光贴片二极管、钳位贴片二极管
按频率分	普通贴片二极管、高频贴片二极管
按引脚结构分	二引线型贴片二极管、圆柱形（玻璃封或塑封）贴片二极管、小型塑封型贴片二极管

2. 贴片二极管的型号与封装

贴片二极管是一种有极性的组件，外壳的封装形式有玻璃封装、塑料封装等。用于表面组装的二极管有三种封装形式。第一种是无引脚圆柱形玻璃封装，如图 2-16 所示，即将管芯封装在细玻璃管内，两端装上金属帽作为电极，多用于稳压、开关作业。

图 2-16 圆柱形玻璃封装的二极管

第二种是矩形片式塑料封装，如图 2-17 所示，多用于整流、检波等通用型二极管和发光二极管的封装。

第三种为 SOT-23 封装，如图 2-18 所示，多用于封装复合二极管、高速开关二极管和高压二极管。

图 2-17 矩形片式塑料封装的二极管

图 2-18 SOT-23 封装的贴片二极管

常用贴片二极管的型号和封装类型详见附表 1。

3. 贴片二极管的检测

贴片二极管与普通二极管的内部结构基本相同，均由一个 PN 结组成。因此，贴片二极管的检测方法与普通二极管的检测方法基本相同。检测贴片二极管时通常采用万用表的 R×100 挡或 R×1k 挡。

（1）普通贴片二极管的检测

判别贴片二极管的正、负极，通常观察二极管外壳标识即可，当遇到外壳标识磨损严重时，可利用万用表欧姆挡进行判别。

将万用表置于 R×100 或 R×1k 挡，先用万用表红、黑表笔任意测量贴片二极管两引脚间的电阻值，然后对调表笔再测一次。在两次测量结果中，选择阻值较小的一次为准，黑表笔所接的一端为贴片二极管的正极，红表笔所接的一端为贴片二极管的负极，所测阻值为贴片二极管正向电阻（一般为几百欧至几千欧），另一组阻值为贴片二极管反向电阻（一般为几十千欧至几百千欧）。

对普通贴片二极管性能好坏的检测通常在开路状态（脱离印制电路板）下进行，用万用表R×100挡或R×1k挡测量普通贴片二极管的正、反向电阻。根据二极管的单向导电性可知，其正、反向电阻相差越大，说明其单向导电性越好。若测得正、反向电阻相差不大，说明贴片二极管单向导电性能变差；若正、反向电阻都很大，说明贴片二极管已开路失效；若正、反向电阻都很小，说明贴片二极管已击穿失效。当贴片二极管出现上述三种情况时，须更换。

（2）常用特殊贴片二极管的检测

以稳压贴片二极管为例，与普通贴片二极管一样，其引脚也分正、负极，一般可根据管壳上的标识识别。例如，根据所标示的二极管符号、引线的长短、色环、色点等进行识别。如果管壳上的标识已不存在，也可利用万用表欧姆挡测量，方法与普通贴片二极管正、负极判别方法相同。稳压贴片二极管性能好坏的判别与普通贴片二极管的判别方法相同。正常时，一般正向电阻为 $10\,k\Omega$ 左右，反向电阻为无穷大。

4. 贴片二极管的选用

（1）检波二极管的选用

检波二极管一般可选用点接触型锗二极管，如 2AP 系列等。选用时，应根据电路的具体要求来选择工作频率高、反向电流小、正向电流足够大的检波二极管。

（2）整流二极管的选用

整流二极管一般为平面型硅二极管，用于各种电源整流电路中。选用整流二极管时，主要应考虑其最大整流电流、最大反向工作电流、截止频率及反向恢复时间等参数。普通串联稳压电源电路中使用的整流二极管，对截止频率的反向恢复时间要求不高，只要根据电路的要求，选择最大整流电流和最大反向工作电流符合要求的整流二极管即可，如 1N 系列、2CZ 系列和 RLR 系列等。开关稳压电源的整流电路及脉冲整流电路中使用的整流二极管，应选用工作频率较高、反向恢复时间较短的整流二极管（如 RU 系列、EU 系列、V 系列、1SR 系列）或选择快恢复二极管。

（3）稳压二极管的选用

稳压二极管一般用在稳压电源中，作为基准电压源或用在过电压保护电路中作为保护二极管。选用的稳压二极管应满足应用电路中主要参数的要求。稳压二极管的稳定电压值应与应用电路的基准电压值相同，稳压二极管的最大稳定电流应高出应用电路的最大负载电流50% 左右。

（4）开关二极管的选用

开关二极管主要应用于收录机、电视机、影碟机等家用电器，以及有开关电路、检波电路、高频脉冲整流电路等的电子产品中。中速开关电路和检波电路，可以选用 2AK 系列普通开关二极管；高速开关电路可以选用 RLS 系列、1SS 系列、1N 系列、2CK 系列的高速开关二极管。要根据应用电路的主要参数（如正向电流、最高反向工作电压、反向恢复时间等）来选择开关二极管的具体型号。

（5）变容二极管的选用

选用变容二极管时，应着重考虑其工作频率、最高反向工作电压、最大正向电流和零偏压结电容等参数是否符合应用电路的要求，应选用结电容变化大、Q 值高、反向漏电流小的变容二极管。

二、贴片三极管

1. 贴片三极管的类型

贴片三极管的规格品种繁多，其具体分类见表 2-4。

表 2-4   贴片三极管的分类

分类方法	类型
按极性分	NPN 型贴片三极管、PNP 型贴片三极管
按材料分	硅贴片三极管、锗贴片三极管
按工作频率分	低频贴片三极管、高频贴片三极管
按功率分	小功率贴片三极管、中功率贴片三极管、大功率贴片三极管
按用途分	贴片放大管、贴片开关管

2. 贴片三极管的型号与规格

贴片三极管常用于开关电源电路、高频振荡电路、驱动电路、模数转换电路、脉冲电路及输出电路等。当加在贴片三极管发射结的电压大于 PN 结的导通电压，且贴片三极管基极电流增大到一定程度时，集电极电流将不再随基极电流增大而增大，而是处于一定值附近不再变化。贴片三极管和插件三极管的功能和工作原理是一样的，只是封装形式不同。贴片三极管在外形上更小、更省空间，同时免去了人工插件。插件三极管一般采用 TO-92 封装，而贴片三极管一般采用 SOT-23 封装，以及 SOT-89 封装、SOT-143 封装、SOT-252 封装、SOT-323 封装、SOT-553 封装等，如图 2-19 所示。

图 2-19   贴片三极管常见封装外观
a）SOT-23   b）SOT-89   c）SOT-143   d）SOT-252   e）SOT-323   f）SOT-553

SOT-23 封装三极管是通用的表面组装三极管，其常用型号的参数详见附表 2。

SOT-89 封装形式适用于较高功率的场合，它的发射极、基极、集电极从三极管的同一侧引出，三极管底面有金属散热片与集电极相连，三极管芯片粘在较大的铜片上，有助于散热。

SOT-143 封装形式有四条翼形短引脚，对称分布在长边两侧，引脚中宽度较大的是集电极，这类封装通常用于双栅场效应管及高频晶体三极管。

SMD 分立器件到目前为止已有 3 000 多种，各厂商产品的电极引出方式略有差别，但是产品的极性排列和引脚间距基本相同，具有互换性。

3. 贴片三极管的检测

贴片三极管的检测方法与普通三极管相同。

（1）中、小功率三极管的检测

1）已知型号和引脚排列的三极管，可按下述方法来判断其性能好坏。

①测量极间电阻。将万用表置于 R×100 或 R×1 k 挡，按照红、黑表笔的六种不同接法进行测试。其中，发射结和集电结的正向电阻值比较低，其他四种接法测得的电阻值都很高，约为几百千欧至无穷大。但无论是低阻还是高阻，硅材料三极管的极间电阻都要比锗材料三极管的极间电阻大得多。

②测量三极管穿透电流 I_{CEO}。I_{CEO} 的数值近似等于三极管的电流放大倍数 β 和集电结的反向电流 I_{CBO} 的乘积。I_{CBO} 会随着环境温度的升高而很快增长，其增长必然造成 I_{CEO} 的增大，而 I_{CEO} 的增大将直接影响三极管工作的稳定性，所以在使用中应尽量选用 I_{CEO} 小的三极管。通过用万用表电阻挡直接测量三极管发射极（E）和集电极（C）之间电阻的方法，可间接估计 I_{CEO} 的大小。测量时，万用表电阻挡的量程一般选用 R×100 或 R×1 k 挡，对于 PNP型三极管，黑表笔接 E 极，红表笔接 C 极；对于 NPN 型三极管，黑表笔接 C 极，红表笔接 E 极。要求测得的阻值越大越好。E—C 极间的阻值越大，说明三极管的 I_{CEO} 越小；反之，阻值越小，说明被测管的 I_{CEO} 越大。一般来说，中功率硅管、小功率硅管、锗材料低频管的阻值应分别在几百千欧、几十千欧及十几千欧以上，如果阻值很小或测试时万用表指针来回晃动，则表明 I_{CEO} 很大，三极管的性能不稳定。

③测量电流放大倍数 β。目前，有些型号的万用表具有测量三极管放大倍数的 h_{FE} 刻度线及其测试插座，可以很方便地测量三极管的放大倍数。方法是先将万用表功能开关拨至欧姆挡，量程开关拨到 ADJ 位置，把红、黑表笔短接，调整调零旋钮，使万用表指针指示为零，然后将量程开关拨到 h_{FE} 位置，并使两短接的表笔分开，把被测三极管插入测试插座，即可从 h_{FE} 刻度线上读出三极管的放大倍数。

2）如果不知道型号和引脚排列，则需通过检测判别电极，具体方法如下：

①判定基极。用万用表 R×100 或 R×1 k 挡测量三极管三个电极中每两个极之间的正、反向电阻值。当用第一根表笔接某一电极，而第二根表笔先后接触另外两个电极均测得低阻值时，第一根表笔所接的那个电极为基极。这时，要注意万用表表笔的极性，如果红表笔接的是基极，黑表笔分别接在其他两电极时，测得的阻值都较小，则可判定被测三极管为 PNP型管；如果黑表笔接的是基极，红表笔分别接触其他两电极时，测得的阻值较小，则可判定被测三极管为 NPN 型管。

②判定集电极和发射极。以 PNP 型管为例，将万用表置于 R×100 或 R×1 k 挡，用红表笔接基极，黑表笔分别接触另外两个电极，所测得的两个阻值会是一个大些，一个小些。在阻值小的一次测量中，黑表笔所接引脚为集电极；在阻值较大的一次测量中，黑表笔所接引脚为发射极。

3）判别高频管与低频管。高频管的截止频率大于 3 MHz，而低频管的截止频率小于 3 MHz，一般情况下，二者是不能互换的。

实际应用中，中、小功率三极管多直接焊接在印制电路板上，由于元件的安装密度大，拆卸比较麻烦，所以在检测时常通过用万用表直流电压挡去测量被测三极管各引脚的电压值，来推断其工作是否正常，进而判断其好坏。

（2）大功率三极管的检测

利用万用表检测中、小功率三极管的极性、管型及性能的各种方法，对检测大功率三极管来说基本上适用。但是，由于大功率三极管的工作电流比较大，因而其 PN 结的面积也较大，PN 结的反向饱和电流也必然较大。所以，若像测量中、小功率三极管极间电阻那样，使用万用表的 R×1 k 挡测量，测得的电阻值必然很小，好像极间短路一样，所以通常使用 R×10 或 R×1 挡检测大功率三极管。

（3）普通达林顿管的检测

用万用表检测普通达林顿管包括识别电极、区分 PNP 和 NPN 类型、估测放大能力等内容。因为达林顿管的 E—B 极之间包含多个发射结，所以应该使用万用表能提供较高电压的 R×10 k 挡进行测量。

（4）大功率达林顿管的检测

检测大功率达林顿管的方法与检测普通达林顿管基本相同。但由于大功率达林顿管内部设置了 V3、R1、R2 等保护和泄放漏电流元件，所以在检测时应考虑这些元件对测量数据的影响，以免造成误判。具体可按以下步骤进行：

1）用万用表 R×10 k 挡测量 B、C 之间 PN 结的阻值，应明显测出具有单向导电性，即正、反向阻值应有较大差异。

2）在大功率达林顿管的基极和发射极之间有两个 PN 结，并且接有电阻 R1 和 R2。用万用表电阻挡正向测量时，测到的阻值是基极和发射极间正向电阻与 R1、R2 阻值并联的结果；反向测量时，发射结截止，测出的则是电阻 R1 和 R2 的阻值之和，大约为几百欧，且阻值固定，不随电阻挡位的变换而改变。但需要注意的是，有些大功率达林顿管在 R1、R2 上还并联有二极管，此时所测得的则不是电阻 R1 和 R2 的阻值之和，而是 R1 和 R2 的阻值之和与两只二极管正向电阻之和的并联电阻值。

（5）带阻尼行输出三极管的检测

将万用表置于 R×1 挡，通过单独测量带阻尼行输出三极管各电极之间的阻值，即可判断其是否正常。具体测试原理、方法及步骤如下：

1）将红表笔接 E 极、黑表笔接 B 极时，相当于测量大功率管发射结等效二极管的正向电阻与保护电阻 R 并联后的阻值，由于等效二极管的正向电阻较小，而保护电阻 R 的阻值一般也仅有 20~50 Ω，所以二者并联后的阻值也较小；反之，将表笔对调，即红表笔接 B 极，黑表笔接 E 极，则测得的是大功率管发射结等效二极管的反向电阻与保护电阻 R 并联后的阻值，由于等效二极管的反向电阻较大，所以此时测得的阻值是保护电阻 R 的值，此值仍然较小。

2）将红表笔接 C 极、黑表笔接 B 极时，相当于测量大功率管集电结等效二极管的正向电阻，一般测得的阻值也较小；将红、黑表笔对调，即将红表笔接 B 极、黑表笔接 C 极，则相当于测量大功率管集电结等效二极管的反向电阻，测得的阻值通常为无穷大。

3）将红表笔接 E 极、黑表笔接 C 极时，相当于测量管内阻尼二极管的反向电阻，测得的阻值一般都较大，为 300 Ω 以上；将红、黑表笔对调，即红表笔接 C 极、黑表笔接 E 极，则相当于测量管内阻尼二极管的正向电阻，测得的阻值一般都较小，约几欧至几十欧。

4. 贴片三极管的选用

贴片三极管的种类很多，用途各异，正确选用贴片三极管是保证电路正常工作的关键。主要应考虑以下三个方面：

（1）根据不同电路的要求，选用不同类型的贴片三极管。在不同的电子产品中，电路的种类和要求不同，如高频放大电路、中频放大电路、功率放大电路、电源电路、振荡电路、脉冲数字电路等，要根据实际电路需要选择不同类型的贴片三极管。

（2）根据电路要求合理选择贴片三极管的技术参数。三极管的参数较多，选择时应保证主要参数满足电路的需求，如电流放大系数、集电极最大电流、集电极最大耗散功率、特征频率等。对于特殊用途的三极管，如选择光敏三极管时，要考虑光电流、暗电流和光谱范围是否满足电路要求。

（3）根据整机的尺寸合理选择贴片三极管的外形及封装。贴片三极管的体积小，节约了很多的空间位置，使整机小型化。在选择时，除了满足型号、参数的要求外，还要考虑外形和封装。在满足安装位置的前提下，应优先选用小型化和塑封产品，以减小整机尺寸、降低成本。

三、贴片集成电路

20 世纪 50 年代末，微电子学和微电子技术迅速兴起，而集成电路（integrated circuit，IC）的问世，更是开辟了电子技术发展的新天地。随着大规模和超大规模集成电路的出现，则迎来了世界新技术革命的曙光。

1. 集成电路封装概述

集成电路封装是指利用膜技术及微细加工技术，将芯片及其他要素在框架或基板上布置、粘贴固定及连线，引出接线端并通过可塑性绝缘介质灌封固定，构成整体立体结构的工艺。

集成电路封装的目的在于保护芯片不受或少受外界环境的影响，为之提供一个良好的工作条件，以使集成电路具有稳定、正常的功能。封装为芯片提供了一种保护，日常生活中的电子设备（如计算机、家用电器、通信设备等）中的集成电路芯片都是封装好的，没有封装的集成电路芯片一般是不能直接使用的。

集成电路封装的 I/O 电极有无引脚和有引脚两种形式。芯片结构分为正装芯片和倒装芯片。芯片的封装有金属封装、陶瓷封装、金属 – 陶瓷封装和塑料封装四种。芯片的基板材料分为有机材料和无机材料两种。芯片基板的结构有单层、双层、多层和复合结构。

2. 集成电路封装形式

集成电路封装技术的优劣，可以从封装比来判断，封装比即芯片面积与封装面积的比值，其值越接近于 1 越好。集成电路的封装技术已经历了几代变迁，从 DIP、QFP、PGA、BGA 到 CSP，再到 MCM，芯片的封装比越来越接近 1，引脚数增多，间距减小，芯片质量减小，功耗越来越低。

按照封装方式，可以分为小外形集成电路、无引脚陶瓷芯片载体 LCCC、有引脚塑封芯片载体 PLCC、方形扁平式封装 QFP、球栅阵列式封装 BGA、芯片级封装 CSP、裸芯片等。

表 1-1 中已经列举了常用集成电路的封装形式及特点。下面简单介绍 COB、LGA、MCM、CSP 等封装形式的结构和特点。

（1）COB 封装

COB 封装是将裸芯片用导电或非导电胶粘在互连基板上，然后进行引线键合完成电气连接。如果裸芯片直接暴露在空气中，易受污染或人为损坏，影响或破坏芯片功能，于是就用胶把芯片和键合引线包封起来。这种封装形式也称为软包封。

（2）LGA 封装

LGA 封装是在底面制作有阵列状态钽电极触点的封装，装配时插入插座即可。现已使用的有 227 触点（1.27 mm 中心距）和 447 触点（2.54 mm 中心距）的陶瓷 LGA，应用于高速逻辑大规模集成电路中。LGA 与 QFP 相比，能够以比较小的封装容纳更多的输入、输出引脚。另外，由于引线的阻抗小，对于高速大规模集成电路是很适用的。但由于插座制作复杂、成本高，现在基本上不再使用。今后对其需求有可能会有所增加。

（3）MCM 封装

MCM 封装是将多个 LSI（高速大规模集成电路）/VLSI（甚大规模集成电路）/ASIC（专用集成电路）裸芯片和其他元器件组装在同一块多层互连基板上，然后进行封装，从而形成高密度、高可靠性的微电子组件。根据所用多层布线基板的类型不同，MCM 可分为叠层多芯片组件（MCM-L）、陶瓷多芯片组件（MCM-C）、淀积多芯片组件（MCM-D）以及混合多芯片组件（MCM-C/D）等。

就 MCM 封装的先进性而言，MCM 可以集成 VLSI、ASIC 等大规模集成电路芯片，I/O 引脚数多达 100 个以上，但在实际应用中，很多 MCM 产品并不一定包括 VLSI、ASIC 等大规模集成电路芯片，I/O 引脚数也并不是很多。早期，MCM 的应用主要聚集在以大型计算机为代表的应用领域，强调的是其大规模集成的特点。随着 MCM 技术的不断进步和应用领域的不断拓展，MCM 的高集成度、高组装效率和高灵活性等特点日益突显。

（4）CSP 封装

CSP 封装可以让芯片面积与封装面积之比超过 1∶1.14，已经相当接近 1∶1 的理想情况，绝对尺寸也仅有 32 mm^2，约为普通 BGA 封装的 1/3，仅仅相当于 TSOP 内存芯片面积的 1/6。与 BGA 封装相比，同等空间下 CSP 封装可以将存储容量提高三倍。CSP 封装是在电子产品更新换代时提出来的，它的目的是在使用大芯片（芯片更复杂、功能更多、性能更好）替代以前的小芯片时，确保其封装体占用印制电路板的面积保持不变或更小。正是由于 CSP 产品的封装体积小、薄，使得它在手持式移动电子设备中迅速获得了应用。

§2—4　表面组装元器件的选择与使用

学习目标

1. 熟悉 SMT 生产对贴片元器件的基本要求。

2. 熟知表面组装元器件的包装方式。

3. 掌握表面组装元器件的选择方法。

4. 掌握表面组装元器件的使用注意事项。

表面组装元器件发展至今，已有多种封装类型的 SMC/SMD 用于电子产品的生产。IC 引脚间距由最初的 1.27 mm 发展至 0.8 mm、0.65 mm、0.4 mm、0.3 mm，总体的趋势仍然是 I/O 引脚越多越好。

一、SMT 生产对元器件的要求

表面组装元件主要包括矩形贴片元件、圆柱形贴片元件、复合贴片元件、异形贴片元件等。表面组装器件主要包括贴片二极管、贴片三极管、贴片集成电路等半导体器件。表面组装除了对贴片元器件提出某些与传统电子元器件相同的性能技术指标要求外，还提出了其他更多、更严格的要求，主要包括以下几个方面的内容：

1. 尺寸标准

SMT 贴片元器件的尺寸精度应与表面组装技术和表面组装结构的尺寸精度相匹配，以便能够互换。

2. 形状标准

SMT 贴片元器件的形状应便于定位，适合于自动化组装。

3. 强度

SMT 贴片元器件应满足组装技术的工艺要求和组装结构的性能要求。

4. 电学性能

元器件的电学性能应符合标准化要求，重复性和稳定性好。

5. 耐热性能

贴片元器件中材料的耐热性能应能经受住焊接工艺的温度冲击。

6. 材料性质

表层化学性能能承受有机溶液的洗涤。

7. 外部结构

适合编带包装，型号或参数便于辨认。

8. 引出端

外部引出端的位置和材料性质有利于自动化焊接工艺。

二、表面组装元器件的包装方式

表面组装元器件的包装方式有编带包装、管式包装、托盘包装和散装等类型。

1. 编带包装

编带包装是应用最广泛、时间最久、适应性强、贴装效率高的一种包装形式，现已标准化。除 QFP、PLCC、LCCC 外，其余元器件均可采用这种包装方式。

（1）编带的分类和尺寸

编带包装所用的编带主要有纸质编带、塑料编带和粘接式编带三种，尺寸主要有 8 mm、12 mm、16 mm、24 mm、32 mm 和 44 mm。

1）纸质编带。纸质编带由基带、纸带和盖带组成，是使用较多的一种编带。带上的小圆孔是进给定位孔。矩形孔是片式元件的定位孔，也是承料腔，其由元件外形尺寸而定。纸质编带的成本低，适合高速贴装机使用。目前大多数片式电阻、片式瓷介电容都用这种编带。图 2-20 所示为纸质编带外观。

纸质编带的包装过程是在专用设备上自动完成的，其过程为：

基带传送→冲裁（冲切承料和进给的定位）→纸带经加温后与基带黏合→片式元件进位（元件被专用吸嘴高速地吸取后编入基带内）→盖带黏合（对盖带加温后，覆盖在基带上）→卷绕（经带盘卷绕后完成编带包装）。

2）塑料编带。塑料编带因载带上有元件定位的料盒，也被称为"凸形"塑料编带。它除了带宽范围比纸带大外，包装的元器件也从矩形扩大到圆柱形、异形及各种表面组装元件，如铝电解电容、滤波器、SOT 封装三极管、引线少的 SOP/QFP 封装集成电路等。图 2-21 所示为塑料编带外观。

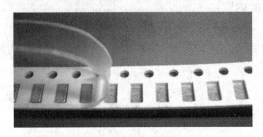 

图 2-20　纸质编带外观　　　　　　　图 2-21　塑料编带外观

塑料编带由附有料盒的载带和薄膜盖带组成。载带和料盒是一次模塑成形的，其尺寸精度好，编带方式比纸质编带简便。包装时，由专用供料装置将元器件依次排列后逐一编入载带内，然后贴上盖带卷绕在带盘上。为防止静电使元器件受损或影响贴装，通常在塑料载带的基带内添加某些有机填料。

3）粘接式编带。粘接式编带主要用来包装小外形封装集成电路、片式电阻网络、片式晶振等外形尺寸较大的片式元器件，由塑料或纸质基带和粘接带组成。其包装方式是在基带中心预制通孔（长圆形孔），编带时将粘接带贴在元器件定位的基带反面，利用通孔中露出的粘接带部分固定被包装元器件。

基带两边的小圆孔是传动编带的进给定位孔。粘接式编带的供料过程为：当编带进到料口时，元器件被供料器上的专用针形元件顶出，使元器件在与粘接带脱离的同时被贴装机的真空吸嘴吸住，然后贴放在印制电路板上。

（2）带盘的分类和尺寸

编带包装所用的带盘主要有纸质带盘和塑料带盘两种。纸质带盘结构简单、成本低，常用来包装（卷绕）圆柱形的元器件。它由纸板冲成两盘片，和塑料心轴粘接成带盘。目前，塑料带盘的使用正在逐步增加，其使用场合与纸质带盘基本相同。带盘的尺寸除目前常用的 $\phi 178$ mm、$\phi 330$ mm 外，也可使用 $\phi 250$ mm、$\phi 360$ mm 等尺寸。图 2-22 所示为带盘外观。

2. 管式包装

管式包装主要用来包装矩形片式电阻、电容以及某些异形和小型元器件，主要用于 SMT 元器件品种很多且批量小的场合。包装时将元器件按同一方向重叠排列后依次装入塑料管内

（一般 100～200 只 / 管），管两端用止动栓插入贴片机的供料器，将贴装盒罩移开，然后按贴装程序，每压一次管就给基板提供一只片式元器件。

管式包装的包装材料成本高，且包装的元器件数受限。另外，若每管的贴装压力不均衡，则元器件易在狭细的管内卡住。但对表面组装集成电路而言，采用管式包装的成本比托盘包装要低，不过贴装速度不及编带包装方式。图 2-23 所示为管式包装外观。

图 2-22　带盘外观　　　　　　　　　　　图 2-23　管式包装外观

3. 托盘包装

托盘包装是用矩形隔板使托盘按规定的空腔等分，再将元器件逐一装入盘内，一般 50 只 / 盘，装好后盖上保护层薄膜。托盘有 1、3、10、12、24 层自动进料的托盘送料器。这种包装方法主要用来包装外形偏大的多层陶瓷电容。

托盘包装的托盘有硬盘和软盘之分。硬盘常用来包装多引脚、细间距的 QFP 器件，这样封装体引脚不易变形。软盘则用来包装普通的异形片式元件。图 2-24 所示为托盘包装外观。

图 2-24　托盘包装外观

4. 散装

散装是将片式元件自由封入成形的塑料盒或袋内，贴装时把料盒插入供料架，利用送料器或送料管使元件逐一送入贴片机的料口。这种包装方式成本低、体积小，但适用范围小，多为圆柱形电阻采用。散装料盒与元件外形尺寸和供料架要匹配。

三、表面组装元器件的选择

应根据系统和电路的要求选择表面组装元器件，并考虑市场所能提供的规格、性能和价格等因素。选择元器件时应主要考虑以下几个方面：

（1）贴片机的贴装精度水平。

（2）元器件的适用性。例如，铝电解电容器的容量大、耐压高、价格便宜，但是由于其引脚在底座下面，焊接的可靠性不如矩形封装的钽电解电容器。

（3）元器件的引脚形式，尤其是集成电路的引脚形式。

（4）使用异形元器件时，要考虑整体受温度的影响情况，确认是否适用于表面组装。

四、表面组装元器件的使用注意事项

表面组装元器件在使用时，对存放环境、存放周期等有特殊要求。

1. 表面组装元器件的存放要求

（1）库存环境温度低于 40 ℃，生产现场温度低于 30 ℃。

（2）环境相对湿度低于 60%。

（3）库房及环境中不得有影响焊接性能的硫、氯、酸等有害气体。

（4）要满足表面组装对防静电的要求。

2. 表面组装元器件的存放周期

表面组装元器件的存放周期，从生产日期起为两年。到用户手中算起一般为一年（南方潮湿环境下为三个月）。

3. 表面组装元器件的防潮要求

对具有防潮要求的元器件，打开封装后一周内或 72 h 内（根据不同元器件的要求而定）必须使用完毕，如果 72 h 内不能使用完毕，应存放在相对湿度低于 20% 的干燥箱内，对已经受潮的元器件按照规定进行去潮烘烤处理。

除以上要求之外，表面组装元器件在运输、分料、检验、手工贴装等过程中，需要拿取元器件时，应尽量用吸笔操作，使用镊子时要注意不要碰伤 SOP、QFP 等器件的引脚，避免引脚翘曲变形。

实训 2　表面组装元器件识别与检测

一、实训目的

1. 能根据需要领用表面组装元器件（SMC、SMD）。

2. 能识别、检测与正确选用表面组装元器件。

二、实训内容

1. 领用 SMT 元器件和检测工具

（1）按照贴片小音箱的贴装工艺要求，根据教师提供的元器件清单领取所需表面组装元器件，并完成表 2-5 的填写。

表 2-5　　　　　　　　　　　　　　　　　领料单

序号	材料编号	中文名称	规格/尺寸/型号	用途	单位	领用数量	领料人	日期
1								
2								
3								
4								
5								
6								
7								
8								
9								
10								
11								
12								
13								
14								
15								

（2）根据表面组装元器件的识别和检测要求，领取检测工具，并完成表 2-6 的填写。

表 2-6　　　　　　　　　　　　　　　　检测工具清单

序号	工具编号	中文名称	规格/尺寸/型号	用途	单位	领用数量	领用人	日期
1								
2								
3								
4								
5								
6								
7								
8								
9								
10								

2. 识别、检测并选用贴片元器件

使用检测工具检测贴片元器件的好坏，并按照贴片元器件的封装形式分类，完成表 2-7 的填写。

表 2-7   检测结果记录单

序号	封装形式	材料编号	检测结果	检测日期
1	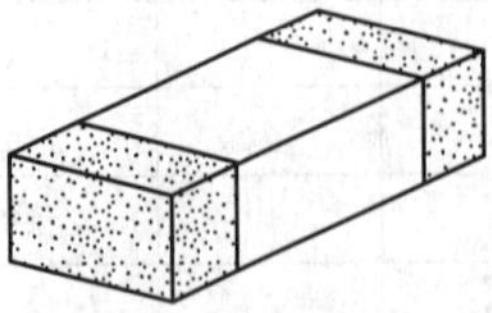 CHIP 封装			
2	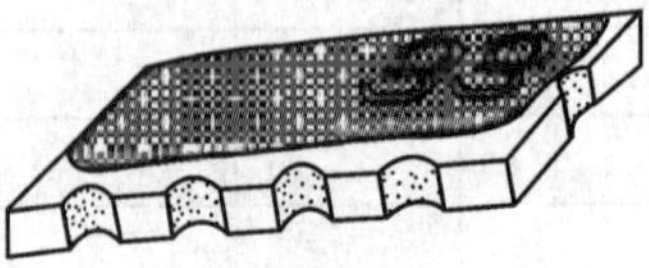 RN CHIP 封装			
3	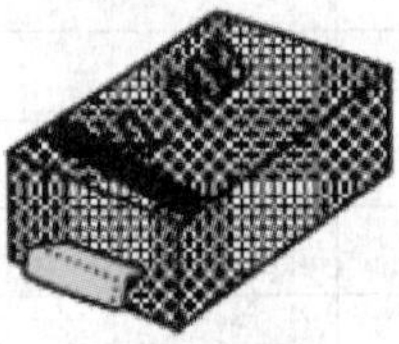 TO 封装			
4	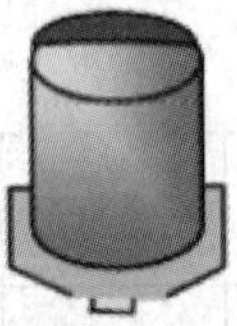 SOD 封装			
5	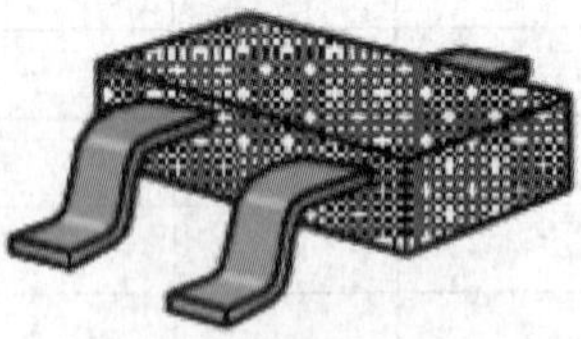 SOT 封装			
6	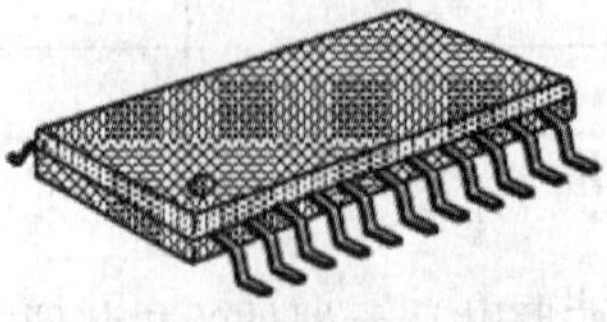 SOP 封装			

续表

序号	封装形式	材料编号	检测结果	检测日期
7	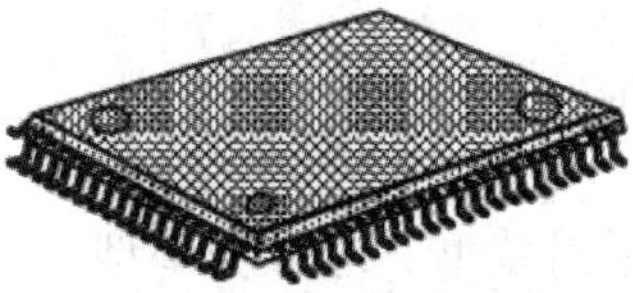 QFP 封装			
8	 BGA 封装			
9	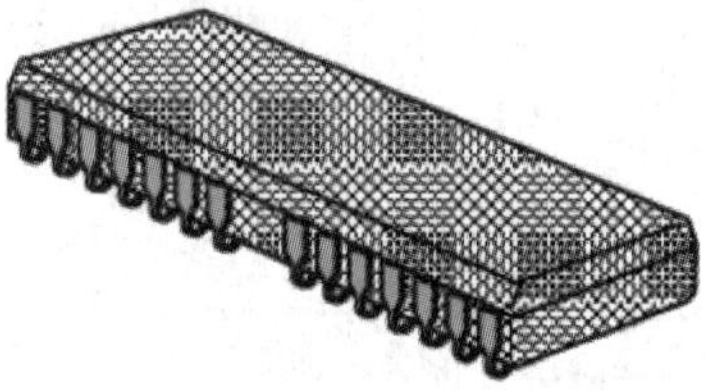 SOJ 封装			
10	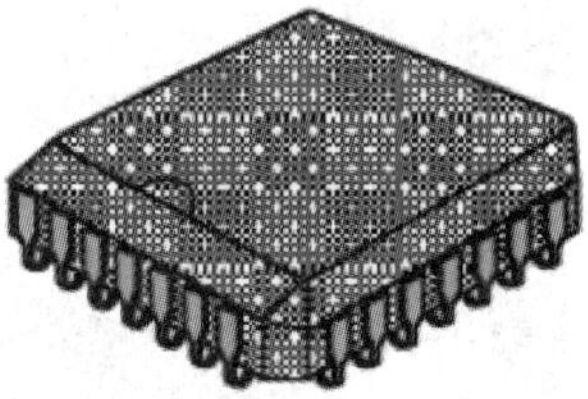 PLCC 封装			

注：其他不在表格内的封装形式，可在表格后面补充注明。

三、测评记录

按表2-8所列项目进行测评，并做好记录。

表 2-8 测评记录表

序号	评价内容	配分/分	得分/分
1	能根据需要准确领用表面组装元器件和检测工具	2	
2	能正确填写领料单和检测工具清单	2	
3	能识别、检测表面组装元器件并记录检测结果，完成实训总结	6	
总　分		10	

思考与练习

一、填空题

1. SMT 元器件从功能上分为连接件、无源元件（SMC）、_____和
_____四类。

2. 贴片式电阻网络按结构分，有小型扁平封装型、芯片功率型、_____和
_____四种结构。

3. 目前使用较多的表面组装用电容器主要有_____和_____两种。

4. 目前用量较大的贴片电感器主要有_____和_____两种。薄膜
式贴片电感器和编织式贴片电感器也在一些特定电路中被使用。

5. 表面组装元器件的包装有_____、_____、_____和散装等类型。

二、简答题

1. 表面组装元器件的特点有哪些?

2. 简述贴片电阻器的检测与选用方法。

3. 实际电路中的稳压二极管应如何选用?

4. 简述集成电路的封装形式。

第三章 表面组装电路板

在电子设备中，印制电路板是电子元器件的载体，提供机械支撑和电气连接，并保证电子产品的电气、热和力学性能的可靠性。完整的印制电路板主要包括绝缘基板、铜箔、过孔、阻焊层和丝印层。

§3—1 PCB 的分类与基板

学习目标

1. 了解 PCB 的分类和特点。
2. 熟悉 PCB 的基板材料、铜箔种类与厚度。
3. 掌握 PCB 基板质量的相关参数。

一、印制电路板的分类和特点

印制电路板可按照电路层数、基板材料性质、基板材料和适用范围进行分类。

1. 按照电路层数分类

印制电路板按电路层数可分为单面板、双面板和多层板。

（1）单面板

单面板（single sided board）是指在最基本的 PCB 上，元器件集中在其中一面，导线则集中在另一面（有贴片元器件时，贴片元器件和导线为同一面，插装元器件导线在插装元器件另一面）。因为导线只出现在其中一面，所以这种 PCB 称为单面板。单面板的特点是制造简单，装配方便，常用于收音机、电视机等。因为单面板在设计线路上有严格的限制，如布线间不能交叉，所以不适用于要求高组装密度或复杂电路的场合。

（2）双面板

双面板（double sided board）的两面都有布线，需要在两面间有适当的电路连接。这种电路间的"桥梁"称为导孔。导孔是在 PCB 上充满或涂上金属的小洞，它可以与两面的导线相连接。因为双面板的面积比单面板大了一倍，所以双面板更适合用在组装密度大或复杂的电路上，如电子计算机、电子仪器和仪表等。因为双面板印制电路的布线密度比单面板高，所以能减小设备的体积。

（3）多层板

多层板（multi-layer board）具有多个走线层，每两层之间是介质层，介质层可以做得很薄。多层电路板至少有三层导电层，其中两层在外表面，而剩下的一层被合成在绝缘板内。它们之间的电气连接通常是通过电路板横截面上的镀通孔实现的。用一块双面板作内层、两块单面板作外层，或两块双面板作内层、两块单面板作外层，通过定位系统及绝缘黏结材料交叠在一起且导电图形按设计要求进行互连的印制电路板就成为四层、六层印制电路板。板子的层数并不代表有几层独立的布线层，在特殊情况下会加入空层来控制板厚，通常层数都是偶数，并且包含最外侧的两层。大部分的主机板都是 4~8 层的结构，技术上理论可以做到近 100 层的 PCB。大型的超级计算机大多使用相当多层的主机板，不过因为这类计算机已经可以用许多普通计算机的集群代替，超多层板已经不再使用。多层板与集成电路配合使用，可使整机小型化，减轻整机质量。多层板的使用，可提高布线密度，缩小元器件的间距，缩短信号的传输路径；可减少元器件焊接点，降低故障率；可引入接地散热层，减少局部过热现象，提高整机工作的可靠性。

2. 按照基板材料性质分类

印制电路板按基板材料（简称基材）性质可分为刚性印制电路板、柔性印制电路板和软硬结合印制电路板。刚性 PCB 与柔性 PCB 最直观的区别是柔性 PCB 是可以弯曲的。刚性 PCB 的常见厚度有 0.2 mm、0.4 mm、0.6 mm、0.8 mm、1.0 mm、1.2 mm、1.6 mm、2.0 mm 等。刚性 PCB 具有一定的强度，其常用材料包括酚醛纸质层压板、环氧纸质层压板、聚酯玻璃毡层压板、环氧玻璃布层压板。一般电子产品中使用的都是刚性印制电路板。

柔性 PCB 的常见厚度为 0.2 mm，在需要焊元器件的地方会在其背后加上加厚层，加厚层的厚度有 0.2 mm、0.4 mm 不等。柔性 PCB 的常用材料包括聚酯薄膜、聚酰亚胺薄膜和氟化乙丙烯薄膜。柔性印制电路板的突出特点是能弯曲、卷曲、折叠，能连接刚性印制电路板及活动部件，从而能立体布线，实现三维空间中的互连，它体积小、质量轻、装配方便，适用于空间小、组装密度高的电子产品。

软硬结合 PCB 的优点是同时具备柔性 PCB 的特性与刚性 PCB 的特性，因此，它可以用于一些有特殊要求的产品中，如主板与显示屏的连接采用软硬结合印制电路板。它对节省产品内部空间，减小成品体积，提高产品性能有很大的帮助。其缺点是生产工序繁多，生产难度大，良品率较低，所投物料、人力较多，因此，其价格比较高，生产周期比较长。

3. 按照基板材料分类

印制电路板按基板材料可分为无机类基板材料和有机类基板材料两类。

无机类基板主要是陶瓷基板，其主要成分是氧化铝。氧化铍也是陶瓷基板的材料之一，常用作高功率密度电路的基板。陶瓷基板具有耐高温、表面质量好、化学稳定性高的特点，是厚、薄膜混合电路和多芯片微组装电路的优选电路基板。

有机类基板材料用玻璃纤维布、纤维纸、玻璃毡等增强材料，浸以树脂黏结剂，通过烘干成为坯料，然后覆上铜箔，经过高温、高压制成。这类基板俗称覆铜板，是制造 PCB 的主要材料。目前用于制作双面 PCB 的是环氧玻璃纤维电路基板，它结合了玻璃纤维强度高和环氧树脂韧性好的特点，具有较高的强度和良好的延展性。

4. 按照适用范围分类

印制电路板按适用范围可分为低频和高频印制电路板。电子设备高频化是发展趋势，尤其在无线网络、卫星通信日益发展的现在，信息产品走向高速与高频化，新一代产品都需要高频印制电路板，其基板可由聚四氟乙烯、聚苯乙烯、聚四氟乙烯玻璃布等介质损耗和介电常数小的材料构成。

此外，还有一些特殊印制电路板，如金属芯印制电路板、碳膜印制电路板等。

二、PCB 的基板材料、铜箔种类与厚度

1. PCB 的基板材料

覆铜板是 PCB 的主要基板材料，它是用增强材料浸以树脂黏结剂，通过烘干、裁剪、叠合成坯料，然后覆上铜箔，用钢板作为模具，在热压机中经高温、高压加工而制成的。一般用来制作多层板的半固化板，是覆铜板在制作过程中的半成品，多为玻璃纤维布浸以树脂，经干燥加工而成。如图 3-1 所示为四层 PCB 结构图。

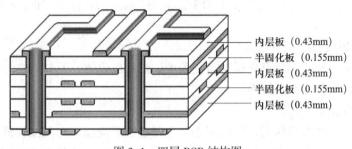

| 内层板（0.43mm） |
| 半固化板（0.155mm） |
| 内层板（0.43mm） |
| 半固化板（0.155mm） |
| 内层板（0.43mm） |

图 3-1　四层 PCB 结构图

PCB 基板材料按照增强材料不同，可分为纸基板、环氧玻璃纤维布基板、复合材料（CEM）基板、高密度互连（HDI）基板、特殊材料基板（陶瓷基板、金属基板等）五类。

按基板所采用的树脂黏结剂不同进行分类，常见的纸基覆铜板有酚醛树脂、环氧树脂、聚酯树脂等类型。常见的环氧玻璃纤维布基覆铜板有环氧树脂（FR-4、FR-5）型，它是目前使用最广泛的环氧玻璃纤维布基板类型。另外，还有其他特殊性树脂，如双马来酰亚胺三嗪树脂（BT）、聚酰亚胺树脂（PI）、氰酸酯树脂、聚烯烃树脂等。

2. 铜箔种类与厚度

铜箔对产品的电气性能有一定的影响，按照不同的制法，可分为压延铜箔和电解铜箔两大类。PCB 铜箔厚度、线宽与电流的关系见表 3-1。

表 3-1　　　　　　　　　　　　　　PCB 铜箔厚度、线宽与电流的关系

铜箔厚度 35 μm		铜箔厚度 50 μm		铜箔厚度 70 μm	
电流 /A	线宽 /mm	电流 /A	线宽 /mm	电流 /A	线宽 /mm
4.5	2.5	5.1	2.5	6.0	2.5
4.0	2.0	4.3	2.5	5.1	2.0
3.2	1.5	3.5	1.5	4.2	1.5
2.7	1.2	3.0	1.2	3.6	1.2
2.3	1.0	2.6	1.0	3.2	1.0
2.0	0.8	2.4	0.8	2.8	0.8
1.6	0.6	1.9	0.6	2.3	0.6
1.35	0.5	1.7	0.5	2.0	0.5
1.1	0.4	1.35	0.4	1.7	0.4
0.8	0.3	1.1	0.3	1.3	0.3
0.55	0.2	0.7	0.2	0.9	0.2
0.2	0.15	0.5	0.15	0.7	0.15

压延铜箔是将铜板经过多次重复辊轧而制成原箔（也称为毛箔），然后根据要求进行粗化处理。由于压延铜箔加工工艺的限制，其宽度很难满足刚性覆铜板的要求，因此在刚性覆铜板上使用较少。压延铜箔的耐折性和弹性系数大于电解铜箔，适用于柔性覆铜板。压延铜箔的含铜量（99.9%）高于电解铜箔的含铜量（99.8%），有利于电信号的快速传递。

电解铜箔是在专用的电解设备中使硫酸铜电解液在直流电作用下电沉积而制成原箔，然后根据要求对原箔进行表面处理、耐热层处理、防氧化处理等操作。电解铜箔是柱状结晶组织结构，其强度和韧性等要低于压延铜箔，所以电解铜箔多用于刚性覆铜板的生产。

常用的铜箔厚度有 9 μm、12 μm、18 μm、35 μm、50 μm、70 μm 等，其中厚度为 35 μm 的铜箔使用较多。

三、PCB 基板质量的相关参数

PCB 基板常见的性能指标有玻璃化转变温度、热膨胀系数、基材的热分解温度、介电常数、耐热性、平整度和特性阻抗等。

1. 玻璃化转变温度（T_g）

非晶聚合物有三种力学状态，即玻璃态、高弹态和黏流态。在温度较低时，材料为刚性固体状，与玻璃相似，在外力作用下只会发生非常小的形变，此状态为玻璃态；当温度继续升高到一定范围后，材料的形变明显地增加，并在随后的一定温度区间内形变相对稳定，此状态为高弹态；温度继续升高，形变量又逐渐增大，材料逐渐变成黏性的流体，此时形变不可能恢复，此状态为黏流态。通常把玻璃态与高弹态之间的转变，称为玻璃化转变，它所对应的转变温度即玻璃化转变温度，或称玻璃化温度，用 T_g 表示。

玻璃化转变温度的值关系到 PCB 的尺寸耐久性，对于 PCB 而言，它的值越高越好。在 SMT 焊接过程中，焊接温度通常在 220 ℃左右，远高于 PCB 基板的玻璃化转变温度，在这种情况下 PCB 会出现明显的热变形；当焊接温度降低后，焊点在 180 ℃冷却凝固，而 PCB 温度仍高于 T_g，继续处于变形状态，这个过程中会产生很大的热应力。由于片式元件是直接焊接在印制电路板表面的，这种应力作用在元器件表面时，可能会损坏元器件。因此，在选择电路基板材料时，其玻璃化转变温度要尽量接近工艺中出现的最高温度，以减小或避免损坏元器件。

2. 热膨胀系数（α_{CTE}）

热膨胀系数是指每单位温度变化所引起的材料尺寸的线性变化量。它描述了 PCB 受热或冷却时膨胀的百分率。

材料的热膨胀系数是材料的物理特性之一，温度的变化造成的变形以及带来的应力作用是无法改变的。任何电子产品的生产核心都是将符合性能要求的元器件，通过合适的方法焊接到印制电路板上，组成具有一定功能的印制电路板组装件。在电子装配时，一般通过焊料钎焊来完成元器件与印制电路板的互连。焊装带有引脚的元器件时，印制电路板的膨胀变形产生的变形应力通过元器件引脚进行缓冲，或通过引脚的变形被吸收，元器件本体受到的外界应力有限。显然，元器件引脚越长，传到元器件本体的应力就越小。焊料在温度变化时产生的应力只对焊点本身以及焊盘带来影响，影响焊点的可靠性。但是采用表面组装技术进行装联时，虽然安装密度得到提高，但是元器件自身没有引脚用于应力的缓冲和吸收，应力会直接传递到元器件本体。

常用的环氧玻璃纤维加强基板（FR-4）的热膨胀系数在 Z 轴方向（垂直于板平面）与 X 轴和 Y 轴方向不同。其在 Z 轴方向会随温度升高而发生膨胀。当温度低于玻璃化转变温度 T_g 时，材料处于玻璃态，此时热膨胀系数为 α_1；而在高于玻璃化转变温度以上时则处于胶态，热膨胀系数为 α_2，且通常大于 α_1。例如，在温度低于 T_g 时，环氧玻璃纤维材料的热膨胀系数在 Z 轴方向为 $2 \times 10^{-5}/℃$ 左右；而当温度高于 T_g 时，Z 轴方向可达到 $8 \times 10^{-5}/℃$ 左右。大尺寸的表面组装器件的热膨胀系数与基板相匹配时，这种差异对于提高焊点使用寿命非常重要。常用基板材料的 α_{CTE} 值见表3-2。

表3-2 常用基板材料的 α_{CTE} 值

名称	$\alpha_{CTE}/(\times 10^{-6}/℃)$
树脂（$>T_g$）	40～100
树脂（$<T_g$）	超过200
玻璃纤维布	5～7
树脂 - 玻璃纤维布	13～17
元器件	5～7
电镀通孔（PTH）铜层	17

3. 基材的热分解温度（T_d）

基材的热分解温度是指基材的树脂受热失重5%时的温度，常作为印制电路板的基材受热引起分层和性能下降的标志。常采用热质量分析法（TGA）来测量。

4. 介电常数（D_k）

介电常数是指每单位体积的绝缘物质在每单位电位梯度下所能储蓄静电能量的多少，即电容率。介电常数与阻抗平方根成反比，与线宽、铜厚成反比关系。由于无线通信技术向高频化方向发展，频率的增加会导致基材的介电常数增大。在保证特性阻抗的条件下，可以考虑采用低介电常数和薄的介质层厚度。

5. 耐热性

部分SMT工艺需要经过两次再流焊机，经过一次高温后仍然要求保持板间的平整度，以此保证第二次贴片的可靠性。由于表面组装元器件焊盘越来越小，焊盘的黏结强度也相对较小，若PCB使用的基材耐热性高，则焊盘的抗剥强度也高，一般要求用于SMT工艺的PCB具有 250℃/50s 的耐热性。

6. 平整度

由于SMT的工艺特点，目前对PCB有很高的平整度要求，以使表面组装元器件引脚与PCB焊盘密切配合。PCB焊盘表面涂覆层不仅使用SnPb合金热风整平工艺，而且大量采用镀金工艺或者预热助焊剂涂覆工艺，以提高平整度。

7. 特性阻抗

特性阻抗用 Z_0 表示。当脉动电流通过导体时，除了受到电阻外，还受到感抗（X_L）和容抗（X_C）的阻力，电路或元器件对通过其中的电流所产生的阻碍作用称为阻抗。而在计算机等数字通信产品中，印制电路传输的是方波信号，通常又称为脉冲信号，属于脉动交流电性质，因此传输中遭遇的阻力称为特性阻抗。

早期 PCB 的印制线仅用于 PCB 层次之间的元器件互连，但随着数字电子产品的高速化，PCB 已不再是一个简单的电气互连装置，PCB 需求也不仅满足于印制线的导通功能，而是作为一种传输线路，需要有理想的传输特性。PCB 组件传输线的特性阻抗应保持恒定和稳定。

§3—2　SMB 的特点与质量要求

学习目标

1. 了解表面组装电路板（SMB）的特点。

2. 掌握 SMB 在设计和制作工艺上的相关要求。

3. 熟悉 PCB 的相关技术规范。

表面组装电路板（surface mount board，SMB）是一种附着于绝缘基材表面，用印刷、蚀刻、钻孔等手段制造出导电图形和安装电子元器件孔，从而构成电气互连，并保证电子产品的电气、热和力学性能可靠性的印制电路板。

一、表面组装电路板的特点

表面组装电路板在功能上与通孔插装 PCB 相同，但在设计、材料上与通孔插装用的 PCB 有很大差异。SMB 的设计、制造工艺复杂，相比插装 PCB，主要有以下特点：

1. 高密度

由于 SMD 器件引脚数量的增加（有些 SMD 器件的引脚数可高达 500），引脚中心距开始从 1.27 mm 减小到 0.3 mm，要求 SMD 也采用细线和窄间距，线宽从 0.2 ~ 0.3 mm 缩小到 0.15 mm，甚至 0.05 mm。2.54 mm 网格从过双线发展到过三根导线，甚至六根导线。

2. 小孔径

与单面 PCB 的过孔不同，SMB 中大多数金属化孔不再用来插装元器件，而是用来实现层与层导线之间的互连。目前，SMT 的孔径已由 0.3 ~ 0.46 mm 向 0.1 mm 方向发展，并且出现了以盲孔和埋孔技术为特征的内层中继孔。

3. 耐高温

SMT 焊接中，有时需要双面贴装元器件，要求印制电路板能耐两次再流焊温度。在此过程中，要求 SMB 变形小，焊盘仍然有优良的可焊性。

4. 热膨胀系数低

由于表面组装元器件与印制电路板之间的热膨胀系数不同，为防止热应力造成元器件损坏，要求 SMB 基材的热膨胀系数尽量低。

5. 平整度高

SMB 要求有高的平整度，以使 SMD 引脚与 SMB 焊盘密切配合，SMB 表面涂覆层采用镀金工艺或预热助焊剂涂覆工艺。

二、SMB 在设计和制作工艺上的相关要求

SMT 技术已经得到广泛应用，并日趋成熟。SMT 印刷机和贴片机都已经达到高精度，再

流焊设备也能精确地控制焊接温度。目前，导致 SMT 产品无法达到预期效果的原因之一是 SMB 的设计问题。如对于片式元器件、SMT 工艺和设备缺乏了解，导致 SMB 无法满足 SMT 大批量生产要求，则既浪费时间，又不能保证产品质量。图 3-2 所示为 SMB 设计过程框图。

1. SMB 设计中存在的主要问题

常见的 SMB 设计主要存在以下问题：

（1）SMB 没有工艺边、工艺孔，不能满足 SMT 设备装夹要求，不能满足大生产的要求。

（2）焊盘结构尺寸不正确，元器件的焊盘间距过大或过小，焊盘不对称，以致元器件焊接后，出现歪斜、立碑等多种缺陷。

（3）焊盘上有过孔，造成焊接时焊料熔化后通过过孔漏到底层，引起焊点焊料过少。

（4）SMB 外形特殊、尺寸过大或过小，同样不能满足设备的装夹要求（焊接时通过制作夹具来满足生产）。

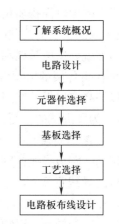

图 3-2　SMB 设计过程框图

（5）SMB、FQFP 焊盘四周没有光学定位标识（mark 点，又称基准标识）或者 mark 点不标准，如 mark 点周围有阻焊膜、mark 点过大或过小，造成 mark 点图像反差过小，机器频繁报警而不能正常工作。

（6）片式元器件焊盘不对称，特别是用底线、过线的一部分作为焊盘使用，以致再流焊时片式元器件两端焊盘受热不均匀，锡膏先后熔化而造成立碑缺陷。

（7）IC 焊盘设计不正确，FQFP 焊盘太宽，引起焊接后桥连，或焊盘后沿过短而引起焊后强度不足。

（8）IC 焊盘之间的互连导线放在中央，不利于 SMA 焊后的检查。

（9）波峰焊时，IC 没有设计辅助焊盘，引起焊接后桥连。

（10）SMB 厚度或 SMB 中 IC 分布不合理，出现焊后 SMB 变形。

（11）测试点设计不规范，以致自动在线测试仪（ICT）不能工作。

（12）SMD 之间间隙不正确，后期修理出现困难。

（13）阻焊层和字符图不规范，以及阻焊层和字符图落在焊盘上造成虚焊或电气断路。

（14）拼板设计不合理，如 V 形槽加工不好，造成 SMB 再流焊后变形。

上述问题会在设计不良的产品中出现一个或多个，导致不同程度地影响焊接质量。

2. SMB 的优化设计

（1）元器件布局

布局时应尽量做到以下几点：

1）元器件分布均匀，排在同一电路单元的元器件应相对集中，以便于调试和维修。

2）有连线的元器件应相对靠近排列，以利于提高布线密度和保证走线距离最短。

3）对热敏感的元器件，布置时应远离发热量大的元器件。

4）相互可能有电磁干扰的元器件，应采取屏蔽或隔离措施。

（2）布线规则

布线一般应遵守如下规则。

1）在满足使用要求的前提下，选择布线的顺序依次为单面、双面和多层布线。

2）两个连接盘之间的导线布设要尽量短，敏感的信号 / 小信号先走，以减少小信号的延迟与干扰。模拟电路的输入线旁边应布设接地线屏蔽；同一层导线的布设应分布均匀；各导线层上的导电面积要相对均衡，以防板子翘曲。

3）双面板上的公共电源线和接地线，尽量布设在靠近板的边缘，并且分布在板的两面，其图形配置要使电源线和接地线之间为低阻抗。多层板可在内层设置电源层和接地层，通过金属化孔与各层的电源线和接地线连接，内层大面积的导线和电源线、接地线应设计成网状，以提高多层板的层间结合力。

4）为了测试的方便，设计上应设定必要的断点和测试点。

（3）导线宽度

印制电路板导线的宽度由导线的负载电流、允许的温升和铜箔的附着力决定。一般印制电路板的导线宽度不小于 0.2 mm，厚度为 18 μm 以上；SMT 印制电路板和高密度板的导线宽度可小于 0.2 mm，导线越细，其加工难度越大，所以在布线空间允许的条件下，应适当选择宽一些的导线。通常的设计原则如下：

1）信号线应粗细一致，这样有利于阻抗匹配，一般推荐线宽为 0.2～0.3 mm，而对于电源线和接地线则走线面积越大越好，可以减少干扰。对于高频信号最好用接地线屏蔽，可以提升传输效果。

2）在高速电路与微波电路中，规定了传输线的特性阻抗，此时导线的宽度和厚度应满足特性阻抗要求。

3）在大功率电路设计中，还应考虑到电源密度，此时应考虑线宽与厚度以及线间的绝缘性能。若是内层导体，允许的电流密度约为外层导体的一半。

（4）印制电路板导线间距

印制电路板表层导线间的绝缘电阻是由导线间距、相邻导线平行段的长度、绝缘介质（包括基材和空气）所决定的，在布线空间允许的条件下，应适当加大导线间距。

（5）元器件的选择

元器件的选择应充分考虑 SMB 实际面积的需要，尽可能选用常规元器件，IC 器件应注意引脚形状与引脚间距，对引脚间距小于 0.5 mm 的 QFP 应慎重考虑。此外，还应考虑元器件的包装形式、端电极尺寸、可焊性、元器件的可靠性和温度的承受能力。

（6）接插件封装孔径设计

一般对于接插件封装孔径的设计，都是用 PCB 设计软件的标准封装，但实际上此类接插件封装孔径都不标准，如果制造 PCB 时按此加工，导致的结果可能是接插件无法插入 PCB 上的孔径中。像中心距为 2.54 mm 的座子内、外径分别为 0.9 mm、1.57 mm，而实际 PCB 软件设计的标准封装内、外径分别为 0.7 mm、1.57 mm。建议设计接插件封装的元器件时测量元器件引脚的直径，以确保 SMT 焊接无问题。如果孔径过小，则接插件无法插入 PCB；如果孔径过大，则过波峰焊或手工焊时焊锡会通过接插件引脚和通孔之间的缝隙流入 PCB 面形成锡渣，若清洗不干净，易造成元器件引脚间的短路。

（7）基材的选用

选择基材应根据 SMB 的使用条件和力学、电气性能要求来选择；根据印制电路板结构确定基材的覆铜箔面数；根据印制电路板的尺寸、单位面积承载元器件质量，确定基板的厚度。不同类型材料的成本相差很大，在选择 SMB 基材时应考虑下列因素。

1）电气性能的要求。

2）玻璃化转变温度、热膨胀系数、平整度等因素以及金属化孔的能力。

3）价格因素。

（8）散热设计

随着表面组装电路板上元器件组装密度的增大，若不能及时有效地散热，将会影响电路的工作参数，热量过大甚至会使元器件失效，所以对于表面组装电路板的散热问题，设计时必须认真考虑。一般采取以下措施：

1）加大表面组装电路板与大功率元器件接地面的铜箔面积。

2）发热量大的元器件不贴板安装，或外加散热器。

3）对多层板的内层接地线应设计成网状并靠近板的边缘。

4）选择阻燃或耐热型的板材。

3. SMB 具体设计要求

（1）幅面

SMB 的外形一般为长宽比不太大的长方形。长宽比较大或面积较大的板容易产生翘曲变形，当幅面过小时还应考虑拼板问题。SMB 的厚度应根据对板的强度要求以及 SMB 上单位面积承受的元器件质量进行选取。

（2）定位孔、工艺边及图像识别标记

1）定位孔。孔壁光滑，不应有涂覆层，表面粗糙度值小于 3.2 μm；周围 2 mm 处应无铜箔，且不得贴装元器件。

2）工艺边。若印制电路板两侧 5 mm 以上不贴装元器件或不插装元器件，则可以不设计专用工艺边，即可借用印制电路板两边以保证正常生产需要。若印制电路板因结构尺寸的限制无法满足上述要求，则可在印制电路板上沿贴装印制电路板流动的长度方向增设工艺边，工艺边的宽度为 5~8 mm。此时，定位孔与图像识别标记应设于工艺边上，待加工工序结束后可以去掉工艺边。

3）图像识别标记。图像识别标记是提供给贴片机光学定位的标记，能提高元器件贴装的定位精度，又分为印制电路板图像识别标记和元器件图像识别标记。识别标记应设在铜箔层，多余的铜箔应腐蚀掉并不再涂覆阻焊层，或最少在印制电路板对角两侧设立两圆点作为识别标记，但两圆点的坐标值不应相等，以确保贴片时印制电路板进板方向的唯一性。当有 QFP、PLCC 和 BGA 器件时，为进一步消除印制电路板制造、贴片、安装时的综合误差，保证器件贴装精度，应增设器件图像识别标记，常用 "+" 或 "●" "■" 来表示，位置可在焊盘图形内或其外的附近地方，尺寸及要求同印制电路板识别标记。

（3）拼板工艺

拼板是指有意识地将若干个相同单元印制电路板进行有规则的拼合，把它们拼合成长方形或正方形。进行拼缝孔的设计时，拼板之间可以采用 V 形槽、邮票孔、冲槽等工艺手段进行组合，对于不同印制电路的 SMB 拼合可按此原则进行，但应注意元器件位号的编写方法。

（4）测试点的设计

在 SMT 的生产中，为了保证品质和降低成本，都离不开在线测试，为了保证测试工作的顺利进行，SMB 设计时应考虑到测试点。与测试有关的设计要求如下：

1）接触可靠性测试方面。应设计两个定位孔，原则上可用工艺孔代替，但对拼板的单板测试时仍应在子板上设计定位孔。测试点的焊盘直径为 0.9 ~ 1.0 mm，并与相关测试针配套，也可取通孔为测试点。测试点的中心应落在网格之上，测试点不应设计在板子的边缘 5 mm 内，应设在同一面上，并注意分散均匀。相邻测试点之间的中心距离不小于 1.46 mm，测试点之间不设计其他元器件，以防止元器件或测试点之间短路。测试点与元器件焊盘之间的距离应不小于 1 mm，测试点不能涂覆任何绝缘层。

2）电气可靠性设计方面。所有的电气节点都应提供测试点，即测试点应能覆盖所有的 I/O、电源、地和返回信号（全受控）。每一块 IC 都应有电源和地的测试点，如果元器件的电源和地脚不止一个，则应分别加上测试点。一个集成块的电源和地应放在 2.54 mm 之内，测试频率超过 5 MHz 的夹具，要求每块 IC 上都应放置电源。不能将 IC 控制线直接连接到电源、地或公用电阻。对带有边界扫描器件的 VLSI 和 ASIC 器件，应增设实现边界扫描功能的辅助测试点，如时钟、模式、数据串行输入/输出端、复位端，以达到能测试元器件本身的内部逻辑功能的目的。

4. SMC/SMD 焊盘设计

由于 SMC/SMD 与通孔元器件有着本质的差别，故 SMB 焊盘设计要求很严格，它不仅取决于焊点的强度，也取决于元器件连接的可靠性，以及焊接时的工艺。设计优良的焊盘，其焊接过程几乎不会出现虚焊、桥连等缺陷。目前国际上尚无统一的 SMC/SMD 的标准规范，新的元器件推出又快，公英制单位换算存在误差，各供应厂商提供的 SMC/SMD 的外形结构和安装尺寸也不尽相同。有关 PCB 软件封装库中均有不同标准的 SMC/SMD 焊盘图形可供选用。

（1）R/C 片式元器件的焊盘设计

片式元器件两端有电极，其电极为三层结构，虽然很薄但仍有一定的厚度。片式元器件有两个焊点，分别在电极的外侧和内侧，外侧为主焊点，呈弯月面状维持焊接强度，内焊点起补强和焊接时自对中的作用。对于 0603 片式元器件，为了防止焊接过程中的立碑等焊接缺陷，通常推荐使用矩形焊盘（又称 H 形焊盘）和半圆形焊盘（又称 U 形焊盘）。

（2）钽电容的焊盘设计

在部分电子产品中，经常出现钽电容焊后歪斜的现象，这是因为钽电容的端电极不是直接包裹本体的端头，而是由金属片引出本体，再折弯而成的，其金属片的宽度小于本体的宽度，如果焊盘尺寸过大则会造成歪斜。

（3）柱形无源元器件的焊盘设计

在 SMT 中，柱形无源元器件的焊盘设计与焊接工艺密切相关，当采用贴片 – 波峰焊时，其焊盘图形可参照片式元器件的焊盘设计原则来设计；当采用再流焊时，为了防止柱状元器件的滚动，焊盘上必须开一个缺口，在元器件定位时用。

（4）小外形封装晶体管的焊盘设计

在 SMT 中，小外形封装晶体管的焊盘设计较为简单，一般来说，只要遵循下述规则即可。

1）焊盘间的中心距与器件引线间的中心距相等。

2）焊盘的图形与元器件引线的焊接面相似，但在长度方向上应扩展 0.3 mm，在宽度方向上应减少 0.2 mm。若用于波峰焊，则长度方向与宽度方向均应扩展 0.3 mm。

（5）PLCC 焊盘设计

PLCC 封装的元器件至今仍大量使用，但焊盘设计中经常出现错误，并导致焊接后焊料不能完全包裹 L 形引脚的下沿。通常 PLCC 引脚在焊接后也有两个焊点，外侧焊点为主焊点，内侧焊点为次焊点，PLCC 器件的引脚间距通常为 1.27 mm，故焊盘的宽度为 0.63 mm，长度为 2.03 mm。PLCC 引脚在焊盘上的位置有两种类型。

1）引脚居中型。这种设计在计算时较方便和简单，焊盘的宽度为 0.63 mm，长度为 2.03 mm，只要计算出元器件引脚落地中央尺寸，就可以方便地设计出焊盘内外侧的尺寸。

2）引脚不居中型。这种设计有利于形成主焊点，外侧有足够的锡量供给主焊点，PLCC 引脚与焊盘的相切点在焊盘的内 1/3 处。焊盘的宽度仍为 0.63 mm，长度仍为 2.03 mm。

（6）QFP 焊盘设计

1）焊盘长度计算。焊盘长度和引脚长度的最佳比为 $L_2:L_1=(2.5 \sim 3):1$ 或者 $L_2=F+L_1+A$（F 为端部长 0.4 mm，A 为趾部长 0.6 mm，L_1 为元器件引脚长度，L_2 为焊盘长度）。

2）焊盘宽度计算。焊盘宽度 b_2 的取值范围为 $0.49P \sim 0.54P$（P 为引脚公称尺寸）。

（7）BGA 焊盘设计

BGA 焊盘结构通常有三种形式。

1）哑铃式焊盘。BGA 焊盘通过过孔把线路引入到其他层，实现同外围电路的沟通。过孔位于焊盘之间，通常应用阻焊层全面覆盖，但过孔处的阻焊层一旦脱落就会造成焊接时出现桥连缺陷。

2）过孔分布在 BGA 外部式焊盘。这种形式特别适用于 I/O 引脚较少的 BGA，焊接时一些不确定性的因素有所减少，给焊接带来了方便。但对于 I/O 引脚较多的 BGA，采用这种设计形式是有困难的，此外该结构焊盘占用 PCB 面积相对较大。

3）混合式焊盘。对于 I/O 引脚较多的 BGA，其焊盘设计可以将上述两种焊盘结构设计混合在一起使用，即内部采用过孔结构，外围采用过孔分布在 BGA 外部的焊盘。随着 PCB 制造技术的提高，特别是积层式 PCB 制造技术的出现，其过孔可以直接做在焊盘上，这一设计方式使 PCB 的结构变得简单，焊接缺陷也大大减少。BGA 焊点质量都用 X-ray 检测设备来检查，对于焊点短路、小锡珠及空洞是比较容易发现的，但由于润湿不良引起的开路、虚焊等缺陷很难被发现。

（8）CSP（UBGA）焊盘设计

大多数表面组装 IC 焊盘设计时，只要知道 IC 引脚的间距值（中心距）就可以方便地确定 PCB 焊盘的宽度值，但对于 CSP 元器件焊盘设计不能简单地用上述规律来进行，其原因是球间距一样的 CSP 器件，其焊球的大小也可能不一样，因此，PCB 的焊盘设计不仅要考虑焊球间距，还必须考虑焊球的尺寸。

（9）QFN 焊盘设计

QFN 焊盘设计应包括两部分：一是周边焊盘设计；二是散热焊盘和过孔的设计。

1）周边焊盘设计。周边焊盘的设计原则仍是保证 QFN 的引脚落在所设计的焊盘之上，焊盘的宽度以及长度方向适当放大即可，以保证 PCB 制造时耐腐蚀，以及焊点形成可靠的弯月面。

2）散热焊盘和过孔的设计。通常 QFN 元器件的底面有一块散热板，为了进一步加大散热板的散热效果，通常在 PCB 相应的位置设定散热层（即 QFN 与 PCB 接合处的铜层不腐蚀，且不用阻焊材料涂覆），此外在 PCB 的反面也保留相应的铜层作为散热层，顶层与底层用过孔相沟通以增加散热的效果。此时的散热焊盘面积同 QFN 元器件底部散热面积相同，并开有一定数量的孔，圆孔直径控制在 2～3 mm，圆孔中心距控制在 3～4 mm。过孔的作用一方面可以保证 PCB 正反散热层的互连，以增强散热效果；另一方面保证 QFN 焊接时底层锡膏挥发物的排泄，否则会因挥发物气体的膨胀造成各种焊接缺陷。

5. PCB 可焊性设计

PCB 蚀刻及清洁后必须在表面进行涂覆保护，其功能：一是在非焊接区内涂覆阻焊膜，可以起到防止焊料漫流引起桥连以及焊接后防潮的作用；二是在焊盘表面上涂覆阻焊膜以防止焊盘氧化。

（1）阻焊膜

阻焊膜图形结构有两种：一种为阻焊膜定义的焊盘（SMD）；另一种为非阻焊膜定义的焊盘（NSMD）。通常 NSMD 焊盘的阻焊膜是由 PCB 软件自动生成的，它要覆盖除焊盘以外的图形。阻焊膜离焊区留边量为 0.1～0.25 mm，对于 QFP 焊区之间部分，也应尽可能覆盖。阻焊膜应涂覆在清洁干燥的裸铜板上，否则在焊接过程中会出现阻焊膜起泡、起皱、破裂等缺陷。而 SMD 焊盘设计时可适当放大，用于增加阻焊膜覆盖的面积，通常可用于无铅工艺中。

（2）焊盘涂覆层

为了保护焊盘并使之有良好的可焊性和较长的有效期，焊盘涂覆层通常采用以下几种工艺：

1）SnPb 合金热风整平工艺。SnPb 合金热风整平工艺是传统的焊盘保护方法，其做法是：在 PCB 铜板制作好后，浸入熔融的 SnPb 合金中，再慢慢提起并在热风作用下使焊盘孔壁涂覆 SnPb 合金层，力求光滑、平整。此工艺具有可焊性好、PCB 有效期长等优点，但由于细间距 QFP 器件的出现，对焊盘平整提出了更高的要求，故热风整平工艺操作难度大。

2）镀金工艺。镀金工艺具有表面平整、耐磨、耐氧化、接触电阻小等优点，适用于 FQFP 的焊盘保护，但焊盘可焊性不如 SnPb 合金热风整平工艺的好。薄的镀金层能在焊接时迅速溶于焊料中，并与镍层形成锡镍共价化物，使焊点更牢固。少量的金溶于锡中不会引起焊点变脆，金层只起保护镍层不被氧化的作用，应严格控制金层的厚度。镀金工艺又分为全板镀金与化学镀金。

3）采用有机耐热预焊剂（OSP）。有机耐热预焊剂又称有机保护焊剂，它具有良好的耐热保护，能承受二次焊接的要求，此外还具有三废（废气、废水、废渣）少、成本低、工艺流程简单的优点；缺点是焊点不够饱满，外观上不及上述两种工艺的焊接效果好，该工艺通常用于视听产品。

三、PCB 的相关技术规范

按照电子行业标准《表面组装工艺通用技术要求》（SJ/T 10670—1995）等的规定，设计某类产品 PCB 基本工艺的相关要求如下：

1. PCB 加工工艺流程

选择表面组装工艺流程时应尽量使工艺流程简单、合理、可靠、节约成本。目前常用的

PCB 加工工艺流程见表 3-3（PCB 的两面分别为 A、B）。

表 3-3　　　　　　　　　　　常用的 PCB 加工工艺流程

序号	类型	工艺流程
1	单面表面组装工艺	印刷锡膏→贴片→再流焊
2	双面表面组装工艺	A 面印刷锡膏→贴片→再流焊→翻板→B 面印刷锡膏→贴片→再流焊
3	单面混装（SMC/SMD 和 THC 在同一面）	印刷锡膏→贴片→再流焊→手工插件（THC）→波峰焊
4	单面混装（SMC/SMD 在 B 面，THC 在 A 面）	B 面印刷红胶→贴片→红胶固化→翻板→A 面插件→B 面波峰焊
5	双面混装（THC 在 A 面，A、B 两面都有 SMC/SMD）	A 面印刷锡膏→贴片→再流焊→翻板→B 面印刷红胶→贴片→红胶固化→翻板→A 面插件→B 面波峰焊
6	双面混装（A、B 两面都有 SMC/SMD 和 THC）	A 面印刷锡膏→贴片→再流焊→翻板→B 面印刷红胶→贴片→红胶固化→翻板→A 面插件→B 面波峰焊→B 面插件→A 面波峰焊

2. PCB 外形尺寸

（1）PCB 外形尺寸需要满足表 3-4 的要求。

表 3-4　　　　　　　　　　　PCB 外形尺寸要求　　　　　　　　　　　mm

PCB 最小尺寸			PCB 最大尺寸		
长度 L	宽度 W	厚度 T	长度 L	宽度 W	厚度 T
50	50	0.4	330	250	3.0

（2）PCB 四角必须倒圆角，半径 $R=2$ mm，如图 3-3 所示。有整机结构要求的，可以倒圆角 $R>2$ mm。

（3）尺寸小于 50 mm×50 mm 的 PCB 应进行拼板。

（4）若 PCB 上有大面积开孔的地方，在设计时要先将孔补全，避免焊接时造成漫锡和 PCB 变形，补全部分和原有 PCB 部分要以单边几点连接，在波峰焊后将其去掉。

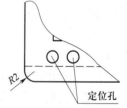

图 3-3　倒圆角设计

3. 定位孔

（1）主定位孔直径为 4 mm，副定位孔为 5 mm×4 mm 的椭圆孔。定位孔公差为 0～+0.1 mm。

（2）定位孔的设计如图 3-4 所示，其中尺寸 a、b 的要求为 $a=10n$（$n=6$、7、8、…、30）mm，$b>10$ mm。主定位孔总位于 PCB 的右下角，副定位孔总位于 PCB 的左下角。

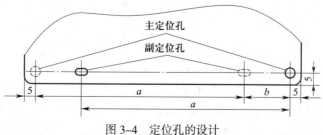

图 3-4　定位孔的设计

（3）定位孔周边 1.0 mm 范围内不应有 V 形槽和机械孔，定位孔周边 3.5 mm 范围内不应有焊盘、通孔、基准标识及走线，但丝印标识除外。

（4）PCB 的安装孔如符合上述要求，可以作为定位孔。

（5）用贴片机贴装单面板时，可以省去一套不用的定位孔。

4. 工艺边

PCB 的工艺边是指生产时用于在导轨上传输时导轨占用的区域和使用工装时的预留区域。其范围是 PCB 的 top 面和 bottom 面四边 5 mm 宽的两个实边环带。

（1）工艺边内不能排布贴片或机插元器件，贴片或机插元器件的实体不能进入工艺边及其上空。

（2）手插元器件的实体不能落在上、下工艺边上方 3 mm 高度内的空间中，不能落在左、右工艺边上方 2 mm 高度内的空间中。

（3）工艺边内的导电铜箔要求尽量宽。小于 0.4 mm 的线条需要加强绝缘和耐磨损处理，最边上的线条不小于 0.8 mm。

（4）工艺边与 PCB 可用邮票孔或者 V 形槽连接，一般选用 V 形槽。

（5）工艺边上不应有焊盘、通孔。

（6）面积大于 80 mm^2 的单板要求 PCB 自身有一对相互平行的工艺边，并且工艺边上下空间无元器件实体进入。

（7）可以根据实际情况适当增加工艺边的宽度。

5. 丝印图形

丝印图形包括元器件图形、位号、极性、IC 的第一脚标识和流向标识等，一般情况需要在丝网层标出元器件的丝印图形，如图 3-5a 所示。

（1）对高密度、窄间距产品，可采用如图 3-5b 所示的简化丝印符号。

（2）丝印位置应尽量靠近元器件，便于检查和维修。

（3）丝印字符遵循从左到右、从上到下的原则。对于电解电容、二极管等有极性的器件，在每个功能单元内尽量保持方向一致。

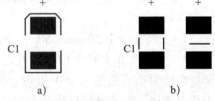

图 3-5　丝印符号
a) 标准丝印符号　b) 简化丝印符号

（4）有极性的元器件及接插件的极性应在丝印图形中表示清楚，极性方向标识易于辨认。

（5）PCB 上应有板号、日期、版本号等丝印以及厂家的完整信息，位置明确、醒目。

（6）丝印不能在焊盘、过孔上，不能被元器件盖住。字符之间不应重叠、交叉。

（7）流向标识一般用箭头表示，并在工艺边上标识。在流向箭头的后端，顶面用字母 T 标识，底面用字母 B 标识。

（8）丝印的粗细、方向、间距、精度等要标准化。具体要求如下：丝印字体中心距应尽量相同，同一 PCB 上所有标记、字符等尺寸应统一。表面组装元器件的字符线条宽度为 0.127 mm，字高为 0.8 mm；其他元器件的字符线条宽度为 0.15 mm，高度为 1 mm。因标注位置所限无法标记的，可在其他空处标记，但应用箭头指示，以免引起误解。高压区、隔离区应有明显的标记，且有警示性标记，如设置隔离带等。

6. **基准标识**

基准标识可分为 PCB 拼板基准标识、局部基准标识和坏板标识（bad mark）。基准标识设计的一般要求是：在顶层（底层）放置一个无孔 $\phi 1$ mm 的焊盘，环绕一圈外径为 1.25 mm 的无铜、无阻焊、无丝印环区，非单面板还要求在底层（顶层）或内层 $\phi 4$ mm 范围内有完整铜箔。基准标识要求尽量远离 V 形槽和机械孔，中心距离整板边不小于 5 mm。基准标识要求表面洁净、平整，边缘光滑、齐整，颜色与周围的背景色有明显区别。

（1）PCB 拼板基准标识

1）需要采用机贴的 PCB，在机贴面至少放置三个基准标识，两个基准标识分别放在两个下角，一个基准标识放在任意一个上角。

2）两面都需要放整板基准标识时，两面对角的基准标识要求在同一对角，即整板的一个上角的两面都无基准标识。

3）要求对角的两个整板基准标识关于 PCB 的中心不对称。

4）需要拼板的单板，单元板上确保有基准标识。

5）对应网板的基准标识应与 PCB 的基准标识一一对应。

（2）局部基准标识

对于符合下面任意一个条件的机贴元器件，需要在该元器件的一个对角上放两个校正基准标识，要求尽量靠近元器件，并注意对障碍的避让。

1）球栅阵列器件（BGA）。

2）尺寸大于 25 mm × 25 mm 的四边有引脚的芯片。

3）引脚间距小于 0.65 mm 且尺寸不小于 20 mm × 20 mm 的四边有引脚的芯片。

4）引脚间距不大于 0.5 mm 的四边有引脚的芯片。

5）引脚间距不大于 0.65 mm 的片式连接器。

（3）坏板标识

坏板标识分为整板坏板标识和子板坏板标识两种。

1）坏板标识数量 = 整板包含的子板总数 +1（整板坏板标识）。

2）坏板标识应尽量放置在工艺边上，要求整齐排列、间距不小于 2.75 mm、使用字符丝印（M、1、2、3…）注释，如图 3-6 所示。

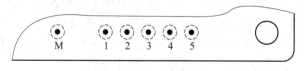

图 3-6 坏板标识

3）没有单独工艺边或工艺边宽度不足 7 mm 时，子板坏板标识可以放在各子板上，要求有规律，使用字符丝印（1、2、3…）注释；整板坏板标识放置在容易找到的位置，并使用字符丝印（M）注释。

4）单拼板不需要放置坏板标识。对于先混拼再多拼的多拼板，可以根据情况每套子板只对应一个子板坏板标识。

5）若拼板中有某一子板坏，要求将其对应的坏板标识点涂掉（白色涂成黑色或黑色涂成白色）。

7. 拼板设计

（1）一般原则：当 PCB 单元的尺寸小于 50 mm×50 mm 时，必须做拼板。

（2）拼板的尺寸不可太大，也不可太小，应以制造、装配和测试过程中便于加工、PCB 不产生较大变形为宜。

（3）平行传输方向的 V-CUT 线（PCB 厂商依据客户的图样要求，在 PCB 特定位置用转盘刀具切割好的一条条分割线）数量 ≤ 3，某些细长的 PCB 可以除外。

（4）双面贴装如果不进行波峰焊，可采用双数拼板正反各半。

（5）拼板中各块 PCB 之间的互连有双面对刻 V 形槽和邮票孔两种方式，要求既有一定的强度，又便于贴装后的分离。

8. 贴装元器件的种类和包装形式

（1）高速机可贴装元器件的范围：最小尺寸为 1.0 mm×0.5 mm，最大尺寸为 20 mm×20 mm，引脚间距 ≥ 0.5 mm。

（2）多功能机可贴装元器件的范围：最小尺寸为 1.0 mm×0.5 mm，最大尺寸为 55 mm×55 mm，引脚间距 ≥ 0.3 mm，球形直径尺寸 ≥ 0.19 mm，球形间距 ≥ 0.27 mm。

（3）可贴装各种方形元器件、圆柱形元器件、引脚元器件、异形元器件以及其他元器件。

（4）元器件的包装形式：依据自动贴片机供料器的种类和数量，元器件的种类、数量及外形尺寸确定其包装形式。供料器有带式供料器、盘状供料器、管式供料器（振动）。包装规格有纸质编带元器件（宽 8 mm）、压纹编带元器件（宽 8~32 mm）、粘接式编带元器件（宽 32 mm）、盘装式元器件。

9. 元器件整体布局

（1）PCB 上元器件分布应尽可能均匀，大质量元器件不要集中放置且间距尽量大。

（2）同类元器件在 PCB 上应尽可能按相同的方向排列，特征方向应一致，便于元器件的贴装、焊接和检测。

（3）大型元器件的四周要留一定的维修空隙，留出 SMD 返修设备加热头能够进行操作的尺寸。BGA 的周边至少预留 3 mm 的禁布区。

（4）发热元器件应尽可能远离其他元器件，一般置于边角、机箱内通风位置。通常用其引线或其他支撑物作支撑，如散热片等。在多层板中常将发热元器件主体与 PCB 连接，设计时做金属焊盘，加工时用焊锡连接，使热量通过 PCB 散热。

（5）对于温度敏感的元器件要远离发热元器件。例如，三极管、集成电路、电解电容等应尽可能远离桥堆、大功率器件、散热器和大功率电阻。

（6）对于需要调节或经常更换的元器件和零部件，如电位器、可调电感线圈、可变电容器、微动开关、熔断器、按键、插拔器等元器件，应考虑整机的结构要求，置于便于调节和更换的位置。

（7）接线端子和插拔件附近、长串端子的中央以及经常受力作用的部位应设置固定孔，并且固定孔周围应留有相应的空间，防止因受热膨胀而变形。

（8）对于一些体积误差大、精度低、需二次加工的元器件、零部件（如变压器、电解电容、压敏电阻、桥堆、散热器等），与其他元器件之间的间隔应在原设定基础上再增加一定的富余量，建议电解电容、压敏电阻、桥堆、涤纶电容等增加富余量不小于 1 mm，变压器、散热器和超过 5 W（含 5 W）的电阻不小于 3 mm。

（9）贵重元器件不要布放在 PCB 的四角，边缘，以及靠近接插件、安装孔、槽、拼板的切割、豁口和拐角等处，以上位置是印制电路板的高应力区，容易造成焊点和元器件的开裂或裂纹。

（10）元器件布局要满足再流焊、波峰焊的工艺要求以及间距要求。

1）单面混装时，应把贴装和插装元器件布放在 top 面。

2）采用双面再流焊混装时，应把大的贴装和插装元器件布放在 top 面。

3）采用 T 面（top 面）再流焊、B 面（bottom 面）波峰焊时，应把大的贴装和插装元器件布放在 T 面（再流焊面），适合于波峰焊的片式元器件（大于 0603）、MELF、SOT 和 SOP（引脚间距在 1 mm 以上）布放在 B 面（波峰焊面）。特殊情况下，需在 B 面安放 QFP 元件时，应按 45° 方向放置。

10. 元器件排布方向与顺序

（1）再流焊工艺的元器件排布方向

1）为了减少由于元器件两侧焊端不能同步受热而产生立碑、移位、焊端脱离焊盘等焊接缺陷，要求 PCB 在设计时尽量满足以下要求：两个端头的片式元件的长轴应垂直于再流焊机的传送带方向，表面组装器件的长轴应平行于传送带方向。

2）对于大尺寸的 PCB，为了使 PCB 两侧温度尽量保持一致，PCB 长边应平行于再流焊机的传送带方向。

（2）波峰焊工艺的元器件排布方向

1）元器件布局和排布方向应遵循小尺寸的元器件要排布在大尺寸的元器件前方和尽量避免互相遮挡的原则。

2）波峰焊接面上同尺寸元器件的端头在平行于焊料波方向排成一直线，不同尺寸大小的元器件应交错放置。

3）片式元件的长轴应垂直于波峰焊机的传送带方向，表面组装器件的长轴应平行于波峰焊机的传送带方向。

4）波峰焊接面上不能安放 SOJ、QFP、QFN、PLCC 等表面组装器件。

5）SOP、SOIC、插装元器件在波峰焊的尾端需要增加一对偷锡焊盘，如图 3-7 所示。

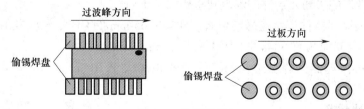

图 3-7　偷锡焊盘

11. 安装孔、元件孔、导通孔要求

（1）安装孔是孔径为 4.0 mm 的圆孔或 5.0 mm × 4.0 mm 的椭圆孔，内壁不金属化。

（2）以安装孔为中心，周边 ϕ10 mm 范围内不允许有元器件的实体和焊盘进入，孔外 0.25 mm 宽的环带区域不允许有铜箔。

（3）有精确定位要求的，如电源指示灯要求对准导光柱等，可以根据实际情况将孔径设计成 3.5 mm。

（4）顶面和底面各一个半径为 3.1 mm、宽度为 1.7 mm 的铜箔。

（5）在半径为 3.1 mm 的圆上均匀分布八个孔径为 0.3 ~ 0.5 mm 的不开窗过孔。

（6）在顶面和底面的半径为 3.1 mm 的圆上分别均匀分布八个 1.0 mm × 1.3 mm 的椭圆无孔焊盘。焊盘到相邻两过孔的距离相同，并且长轴经过圆心。

（7）当安装孔位于拼板的长边时，要求适当删除再流焊面的几个椭圆焊盘，以保证给导轨留出至少 3 mm 的空间。如安装孔距长边 5 mm 时，要求删除再流焊面距长边最近的两个焊盘。

（8）元件孔的孔径设计要求比引脚最大直径尺寸大 0.23 ~ 0.42 mm，并选 0.10 mm 的倍数。

（9）非金属化孔的孔径要求比引脚最大直径尺寸大 0.23 ~ 0.32 mm。

（10）金属化孔的孔径要求比引脚最大直径尺寸大 0.33 ~ 0.42 mm。

（11）有孔盘的环宽要求不小于 0.4 mm。两盘底面之间的间隙要求不小于 0.6 mm，小于 1 mm 的间隙要求在间隙中印丝印。

（12）采用 OSP 工艺的 PCB，元件孔的孔径比元件引脚直径至少大 0.33 mm。

（13）一般导通孔直径不小于 0.3 mm，最小孔径与板厚度的比不小于 1 : 6。

（14）不能把导通孔直接设置在焊盘上、焊盘的延长部分和焊盘角上，除 SOIC、QFP 或 PLCC 等器件之外，不能在其他元器件下面打导通孔。

（15）导通孔和焊盘之间应有一段涂有阻焊膜的细线相连，细线的长度应大于 0.5 mm，宽度小于 0.4 mm。

（16）采用波峰焊工艺时，导通孔应设置在焊盘中或靠近焊盘的位置，有利于排出气体，一般要求孔与元件端头相距 0.254 mm。

12. 元器件间距

（1）贴片元器件之间的最小间距必须满足：同种器件大于或等于 0.3 mm，异种器件 ≥ 0.13h+0.3 mm（h 为周围近邻器件最大高度，单位为 mm），只能手工贴放的元器件之间距离大于或等于 1.5 mm。

（2）过波峰焊的接插元器件的焊盘间距要大于 1 mm。

（3）通孔再流焊器件焊盘边缘与引脚间距 ≤ 0.65 mm 的 QFP、SOP 及 BGA 等器件的距离大于 10 mm，与其他 SMT 元器件的距离大于 2 mm。

（4）通孔再流焊器件焊盘边缘与传送边的距离大于 10 mm，与非传送边的距离大于 5 mm。

13. 焊盘设计要求

焊盘设计要求参考《表面贴装设计和焊盘图形标准通用要求》（IPC–7351）等标准。焊盘的设计要区分再流焊接面（reflow）和波峰焊接面（wave）。

实训 3 SMB 识别与检测

一、实训目的

1.能根据需要领用表面组装电路板。

2.能识别、检测表面组装电路板。

二、实训内容

1.领用表面组装电路板

（1）按照贴片小音箱的贴装工艺要求，从指导教师处领取所需表面组装电路板，并完成表 3-5 的填写。

表 3-5　　　　　　　　　　　　　　　　领料单

序号	材料编号	中文名称	规格/尺寸/型号	用途	单位	领用数量	领料人	日期
1								
2								
3								
4								

（2）根据表面组装电路板的识别和检测要求，领取检测工具，并完成表 3-6 的填写。

表 3-6　　　　　　　　　　　　　　　检测工具清单

序号	工具编号	中文名称	规格/尺寸/型号	用途	单位	领用数量	领用人	日期
1								
2								
3								
4								
5								

2.识别、检测表面组装电路板

根据领取的材料清单，使用检测工具检测印制电路板的质量，并在表 3-7 中记录检测结果。

表 3-7　　　　　　　　　　　　　　检测结果记录单

检测项目		技术标准	检测工具、设备	检测方法	检测结果
外观	表面	（1）表面整洁，无污迹、锈蚀及损伤，无毛刺、飞边 （2）丝印（规格、型号等）正确、清晰 （3）齿形、割槽平滑 （4）基板与线路间无脱落、断裂分离现象	无	目视检查外观质量	

检测项目		技术标准	检测工具、设备	检测方法	检测结果
外观	文字符号	（1）文字符号均为白色（若另有指示以工程图为准） （2）标志须清晰可辨识，无模糊、断裂或双重印字，不出现不相关符号	无	目视检查外观质量	
	防焊漆（阻焊剂）	（1）颜色与要求一致 （2）无起泡、不平整现象，无水印、皱纹 （3）防焊漆底下无脏污、氧化 （4）没有露铜或沾锡现象 （5）刮伤面积低于要求 （6）防焊漆刮伤造成露底材（基材、铜、锡），长宽符合要求且每面允许两处但不可露铜 （7）零件孔内或锡垫上没有防焊漆、文字油墨及其他异物	无	目视检查外观质量	
	焊盘（孔）	无氧化、多孔、漏孔、堵孔、孔偏，金属涂覆层符合元器件规格说明书	放大镜	目视检查外观质量	
外形尺寸	板材尺寸	基板长度、宽度、厚度以及割槽长度和宽度符合尺寸示意图	游标卡尺	用游标卡尺测量其尺寸	
	定位尺寸	孔距、孔径、边距符合尺寸示意图	游标卡尺	用游标卡尺测量其尺寸	
	工艺尺寸	工艺边、基准标识尺寸符合尺寸示意图	游标卡尺	用游标卡尺测量其尺寸	
焊接特性	可焊性	焊盘易沾锡且沾锡面均匀、饱满，95% 焊盘表面被焊锡覆盖	锡炉、秒表	将印制电路板铜箔面浸入温度为（235±5）℃的锡炉中，浸焊 2 s 后，目视检查沾锡情况	
	耐焊性	阻焊剂无起泡、脱落、黏手等现象，印制电路板阻焊层无破损	锡炉、秒表	将印制电路板铜箔面浸入温度为（260±5）℃的锡炉中，浸焊 10 s 后，目测有无明显损伤	

三、测评记录

按表 3-8 所列项目进行测评，并做好记录。

表 3-8　　　　　　　　　　　　测评记录表

序号	评价内容	配分 / 分	得分 / 分
1	能根据需要准确领用表面组装电路板和检测工具	4	
2	能正确填写领料单和检测工具清单	1	
3	能识别、检测表面组装电路板并记录检测结果，完成实训总结	5	
	总　分	10	

思考与练习

一、填空题

1. 在电子设备中，印制电路板是电子元器件的载体，提供_____和_____，并保证电子产品的电气、热和力学性能的可靠性。

2. 印制电路板按电路层数可分为_____、_____和_____。

3. 覆铜板是 PCB 的主要基板材料，它是用增强材料浸以树脂黏结剂，通过_____、_____、叠合成坯料，然后覆上_____，用_____作为模具，在热压机中经高温、高压加工而制成的。

4. PCB 基板常见的性能指标有_____、_____、_____、介电常数、_____、_____和特性阻抗等。

5. 玻璃化转变温度的值关系到 PCB 的_____，对于 PCB 而言，它的值越_____越好。

二、简答题

1. 表面组装电路板的特点有哪些?

2. 简述常见的 SMB 设计存在的问题。

3. 如何进行 SMB 的优化设计?

4. 简述 PCB 加工工艺流程。

第四章　锡膏印刷工艺与设备

表面组装技术主要包括锡膏印刷、贴片、再流焊三大工艺。其中，锡膏印刷质量对表面组装产品的质量影响很大，据业内评测分析约有 60% 的返修板是因锡膏印刷不良引起的。在锡膏印刷中，锡膏、钢网模板和印刷设备的选择，将影响锡膏印刷的质量。

§4—1　焊接材料组成与选用

学习目标

1. 了解锡膏、助焊剂的化学组成。
2. 熟悉锡膏、助焊剂的类型和特点。
3. 熟悉表面组装对锡膏、助焊剂的要求。
4. 掌握锡膏、助焊剂选择与使用注意事项。

SMT 工艺材料即组装材料，是进行 SMT 生产的基础。在 SMT 的发展过程中，电子化工材料起着相当重要的作用。它主要包括贴片胶及其他黏结剂、焊剂、焊料、防氧化油、锡膏和清洗剂。在不同的组装工序中应采用不同的组装材料。有时在同一组装工序中，由于后续工艺或组装方式不同，所用材料也会有所不同。在锡膏印刷中用到的材料有锡膏和助焊剂。

一、锡膏、助焊剂的化学组成

锡膏（见图 4-1）又称焊膏、焊锡膏，是由合金粉末、糊状焊剂和一些添加剂混合而成的具有一定黏性和良好触变特性的浆料或膏状体。它是 SMT 工艺中不可缺少的焊接材料，广泛用于再流焊中。锡膏的印刷性、可焊性直接影响 SMT 产品的组装质量。

图 4-1　常见的锡膏

1. 锡膏的化学组成

锡膏主要由合金粉末和助焊剂组成，见表 4-1。锡膏中合金粉末与助焊剂的体积之比约为 1∶1，其中合金粉末占总质量的 85%～90%，助焊剂占总质量的 10%～15%，即质量之比约为 9:1。

表 4-1   锡膏的组成和功能

组成		使用的主要材料	功能
合金粉末		Sn-Pb、Sn-Pb-Ag 等	元器件和电路的机械和电气连接
助焊剂	树脂	松香、合成树脂	净化金属表面，提高焊料浸润性
	黏结剂	松香、松香脂、聚丁烯	提供贴装元器件所需黏性
	活性剂	硬脂酸、盐酸、联氨、三乙醇胺	净化金属表面，提高润湿性
	溶剂	甘油、乙二醇	调节锡膏特性
	触变剂	氢化蓖麻油等	防止分散、塌边
	其他添加剂		改进锡膏的耐腐蚀性、焊点的光亮度及阻燃性能等

（1）合金粉末

合金粉末通常采用高压惰性气体对熔融的焊料喷雾制成，然后根据尺寸分级。合金是锡膏和形成焊点的主要成分，合金的熔点决定焊接温度。合金粉末的组成、颗粒形状和尺寸是决定锡膏特性和焊点质量的关键因素。常用锡膏的合金成分、熔点范围、性质和用途见表 4-2。

表 4-2   常用锡膏的合金成分、熔点范围、性质和用途

合金成分	熔点温度 /℃		性质和用途
	固相线	液相线	
Sn-37Pb	183	183	共晶中温焊料，适用于普通表面组装元器件，不适用于 Ag、Ag/Pa 材料电极的元器件
Sn-40Pb	183	188	近共晶中温焊料，易制造，用途与 Sn-37Pb 相同
Sn-36Pb-2Ag	179	179	共晶中温焊料，有利于减少 Ag、Ag/Pa 电极的浸析，广泛用于 SMT 焊接（不适用于水金板）
Sn-88Pb-2Ag	268	290	近共晶高温焊料，适用于耐高温元器件及需要两次再流焊的表面组装元器件的第一次再流焊（不适用于水金板）
Sn-3.5Ag	221	221	共晶高温焊料，适用于要求焊点强度较高的表面组装元器件的焊接（不适用于水金板）
Sn-3.0Ag-0.5Cu	216	220	目前最常用的近共晶无铅焊料，性能比较稳定，各种焊接参数均接近有铅焊料
Sn-58Bi	138	138	共晶低温焊料，适用于热敏元器件及需要两次再流焊的表面组装元器件的第二次再流焊

合金粉末的形状、粒数和表面氧化程度对锡膏性能的影响很大。合金粉末按形状分为球形和无定形两种，如图 4-2 和图 4-3 所示。球形合金粉末的表面积小、氧化程度低、制成的锡膏具有良好的印刷性能。合金粉末的粒数一般在 200~400 目。粒数越小，黏度越大。粒数过大，会使锡膏黏结性能变差；粒数太小，则由于表面积增大，会使表面含氧量增高，也不宜采用。

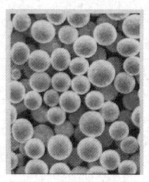 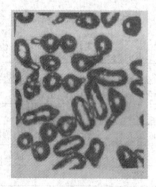

图 4-2　球形合金颗粒　　　　　　　图 4-3　无定形合金颗粒

（2）助焊剂

在锡膏中，糊状助焊剂是合金粉末的载体，助焊剂与合金粉末的密度相差很大，约为1∶7.3。其组成与通用助焊剂基本相同。为了改善印刷效果和触变性，有时还需要加入触变剂和溶剂。通过助焊剂中活性剂的作用，能清除被焊材料表面以及合金粉末本身的氧化膜，使焊料迅速扩散并附着在被焊金属表面。助焊剂的组成对锡膏的扩展性、润湿性、坍塌性、黏度、清洗性、焊珠飞溅及储存寿命均有较大影响。

2. 助焊剂的化学组成

助焊剂简称焊剂，是焊接过程中不可缺少的辅料。在波峰焊中助焊剂和合金焊料分开使用，而在再流焊中助焊剂则是锡膏的重要组成部分。助焊剂对保证焊接质量起着关键的作用。焊接效果的好坏，除了与焊接工艺、元器件和印制电路板的质量有关外，助焊剂的选择也是十分重要的。

助焊剂通常由松香（或非松香型合成树脂）、活性剂、成膜剂、添加剂和溶剂等组成。

（1）松香

松香是助焊剂的主要成分。它是一种天然树脂，是透明、脆性的固体物质，颜色由微黄至浅棕色，表面稍有光泽，带松脂香气味，溶于酒精、丙酮、甘油、苯等有机溶剂，不溶于水。

（2）活性剂

活性剂是为提高助焊能力而加入的活性物质，它对助焊剂净化焊料和被焊件表面起主要作用。活性剂的活性指它与焊料和被焊件表面氧化物等起化学反应的能力，也反映了清洁金属表面和增强浸湿性的能力。润湿性强则助焊剂的扩展性高，可焊性就好。

（3）成膜剂

加入成膜剂，能在焊接后形成一层紧密的有机膜，保护焊点和基板，具有防腐蚀性和优良的电气绝缘性。常用的成膜剂有松香、酚醛树脂、丙烯酸树脂、氯乙烯树脂、聚氨酯等。一般加入量在10%～20%，加入过多会影响扩展性，使助焊作用下降。在家用电器或要求不高的电器装联中使用成膜剂，装联后的电器部件可不清洗，以降低成本，然而在精密电子装联中焊后仍要清洗。

（4）添加剂

添加剂主要有缓蚀剂、表面活性剂、触变剂、消光剂等，其主要作用是使助焊剂获得一些特殊的物理、化学性能，以适应不同产品、不同工艺场合的需求。

（5）溶剂

溶剂主要有乙醇、异丙醇、乙二醇、丙二醇、丙三醇等，均属于有机醇类溶剂。溶剂的作用是使固体或液体成分溶解在溶剂里，使之成为均相溶液，主要起溶解，稀释，调节密度、黏度、流动性、热稳定性，保护等作用。

二、锡膏、助焊剂的类型和特点

1. 锡膏的类型

锡膏的品种很多，通常可按以下方式分类：

（1）按合金粉末的熔点分

按合金粉末的熔点分，可以分为高温锡膏、中温锡膏和低温锡膏三种。高温锡膏的熔化温度在 250 ℃以上；中温锡膏的熔化温度为 170~220 ℃；低温锡膏的熔化温度在 150 ℃以下。可根据焊接所需温度的不同，选择不同熔点的锡膏。

（2）按助焊剂的活性分

按助焊剂的活性分，可以分为低活性（R）、中等活性（RMA）和高活性（RA）三种，见表 4-3。使用时可以根据 PCB 和元器件的情况及清洗工艺要求进行选择。

表 4-3   锡膏按助焊剂的活性分类

类型	标识	助焊剂	应用范围
低活性	R	水白松香	航天、军事类电子产品
中等活性	RMA	松香、非离子性卤化物等	军事和其他高可靠性电路组件
高活性	RA	松香、离子性卤化物	消费类电子产品

（3）按锡膏的黏度分

黏度的变化范围很大，通常为 100~600 Pa·s，最高可达 1 000 Pa·s 以上。使用时可依据施膏工艺手段的不同进行选择。

（4）按清洗方式分

按清洗方式分，可以分为有机溶剂清洗型、水清洗型、半水清洗型和免清洗型四种。这是根据焊接过程中所使用的焊剂、焊料成分来确定的。从保护环境的角度考虑，水清洗、半水清洗和免清洗是电子产品工艺的发展方向。

2. 锡膏的特点

不同锡膏的性能是有差异的，锡膏的特性常用黏度、坍塌性、使用寿命来表示。

（1）黏度

黏度是表示流体流动性好坏的一个物理量，当流体的分子之间出现相对运动情况时，分子之间会产生摩擦阻力，这一摩擦阻力的大小用黏度来表示。锡膏黏度的大小与合金粉末颗粒的形状、颗粒的大小、含量的多少有关，也与温度有关，其关系如图 4-4 和图 4-5 所示。合金粉末的颗粒形状呈雨滴状时，其颗粒越大，锡膏的黏度会越大。温度上升时，锡膏的黏度会下降。

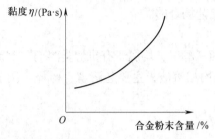

图 4-4　合金粉末含量与黏度的关系

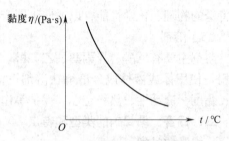

图 4-5　温度对黏度的影响

黏度是锡膏的一个重要特性，黏度过大或过小都会影响印刷质量。在印刷过程中，若黏度过低，则流动性会过大，易于流入钢网孔内，印到 PCB 的焊盘上，但在印刷过后，锡膏停留在 PCB 焊盘上时，难以保持其填充的形状，会产生往下塌陷的情况，影响印刷的分辨率和线条的平整性。若黏度过大，则锡膏不易穿过钢网的开孔，印刷出来的锡膏线条残缺不全，易引起元器件虚焊。

采用钢网进行印刷时，优先选用黏度为 $600 \sim 900$ Pa·s 的锡膏。判断锡膏黏度是否合理的常用方法是用刮勺在容器罐内搅拌锡膏约 30 s，然后挑起一些锡膏，使之高出容器罐 $7 \sim 10$ cm，让锡膏自行往下滴，开始时应该像稠的糖浆一样滑落而下，然后分段断裂落到容器罐内。如果锡膏不能滑落，则太稠，黏度太高；如果一直落下而没有断裂，则太稀，黏度太低。

（2）坍塌性

锡膏印刷在 PCB 的焊盘上之后，锡膏是会往外扩散的，这种扩散能力用坍塌性来表示。锡膏少量的坍塌是允许的，但过量的坍塌会在焊盘之间引起桥连。锡膏坍塌性的大小与黏度大小有直接的关系。

（3）使用寿命

锡膏的使用寿命是指性质保持不变所持续的时间。锡膏在不同的工作条件、环境下使用寿命不同，见表 4-4。

表 4-4　锡膏的使用寿命

条件	使用寿命	环境
装运	4 天	温度：<10 ℃
冷藏保存（冰箱）	3 ~ 6 个月	温度：0 ~ 5 ℃
室温放置	5 天	相对湿度：30% ~ 60% 温度：15 ~ 25 ℃
稳定时间 （从冰箱取出后）	8 h	相对湿度：30% ~ 60% 温度：15 ~ 25 ℃
模板使用寿命	4 h	相对湿度：30% ~ 60% 温度：15 ~ 25 ℃

模板使用寿命是指从打开容器盖放置、印刷、元器件贴片、定位检查，到烘烤再流焊，其性质保持不变的时间。锡膏应在规定的时间内使用，否则会影响 PCB 的焊接质量。

3. 助焊剂的类型

助焊剂的种类很多，通常可按以下方式分类：

（1）按助焊剂状态分

按助焊剂状态分，可将其分为液态、糊状、固态三类，各类的使用范围见表4-5。

表4-5　　　　　　　　　　　　　助焊剂按助焊剂状态分类

类型	使用范围
液态助焊剂	波峰焊、手工焊、浸焊、搪锡用
糊状助焊剂	SMT锡膏用
固态助焊剂	焊锡丝内芯用

（2）按助焊剂活性大小分

按助焊剂活性大小分，可分为低活性（R）、中等活性（RMA）、高（全）活性（RA）和特别活性（RSA）助焊剂，各类的使用范围见表4-6。

表4-6　　　　　　　　　　　　助焊剂按助焊剂活性大小分类

类型	标识	使用范围
低活性	R	用于较高级别的电子产品，可实现免清洗
中等活性	RMA	用于民用电子产品
高（全）活性	RA	用于可焊性差的元器件
特别活性	RSA	用于可焊性差或有镍铁合金的元器件

（3）按活性剂类别分

按活性剂类别分，可将助焊剂分为无机、有机、树脂三大系列。

1）无机系列助焊剂。具有高腐蚀性，不能用于电子产品焊接。

2）有机系列助焊剂。包括有机酸、有机胺、有机卤化物等物质。有机酸（OA）助焊剂的活性比松香助焊剂强，但比无机助焊剂弱，具有活性时间短、加热迅速分解、残留物基本上呈惰性、吸湿性小、电绝缘性能较好等特点。由于它们在水中的可溶性很容易用极性溶剂（如水）去除掉，因此有机酸助焊剂是环保允许的。有机酸助焊剂在军用、商业、工业和电信等（二类和三类）电子产品的焊接中应用是可行的。

3）树脂系列助焊剂。由松香或合成树脂材料添加一定量的活性剂组成，其助焊性能好，而树脂可起成膜剂的作用，焊后残留物能形成致密的保护层，对焊接表面具有一定的保护性能。松香（树脂）助焊剂是应用最广泛的助焊剂。

（4）按助焊剂残留物的溶解性能分

按助焊剂残留物的溶解性能分类，如图4-6所示。

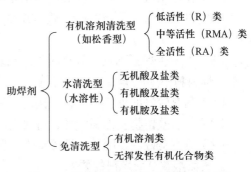

图4-6　助焊剂按残留物的溶解性能分类

4. 助焊剂的特点

（1）化学特性

要得到一个好的焊点，被焊物必须有一个完全无氧化层的表面，但金属一旦暴露于空气中就会生成氧化层，这种氧化层无法用传统溶剂清洗，此时必须依赖助焊剂与氧化层起化学作用。当助焊剂清除氧化层之后，干净的被焊物表面才可与焊锡结合。

（2）热稳定性

在用助焊剂去除氧化物的同时，还必须形成一个保护膜，以防止被焊物表面再度氧化，直到接触焊锡为止。所以，助焊剂必须能承受高温，在焊锡作业的温度下不会分解或蒸发。

（3）助焊剂在不同温度下的活性

好的助焊剂不只是要求热稳定性，在不同温度下的活性也应考虑。

助焊剂的功能即去除氧化物，通常在某一温度下效果较好。当温度过高时，可能降低其活性，如松香在超过 600 ℉（315 ℃）时，几乎无任何反应，如果无法避免高温，可将预热时间延长，使其充分发挥活性后再进入锡炉。

也可以利用此特性，将助焊剂活性纯化以防止腐蚀现象发生，但在应用上要特别注意受热时间与温度，以确保活性纯化。

（4）润湿能力

为了能清理基板表面的氧化层，助焊剂应对基板金属有很好的润湿能力，同时也应对焊锡有很好的润湿能力以取代空气，降低焊锡表面张力，增加其扩散性。

（5）扩散率

助焊剂在焊接过程中有帮助焊锡扩散的能力，扩散与润湿都是帮助焊点的角度改变，通常扩散率可用来作助焊剂强弱的指标。

三、表面组装对锡膏、助焊剂的要求

1. 表面组装对锡膏的要求

在 SMT 生产过程中，对锡膏有以下要求：

（1）具有较长的储存寿命。在 0 ~ 10 ℃下保存 3 ~ 6 个月，不会发生化学变化，也不会出现焊料粉和助焊剂分离的现象，并保持其黏度不变。

（2）具有较长的使用寿命。在印刷或滴涂后，通常要求能在常温下放置 8 ~ 12 h，其性能保持不变。

（3）在印刷或涂布后，以及在再流焊预热过程中，锡膏应保持原来的形状和大小不变。

（4）具有良好的润湿性能。焊剂中的活性剂和润湿剂成分应合理，以便达到润湿性能的要求。

（5）不发生焊料飞溅。焊接时焊料出现飞溅情况，主要与锡膏的吸水性、溶剂的类型、沸点、焊料粉中杂质类型和含量有关。

（6）具有较好的焊接强度，焊接完成后，确保不会因振动等因素出现元器件脱落。

（7）焊后残留物应无腐蚀性，有较高的绝缘电阻，且清洗性好。

（8）具有良好的印刷性，即流动性、脱板性、连续印刷性好。

2. 表面组装对助焊剂的要求

（1）具有去除表面氧化物、防止再氧化、降低表面张力等特性，这是助焊剂必须具备

的基本性能。

（2）熔点比焊料低，在焊料熔化之前，助焊剂要先熔化以充分发挥助焊作用。

（3）润湿扩散速度比熔化焊料快，通常要求扩展率在 90% 以上。

（4）黏度和密度比焊料小，黏度大会使润湿扩散困难，密度大则不能覆盖焊料表面。

（5）焊接时不产生焊珠飞溅，也不产生毒气和强烈的刺激性气味。

（6）焊后残渣易于去除，并具有耐腐蚀、不吸湿和不导电等特性。

（7）焊接后不黏手，焊后不易拉尖。在常温下储存稳定。

四、锡膏、助焊剂的选择与使用注意事项

1. 锡膏的选择

不同产品要选择不同的锡膏。

锡膏合金粉末的组分、纯度及含氧量，颗粒形状和尺寸，助焊剂的成分与性质等是决定锡膏特性及焊点质量的关键因素。

（1）根据产品本身的价值和用途进行选择，高可靠性的产品需要高质量的锡膏。

（2）根据 PCB 和元器件存放时间及表面氧化程度选择锡膏的活性。

1）一般采用 RMA 级。

2）高可靠性产品、航天和军工产品可选择 R 级。

3）PCB、元器件存放时间过长、表面严重氧化的，应采用 RA 级，焊后清洗。

（3）根据产品的组装工艺、印制电路板、元器件的具体情况选择锡膏合金组分。

1）一般镀铅锡印制电路板采用 63Sn/37Pb。

2）含有钯金或钯银厚膜端头和引脚可焊性较差的元器件采用 62Sn/36Pb/2Ag。

3）水金板一般不要选择含银的锡膏。

4）无铅工艺一般选择 Sn–Ag–Cu 合金焊料。

（4）根据产品（表面组装印制电路板）对清洁度的要求选择是否采用免清洗锡膏。

1）对于免清洗工艺，要选用不含卤素或其他弱腐蚀性化合物的锡膏。

2）高可靠性产品，航天和军工产品，高精度、微弱信号仪器仪表，以及涉及生命安全的医用器材要采用水清洗或溶剂清洗的锡膏，焊后必须清洗干净。

（5）BGA、CSP、QFN 一般都采用高质量免清洗锡膏。

（6）焊接热敏元器件时，应选用含有 Bi 的低熔点锡膏。

（7）根据 PCB 的组装密度（有无窄间距）选择合金粉末颗粒度。

（8）根据施加锡膏的工艺及组装密度选择锡膏的黏度。

2. 助焊剂的选择

助焊剂通常与焊料匹配使用，要根据焊料合金、不同的工艺方法、元器件引脚、PCB 焊盘涂镀层材料、金属表面氧化程度以及产品对清洁度和电气性能的具体要求进行选择。

（1）浸焊、波峰焊等群焊工艺选择助焊剂的一般原则

1）一般情况下，军用及生命保障类（如卫星、飞机仪表、潜艇通信设备、保障生命的医疗装置、微弱信号测试仪器等）电子产品必须采用清洗型助焊剂。

2）通信、工业、办公、计算机等类型的电子产品可采用免清洗或清洗型助焊剂。

3）一般消费类电子产品均可采用免清洗型助焊剂，或采用 RMA 松香型助焊剂，可不

清洗。

（2）手工焊接和返修时选择助焊剂的原则

1）一定要选择与再流焊、波峰焊时相同类型的助焊剂。

2）对于有高可靠性要求的表面组装板，助焊剂一定要严格管理。

3. 使用锡膏的注意事项

（1）领取锡膏应登记到达时间、失效期、型号等数据，并为每罐锡膏编号，然后保存在温度为 0～10 ℃ 的恒温冰箱内。如储存温度过高，锡膏中的合金粉末和助焊剂会产生化学反应，使锡膏的黏度升高，影响其印刷质量；如存储温度低于 0 ℃，锡膏中的松香成分会发生结晶现象，在焊接过程中，易出现焊料球或虚焊等问题。

（2）使用锡膏时，应按照先进先出的原则，从冰箱中取出后，记下时间、编号、使用者、应用的产品，未开盖的情况下，室温下放置 4～6 h，待锡膏达到室温后再开盖。如果在低温下打开，容易吸收水汽，再流焊时容易产生锡珠。注意不要把锡膏置于热风器、空调等旁边，以免加速它的升温。

（3）锡膏开封前，须使用离心式搅拌机搅拌 3～5 min，使锡膏中的各成分均匀，降低锡膏的黏度。锡膏开封后，原则上应在 24 h 内用完，超过使用期的锡膏应报废处理。

（4）开始生产前，操作者要使用专用不锈钢棒搅拌锡膏，使其均匀才能使用，并定时用黏度测试仪对锡膏黏度进行抽测。

（5）根据印制电路板的幅面及焊点的多少，决定第一次加到钢网上的锡膏量，一般第一次加 200～300 g，印刷一段时间后再适当加入一点。

（6）锡膏置于钢网上超过 30 min 未使用时，应重新搅拌后再使用。若中间放置时间较长，应将锡膏重新放回罐中，并盖紧盖子放于冰箱中冷藏。

（7）PCB 印刷后，应在 12 h 内贴装完，超过此时间应将 PCB 上的锡膏清洗后重新印刷。

（8）锡膏印刷时间的最佳温度为 25 ℃，相对湿度以 60% 为宜。温度过高，锡膏容易吸收水汽，在再流焊时产生锡珠。

4. 使用助焊剂的注意事项

常用的助焊剂有松香型助焊剂、水溶性助焊剂和免清洗型助焊剂。下面分别介绍这三种助焊剂在使用中的注意事项。

（1）使用松香型助焊剂的注意事项

R 类助焊剂的氯化物添加量很少，残留物腐蚀性较强，一般焊后不必清除残留物；RMA 类助焊剂在焊接后的残留物的腐蚀性比 R 类助焊剂大，一般焊后需清洗，若组装产品要求不高，焊后也可不清洗。RA 类助焊剂的活性很强，腐蚀性显著增强，焊后必须清洗。

（2）使用水溶性助焊剂的注意事项

水溶性助焊剂的最大特点是助焊剂组分在水中的溶解度大、活性强、助焊性好，焊后残留物可用水清洗。其使用注意事项如下：

1）使用过程中，需经常添加专用的稀释剂调节活性剂浓度，以确保良好的焊接效果。

2）水溶性助焊剂不含松香树脂，故锡铅合金焊料防氧化更为必要。

3）采用纯度较高的离子水清洗，温度以 45～60 ℃ 为宜，有时可达 70～80 ℃。

4）完成焊接的 PCB 经水清洗后要用离子净度仪测定其离子残留量，以考核水清洗效果。

5）一般要求焊后 2 h 内进行清洗。

（3）使用免清洗型助焊剂的注意事项

1）免清洗型助焊剂的固态含量要求低于 2%，而且不能含有松香。

2）无腐蚀性，不含卤素，表面绝缘电阻大于 1.0×10^{11} Ω。

3）可焊性好，扩展率 ≥ 80%。

4）符合环保要求：无毒，无强烈刺激性气味，基本不污染环境，操作安全。

§4—2 锡膏漏印模板和钢网

学习目标

1. 了解锡膏印刷的常见方法。

2. 掌握钢网的结构与制造方法。

3. 掌握模板窗口形状与尺寸设计方法。

锡膏印刷是把适量的锡膏均匀地施加在 PCB 的焊盘上，以保证贴片元器件与 PCB 相对应的焊盘达到良好的电气连接，并具有足够的强度。

一、锡膏印刷的常见方法

锡膏印刷有滴涂式、丝网印刷、金属模板和钢网印刷三种方法，各种方法的适用范围如下：

1. 滴涂（注射）式

自动滴涂机适用于批量生产，但由于效率低，滴涂质量不容易控制，应用比较少。手工滴涂法适用于极小批量生产，或新产品的研制阶段，以及生产中修补、更换元器件等。

2. 丝网印刷

丝网印刷用的网板是在金属或尼龙丝网表面涂覆感光胶膜，采用照相、感光、显影、坚膜的方法在金属或尼龙丝网表面制作漏印图形。每个漏印开口中所含的细丝数量不同，不能保证印刷量的一致性，而且印刷时刮刀容易损坏感光胶膜和丝网，使用寿命短，因此现在已经很少应用。

3. 金属模板和钢网印刷

金属模板和钢网是用不锈钢或铜等材料的薄板，采用化学腐蚀、激光切割、电铸等方法制成的。金属模板和钢网印刷常用于多引脚、窄间距、高密度产品的大批量生产。金属模板和钢网印刷的质量比较好，使用寿命长，因此金属模板和钢网印刷是目前应用最广泛的方法。

二、金属模板和钢网的结构与制造方法

1. 结构

金属模板和钢网又称漏印模板和钢网，它是用来定量分配锡膏，进行锡膏印刷的关键工具之一。模板的外框是铸铝框架（或铝方管焊接而成），中心是金属模板，框架与模板之间依靠丝网相连接，呈"刚—柔—刚"的结构。这种结构确保金属模板既平整又有弹性，且使用时能紧贴 PCB 表面。铸铝框架上备有安装孔，供印刷机上装夹之用，模板结构如图 4-7 所示。通常模板上的图形离模板的外边约 50 mm，以方便印刷机刮刀头运行。丝网的宽度为 30~40 mm，以保证模板在使用中有一定的弹性。随着模板制作及 SMT 技术的发展，目前使用最广泛的模板为全不锈钢制作，也称为钢网。

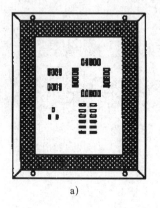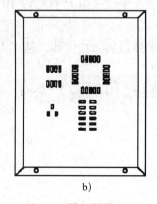

a)   b)   c)

图 4-7　模板结构

a）"刚—柔—刚"结构模板　b）全金属结构模板　c）实物照片

2. 制造方法

在平整的不锈钢金属薄板上，必须按照要求开孔才能使用。开孔的方法有化学腐蚀法、激光切割法和电镀法。

（1）化学腐蚀法

采用化学腐蚀法进行开孔的过程是，在不锈钢金属薄板的正反面都贴好照相用的感光膜，然后采用照相用的曝光技术，对正反面的感光膜进行曝光，再利用化学腐蚀法腐蚀掉没有受感光膜保护的金属部分，即完成开孔过程。采用此法所开的孔，位置的精度有较大的误差，孔的内壁因腐蚀不理想而不够光滑，适用于制作孔径较大的钢网。如图 4-8 所示为采用化学腐蚀法制作的钢网。

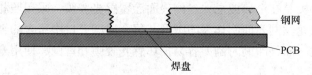

图 4-8　采用化学腐蚀法制作的钢网

（2）激光切割法

采用激光切割法进行开孔的过程是，用激光发生器产生的光束作为切割用的光刀，直接在金属薄板上进行切割开孔，再经过抛光处理即可。因为在切割过程中，产生的金属渣会落在薄板的表面和孔的内壁，使表面粗糙，故应进行电抛光处理。电抛光的方法是，把一个电极接到金属薄板上，并把金属薄板浸入酸液中，另一个电极插入酸液中，通电后，电流使腐蚀剂首先侵蚀孔内壁较粗糙的表面，由于对孔内壁的作用大于对金属薄板顶面和底面的作用，所以孔内壁就会产生抛光的效果。激光切割法的优点是精度高，孔径大、孔径小的钢网都能制作，目前绝大多数钢网都采用这种方法来制作。如图 4-9 所示为采用激光切割法制作的钢网。

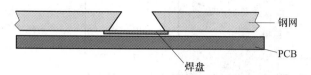

图 4-9 采用激光切割法制作的钢网

（3）电镀法

采用电镀法来制作钢网时，精度更高，开孔的密度可以更密集，适用于制作超细、超高精度的网孔。因为此方法生产成本高、会对环境产生污染，故较少使用。如图 4-10 所示为采用电镀法制作的钢网。

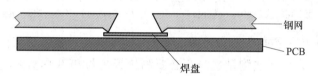

图 4-10 采用电镀法制作的钢网

如图 4-11 所示为采用三种钢网制作方法加工后，其孔壁形状的比较。

图 4-11 三种方法制作钢网的孔壁比较

a）化学腐蚀开孔后的孔壁 b）激光切割后的孔壁 c）电镀开孔后的孔壁

三、模板窗口形状与尺寸设计

模板厚度及窗口尺寸大小直接关系到锡膏印刷量，从而影响焊接质量。模板厚度和窗口尺寸过大会造成锡膏施放量过多，易造成桥连；窗口尺寸过小，会造成锡膏施放量过少，易产生虚焊。因此，SMT 生产中应重视模板的设计。

1. 影响模板印刷质量的因素

如图 4-12 所示是放大后的模板窗口。下面分析模板宽厚比、面积比与窗口壁表面质量对锡膏印刷效果的影响。

（1）当锡膏与 PCB 焊盘之间的黏合力大于锡膏与模板窗口壁之间的摩擦力，即 $F_s>F_t$ 时，就有良好的印刷效果，显然，模板窗口壁应光滑。

（2）当焊盘面积大于模板窗口壁面积，即 $B>A$ 时，也有良好的印刷效果，但窗口壁面积不宜过小，否则锡膏量会不够。显然，模板窗口壁面积与模板厚度有直接关系。

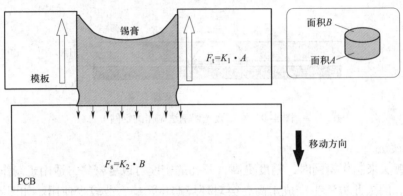

图 4-12　放大后的模板窗口

F_s—锡膏与 PCB 焊盘之间的黏合力　F_t—锡膏与模板窗口壁之间的摩擦阻力　K_1—窗口壁的光滑度　K_2—锡膏黏度

A—锡膏与模板窗口壁之间的接触面积（模板窗口壁面积）B—锡膏与 PCB 焊盘之间的接触面积（焊盘面积）

因此，模板的厚度、窗口大小以及壁的表面质量都将直接影响模板的印刷质量。

在实际生产中，人们无法测量也没有必要测量锡膏与 PCB 焊盘之间的黏合力和锡膏与窗口壁之间的摩擦力，而是通过宽厚比与面积比这两个参数来评估模板的漏印性能，其定义分别为：

宽厚比 = 窗口的宽度 / 模板的厚度 =W/H，式中 W 是窗口的宽度，H 是模板的厚度。宽厚比参数主要适合验证细长形窗口模板的漏印性。

面积比 = 窗口的面积 / 窗口壁的面积 =$LW/[2(L+W)H]$，式中 L 是窗口的长度。面积比参数主要适合验证方形窗口模板的漏印性。

在印刷锡铅焊膏时，当宽厚比 ≥ 1.6、面积比 ≥ 0.66 时，模板具有良好的漏印性；而在印刷无铅焊膏时，当宽厚比 ≥ 1.7、面积比 ≥ 0.7 时，模板才有良好的漏印性，这是由于无铅焊膏的密度比锡铅焊膏小，以及自润滑性稍差引起的，此时窗口尺寸应稍大一点才有良好的印刷效果。

通常，在评估 QFP 焊盘模板时应用宽厚比参数验证；而评估 BGA、0201 焊盘模板时应用面积比参数来验证；若模板上既有 FQFP 又有 BGA 图形，则分别用两个参数来评估。而在 CSP 焊盘印刷时，若仍用宽厚比来评估就会误判。当然，焊膏印刷质量好坏不仅取决于模板窗口尺寸，也与锡膏粉末颗粒大小有关。

2. 模板窗口的形状与窗口尺寸设计

为了得到高质量的焊接效果，近几年来人们对模板窗口形状与尺寸做了大量研究，将形状为长方形的窗口改为圆形或尖角形，其目的是防止印刷后或贴片后因贴片压力过大使锡膏铺展到焊盘外边，导致再流焊后焊盘外边的锡膏形成小锡球而影响到焊接质量，如图 4-13 所示。值得注意的是，在改变模板窗口形状时，应防止过尖的形状给模板清洁工作带来麻烦，

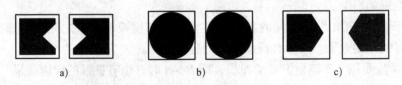

a)　　　　　　　　　　b)　　　　　　　　　　c)

图 4-13　长方形的窗口改为圆形或尖角形

因此，模板窗口形状更改不应太复杂，通常在印刷锡铅焊膏时可适当缩小模板窗口尺寸。例如，印刷 0.5 mm QFP 模板的窗口宽度可按其焊盘宽度的 0.92 倍来计算。

3. 模板的厚度与印刷质量的关系

模板厚度直接关系到锡膏印刷后的锡膏量，对焊接质量影响很大。通常情况下，如没有 FC（Flip Chip，倒装芯片）、CSP、BGA 器件的存在，模板的厚度取 0.15 mm 即可，但随着电子产品的小型化，电子产品组装技术越来越复杂，FC、COB、CSP 器件的出现，使 FC、COB、CSP 与大型 PLCC、QFP 器件共同组装的产品越来越多，有时还同时带有通孔元件进行再流焊。这类器件组装的关键工艺是如何将锡膏精确地分配到所需焊盘上，因为 FC、CSP 所需锡膏量较少，故所用模板的厚度应该薄，窗口尺寸也应较小；而 PLCC 等器件焊接所需锡膏量较多，故所用模板较厚，窗口尺寸也较大，显然用同一厚度的模板难以兼容上述两种要求。

为了实现上述多种器件的混合组装，现已实现采用不同结构的模板来完成锡膏印刷。常用的模板有以下两种：

（1）局部减薄模板

局部减薄模板的大部分面积仍是采用一般元器件所需要的厚度，即仍为 0.15 mm，但在 FC、CSP 器件处将模板厚度用化学方法减至 0.75～0.1 mm，这样使用同一块模板就能满足不同元器件的需要。

（2）局部增厚模板

局部增厚模板适用于 COB 器件已贴装在 PCB 上、需再印刷锡膏贴装其他片式元器件的场合，局部增厚的位置就在 COB 器件上方，它以覆盖 COB 器件为目的，凸起部分与模板呈圆弧过渡以保证印刷时刮刀能流畅地通过。

无论是局部减薄模板还是局部增厚模板，在使用时均应配合橡胶刮刀才能取得良好的印刷效果。

§4—3　锡膏印刷工艺

学习目标

1. 理解漏印模板印刷法的基本原理。
2. 熟悉漏印模板印刷的工艺流程。
3. 掌握调节印刷机工艺参数的方法。
4. 掌握印刷质量的检测方法和缺陷分析方法。

PCB 上有许多组件引脚焊接点，即焊盘（PAD）。为了让锡膏涂覆在特定的焊盘上，需要先制作一张与焊盘位置相对应的钢制模板，安装于锡膏印刷机上。通过监控固定基板 PCB 位置，确保模板网孔与 PCB 上的焊盘位置相同。固定完成后，锡膏印刷机上的刮刀在模板上来回移动，锡膏即透过模板上的孔覆盖在 PCB 的特定焊盘上完成锡膏印刷工作。

一、漏印模板印刷法的基本原理

PCB 放在基板支架（工作支架）上，用真空泵或机械方式固定；将已加工有印刷图形的漏印模板绷紧在金属框架上，模板与 PCB 表面接触，镂空图形网孔与 PCB 上的焊盘对准；把锡膏放在漏印模板上，刮刀（刮板）从模板的一端向另一端推进，同时压刮锡膏通过模板上的镂空图形网孔印刷（沉淀）到 PCB 的焊盘上。一般采用刮刀单向刮锡膏时，沉积在焊盘上的锡膏可能会不够饱满；而采用刮刀双向刮锡膏，锡膏就会比较饱满。

全自动印刷机一般有 A、B 两个刮刀。当刮刀从右向左移动时，刮刀 A 上升，刮刀 B 下降，刮刀 B 压刮锡膏；当刮刀从左向右移动时，刮刀 B 上升，刮刀 A 下降，刮刀 A 压刮锡膏，如图 4-14a 所示。两次刮锡膏后，PCB 与模板脱离（PCB 下降或模板上升），如图 4-14b 所示，完成锡膏印刷过程。锡膏是一种膏状流体，其印刷过程遵循流体动力学的原理。

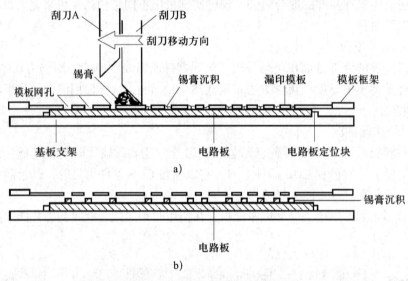

图 4-14　漏印模板印刷法的基本原理

漏印模板印刷的特征如下：

（1）模板和 PCB 表面直接接触。

（2）刮刀前方的锡膏颗粒沿刮刀前进的方向滚动。

（3）漏印模板离开 PCB 表面的过程中，锡膏从网孔转移到 PCB 表面上。

二、漏印模板印刷的工艺流程

漏印模板印刷的工艺流程如图 4-15 所示。

1. 印刷前准备

（1）检查印刷机工作电压与气压，熟悉产品的工艺要求。

（2）确认软件程序名称是否为当前生产机种，版本是否正确。

（3）检查锡膏，具体内容包括制造日期是否在出厂后 6 个月之内，品牌、型号、规格是否符合当前生产要求；是否密封保存（保存条件 2～10 ℃）；若采用模板印刷，锡膏黏度应为 900～1 400 Pa·s，最佳为 900 Pa·s，从冰箱中取出后应在室温下恢复至少 2 h，出冰箱后 24 h 之内用完；新启用的锡膏应在罐盖上记下开启日期和使用者姓名。

（4）搅拌锡膏。锡膏使用前要用锡膏搅拌机或人工充分搅拌均匀。机器搅拌时间为 3~4 min；人工搅拌时，使用防静电锡膏搅拌刀，顺时针匀速搅拌 2~4 min。搅拌过的锡膏必须表面细腻，用搅拌刀挑起锡膏，锡膏可匀速落下，且长度保持在 5 cm 左右。锡膏搅拌机的内部结构如图 4-16 所示。

（5）检查 PCB 是否正确，有无用错或不良。阅读 PCB 产品合格证，如 PCB 制造日期大于 6 个月应对 PCB 进行烘干处理（在 125 ℃下烘干 4 h），通常在前一天进行。

（6）检查模板是否与当前生产的 PCB 一致，窗口是否堵塞，外观是否良好。

（7）开机。

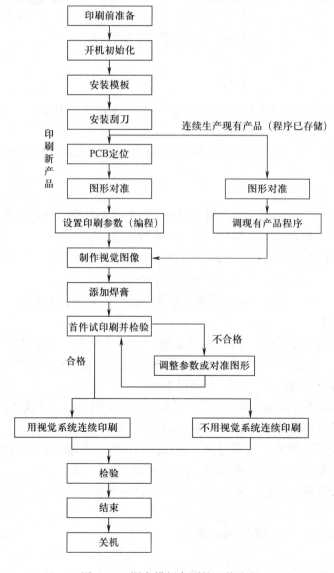

图 4-15　漏印模板印刷的工艺流程

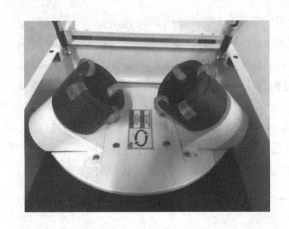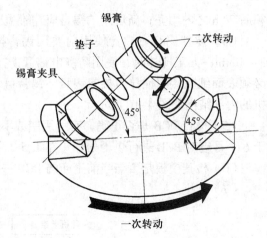

图 4-16　锡膏搅拌机的内部结构

2. 安装模板和刮刀

（1）应先安装模板，后安装刮刀。

（2）安装刮刀时应选择比 PCB 印刷宽度长 20 mm 的不锈钢刮刀，并调节导流板的高度，使导流板的底面略高于刮刀的底面。

注意：印刷锡膏一般应选择不锈钢刮刀。特别是高密度印刷时，不锈钢刮刀有利于提高印刷精度。

3. PCB 定位与图形对准

（1）将 PCB 放在设定好导轨宽度的工作台上，传送到印刷位置进行夹紧。

（2）测量 PCB 对角两个基准点的坐标，输入到印刷机。

（3）印刷机的相机会自动行进到两个基准点的位置，进行基准点的学习。

（4）基准点学习示教完成后，进行图形对位检查。

（5）图形对位完成。如果对位不精确，则需要进行印刷偏移的补偿。

4. 设置印刷参数

设置印刷参数要根据印刷机的功能和配置进行，一般设置以下关键参数：

（1）印刷速度：一般设置为 15～40 mm/s，有窄间距、高密度图形时，速度要慢一些。

（2）刮刀压力：一般设置为 0.2～1.5 MPa。

（3）模板分离速度（脱模速度）：有窄间距、高密度图形时，速度要慢一些。

（4）设置模板清洗模式：一般设为湿—真空吸—干。

（5）设置模板清洗频率：有窄间距时，最多可设置为每印 1 块板清洗一次；无窄间距时，可设置为 20、50 等；也可以不清洗，以保证印刷质量为准。

（6）设置检查频率：设置印刷多少块 PCB 进行一次质量检查，检查时机器会自动停止印刷。

（7）设置印刷遍数：一般为一遍或两遍。

5. 添加锡膏

（1）首次添加锡膏。用塑料铲刀将锡膏沿刮刀宽度方向均匀地添加在模板的漏印图形后面，注意不要将锡膏加在模板的网孔上。锡膏不要加太多，能使印刷时沿刮刀宽度方向形

成 $\phi 9 \sim 15$ mm 的圆柱即可。印刷过程中随时添加锡膏可避免锡膏长时间暴露在空气中吸收水分或因溶剂挥发使锡膏黏度增加而影响印刷质量。

（2）在印刷过程中补充锡膏时，必须在印刷周期结束时进行。

6. 首件试印刷并检验

（1）按照印刷机的操作步骤进行首件试印刷。

（2）印刷完毕，检查首件印刷质量（首件的检测方法与印刷工序中的检测方法是相同的）。

（3）不良品的判定和调整。

7. 连续印刷生产

如果首件检验合格，则可进行 PCB 锡膏的连续印刷生产；若不合格，则进行参数调整或对准图形后，再次进行首件印刷。

8. 检验

由于印刷质量是保证 SMT 组装质量的关键工序，因此必须严格控制锡膏印刷的质量。

有窄间距（引脚中心距 0.65 mm 以下）时，必须全检；无窄间距时，可以定时（如每小时一次）检测或抽样检验。

9. 结束及关机

当完成一个产品的生产或结束一天的工作时，必须将模板、刮刀全部清洗干净。

（1）卸下刮刀，用专用擦拭纸蘸无水乙醇将刮刀擦洗干净，然后安装在印刷头或放回仓库。

（2）清洗模板，一般有以下两种方法：

1）清洗机清洗。用模板清洗设备清洗，效果是最好的。

2）手工清洗。

①用专用擦拭纸蘸无水乙醇将锡膏清除，若网孔堵塞，可用软牙膏配合，切勿用坚硬针处理。

②用压缩空气枪将模板网孔中的残留物吹干净。

注意：拆卸模板和刮刀的顺序为先拆刮刀，后拆模板，以防损坏刮刀。

三、印刷机工艺参数的调节

锡膏是触变流体，具有黏性。当刮刀以一定速度和角度向前移动时，会对锡膏产生一定的压力，推动锡膏在刮刀前滚动，产生将锡膏注入网孔所需的压力。锡膏的黏性摩擦力使锡膏在刮刀与模板交接处产生切变，切变力使锡膏的黏性下降，有利于锡膏顺利地注入网孔。刮刀速度、刮刀压力、刮刀与模板的角度及锡膏的黏度之间都存在一定的制约关系。因此，只有正确地控制这些参数，才能保证锡膏的印刷质量。

1. 刮刀的夹角

刮刀的夹角会影响刮刀对锡膏垂直方向力的大小，通过改变刮刀的夹角可以改变所产生的压力。刮刀与模板的夹角越小，向下的压力越大，容易将锡膏注入网孔中，但也容易使锡膏被挤压到模板的底面，造成锡膏粘连。刮刀夹角的最佳设定值应为 $45° \sim 60°$，此时锡膏有良好的滚动性。目前，自动和半自动印刷机大多采用 $60°$。

2. 刮刀的速度

刮刀的速度与锡膏的黏度呈反比关系，如图 4-17 所示。有窄间距时，速度要慢一些。

速度过快，刮刀经过模板网孔的时间就相对较短，锡膏不能充分渗入网孔中，容易造成锡膏成形不饱满或漏印等印刷缺陷。刮刀速度和刮刀压力存在一定的关系，降速度相当于增加压力，适当降低压力可起到提高刮刀速度的效果。

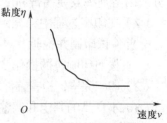

图 4-17 刮刀速度与锡膏黏度的关系

3. 刮刀的压力

刮刀的压力即通常所说的印刷压力，印刷压力不足会引起锡膏刮不干净且易导致 PCB 上锡膏量不足，如果印刷压力过大又会导致模板背后的渗漏，同时也会引起模板不必要的磨损。理想的刮刀速度与压力应该以正好把锡膏从模板表面刮干净为准。

4. 刮刀的宽度

如果刮刀相对于 PCB 过宽，就需要更大的压力、更多的锡膏参与工作，因而会造成锡膏的浪费。一般刮刀的宽度为 PCB 宽度（印刷方向）加上 50 mm 左右。

5. 印刷间隙

采用漏印模板印刷时，通常保持 PCB 与模板零距离，部分印刷机还要求 PCB 平面稍高于模板的平面，调节后的金属模板被微微向上撑起，但此撑起的高度不应过大，否则会引起模板损坏。从刮刀运行动作上看，刮刀应在模板上运行自如，即要求刮刀所到之处锡膏全部刮走，不留多余的锡膏，同时刮刀不应在模板上留下划痕。

6. 脱模速度

锡膏印刷后，模板离开 PCB 的瞬时速度也是关系到印刷质量的参数，其调节能力也是体现印刷机质量好坏的参数，在精密印刷中尤其重要。早期印刷机采用恒速分离，先进的印刷机的模板离开锡膏图形时有一个微小的停留过程，以保证获取最佳的印刷图形。

四、印刷质量的检测方法和缺陷分析

1. 印刷质量的检测方法

对于模板印刷质量的检测，目前采用的方法主要有目测法、二维检测法、三维检测法（自动光学检测 AOI）。在检测锡膏印刷质量时，应根据元器件类型采用不同的检测工具和方法。通常，目测法（带放大镜）适用于不含细间距 QFP 器件或小批量生产的场合，其操作成本低，但反馈回来的数据可靠性低，易遗漏。当印刷复杂 PCB（如计算机主板）时，最好采用基于视觉传感器与计算机视觉技术的视觉检测系统，并最好是在线测试，其可靠性可以达到 100%。

检测原则：有细间距 QFP 时（0.5 mm），通常应全部检查。当无细间距 QFP 时，可以抽检。

检测标准：按照企业制定的企业标准、《表面组装工艺通用技术要求》（SJ/T 10670—1995）或 IPC 标准。

2. 印刷质量的缺陷分析

由锡膏印刷不良导致的常见质量问题有以下几种：

➤ 锡膏不足（局部缺少甚至整体缺少）：将导致焊接后元器件焊点锡量不足、元器件开路、元器件偏位、元器件竖立。

➤ 锡膏粘连：将导致焊接后电路短接、元器件偏位。

➤ 锡膏印刷整体偏位：将导致整板元器件焊接不良，如少锡、开路、偏位、竖件等。

➤ 锡膏拉尖：易引起焊接后短路。

（1）导致锡膏不足的主要原因

1）印刷机工作时，没有及时补充添加锡膏。

2）锡膏品质异常，其中混有硬块等异物。

3）以前未用完的锡膏已经过期，被二次使用。

4）印制电路板质量问题，焊盘上有不明显的覆盖物，例如被印到焊盘上的阻焊剂。

5）印制电路板在印刷机内的固定夹持松动。

6）锡膏漏印模板薄厚不均匀。

7）锡膏漏印模板或印制电路板上有污染物。

8）锡膏刮刀损坏、模板损坏。

9）锡膏刮刀的压力、角度、速度以及脱模速度等设备参数设置不合适。

10）锡膏印刷完成后，被人为因素不慎碰掉。

（2）导致锡膏粘连的主要原因

1）印制电路板的设计缺陷，焊盘间距过小。

2）模板问题，镂孔位置不正。

3）模板未擦拭干净。

4）由于模板问题，使锡膏脱模不良。

5）锡膏性能不良，黏度、坍塌性不合格。

6）印制电路板在印刷机内的固定夹持松动。

7）锡膏刮刀的压力、角度、速度以及脱模速度等设备参数设置不合适。

8）锡膏印刷完成后，被人为因素挤压粘连。

（3）导致锡膏印刷整体偏位的主要原因

1）印制电路板上的定位基准点不清晰。

2）印制电路板上的定位基准点与模板的基准点没有对正。

3）印制电路板在印刷机内的固定夹持松动，定位顶针不到位。

4）印刷机的光学定位系统故障。

5）锡膏漏印模板网孔与印制电路板的设计文件不相符。

（4）导致印刷锡膏拉尖的主要原因

1）锡膏黏度等性能参数有问题。

2）印制电路板与漏印模板分离时的脱模参数设定有问题。

3）漏印模板网孔的孔壁有毛刺。

§4—4 锡膏印刷设备

学习目标

1. 了解常见锡膏印刷设备的名称、类型和应用领域。

2. 熟悉手动锡膏印刷机的结构，掌握其操作方法。

3. 熟悉自动锡膏印刷机的结构。

一、常见锡膏印刷设备

当前，用于印刷锡膏的印刷机品种繁多，若以自动化程度来分类，可以分为手动印刷机、半自动印刷机、全自动印刷机。

PCB 放进和取出印刷机的方式有两种，一种是将整个刮刀机构连同模板抬起，将 PCB 放进和取出，PCB 定位精度取决于转动轴的精度，一般不太高，多见于手动印刷机与半自动印刷机；另一种是刮刀机构与模板不动，PCB 平进、平出，模板与 PCB 垂直分离，故定位精度高，多见于全自动印刷机。

二、手动印刷机

手动印刷机的各种参数与动作均需人工调节与控制，通常仅被小批量生产或难度不高的产品使用，其结构如图 4-18 所示。本节以 Create-MSP 精密锡膏印刷机为例讲解手动锡膏印刷机的结构和操作方法。

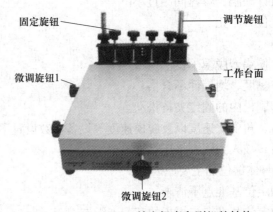

图 4-18 Create-MSP 精密锡膏印刷机的结构

1. 结构

（1）基本结构

1）固定旋钮：用于固定钢制模板。

2）调节旋钮：用于调节钢制模板的高度。

3）微调旋钮 1：当初步对好位后，用此旋钮对左右方向进行微调。

4）工作台面：用于放置待焊接的 PCB。

5）微调旋钮 2：当初步对好位后，用此旋钮对前后方向进行微调。

（2）相关配件

锡膏印刷机的相关配件及其作用如下：

1）胶带：用于将 PCB 固定在托板上。

2）锡膏：用于焊接。

3）刮刀：用于刮锡膏。

4）PCB：待焊接的印制电路板。

5）托板：在使用托板时，把PCB用透明胶带固定在托板上。在初步对位时，可灵活地移动PCB的位置，达到粗调的目的。

6）钢制模板：钢制模板上提供了常用贴片元器件的封装（用户可根据需要定制模板），刮锡膏时用于均匀分配锡膏。

2. 操作方法

（1）安装

将钢制模板安装在Create-MSP精密锡膏印刷机上，用固定旋钮将钢制模板固定在锡膏印刷机上，用调节旋钮调节钢制模板的高度，将钢制模板调到合适的位置。

（2）调试

1）检查钢制模板是否干净，若有锡膏或其他固体物质残留，应用毛巾蘸酒精将残留在钢制模板上的杂物清洗干净。

2）检查锡膏硬度是否适中。检测方法：在钢制模板上选择引脚比较密集的元器件，把锡膏刮在测试板（板子或纸张）上，观察锡膏是否全部漏过钢制模板且均匀地分配在测试板上，若有漏印不通现象，则应调节锡膏硬度，直到锡膏硬度适中为止。

（3）操作

1）贴板。在钢制模板上找到待刮锡膏的PCB上的元器件封装，考虑托板在钢制模板下能够左右灵活移动，将PCB用透明胶带固定在托板上。

2）粗调。将钢制模板放平，通过托板前后左右移动，将PCB上元器件的封装移到钢制模板相应的位置。

3）细调。通过微调旋钮将PCB上的封装与钢制模板上相应的封装调至更精确的位置，使PCB上的焊盘与钢制模板上标准元器件的孔完全重合。

4）刮锡膏

①将重锤放下，压住钢制模板。

②左手扶住钢制模板，右手拿刮刀，使刮刀与钢制模板之间成45°角刮下来。

③将重锤翻过去，左手揭开钢制模板，锡膏就均匀地分配到了PCB相应焊盘上。

三、半自动印刷机

半自动印刷机实际上与手动印刷机类似，如图4-19所示，其PCB的放置和取出仍依赖于手工操作，与手动印刷机的主要区别是印刷头的发展，它们能够较好地控制印刷速度、刮刀压力、刮刀角度、印刷距离以及非接触间距，工具孔或PCB边缘仍被用来定位，而模板系统用以帮助人员良好地完成PCB与模板的平行度调整。

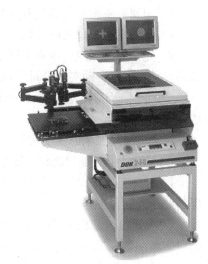

图4-19 半自动印刷机

四、全自动印刷机

1. 全自动印刷机的主要技术参数和结构

全自动印刷机通常装有光学对中系统，通过对PCB和模板上对中标识的识别，可以自动实现模板窗口与 PCB 焊盘的自动对中，印刷机重复精度可达 ±0.01 mm。在配备 PCB 自动装载系统后，能实现全自动运行。但印刷机的多种工艺参数，如刮刀速度、刮刀压力、模板与 PCB 之间的间隙仍需人工设定。图 4-20 所示是两种不同型号的全自动印刷机。

图 4-20　全自动印刷机

（1）主要技术参数

1）最大印刷面积：根据最大的 PCB 尺寸确定。

2）印刷精度：根据印制电路板组装密度和元器件引脚间距的最小尺寸确定，一般要求达到 ±0.025 mm。

3）重复精度：一般为 ±10 μm。

4）印刷速度：根据产量要求确定。

（2）结构

1）夹持 PCB 的工作台：包括工作台面、真空夹持或板边夹持机构、工作台传输控制机构。

2）印刷头系统：包括刮刀、刮刀固定机构、印刷头控制系统等。

3）丝网或模板及其固定机构。

4）光学对中系统：全自动印刷机通常装有光学对中系统，通过对 PCB 和模板上对中标识的识别，可以自动实现模板窗口与 PCB 焊盘的自动对中。

5）为保证印刷精度而配置的其他选件：如干、湿和真空吸擦板系统以及二维、三维测量系统等。

2. 全自动印刷机的主要特征

（1）设计上更加智能化、简单化，可以一键操作，速度也可以自由调节。

（2）具有屏保设计，避免屏幕使用过久而损坏的情况发生，在最大程度上提升了触摸屏的使用时间。

（3）通过内部的系统调节，可以调节出单向印刷和双向印刷的形式。同时，还可以调整出多项的印刷形式，这样就避免了印刷形式的单一，从而迎合多种印刷模式的需求，可以应对每一种印刷需求。

（4）在印刷中最难的是调节正确的位置，全自动印刷机对其刮刀座设计进行了改进，可以实现前后的调节，这样就能在印刷中根据需求来调节，能更好地选择到自己需要的印刷位置。

（5）使用了很好的输出系统，让进入工作区域进行调整有一套完整的系统。通过这样的系统来调整工作的每个环节，能更方便地确保每个工作环节的正常进行，从而达到每个进度都能对号入座。

（6）全自动印刷机具有智能化的特性，能自动地计数，能自动记录生产的数量，从而可计算出生产效率，同时也能根据记录分配工作任务。

实训4　手工锡膏印刷技能训练

一、实训目的

1. 能根据需要领用锡膏印刷所需的元器件、工具和材料。

2. 能利用手动印刷机在实训印制电路板上完成贴片元件的锡膏印刷。

二、实训内容

1. 填写领料单，领取锡膏、刮刀、模板、印制电路板等材料。

2. 操作手动印刷机完成锡膏印刷任务。

（1）搅拌锡膏

锡膏一般放置在冰箱中，用时需取出回温4~8 h，再用锡膏搅拌机搅拌3~4 min，如图4-21所示，开封后用搅拌刀搅匀至稠糊状即可使用。

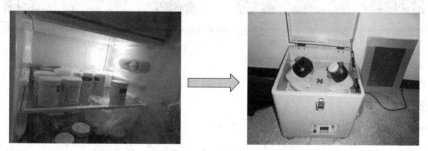

图4-21　从冰箱取出锡膏回温后进行搅拌

（2）安装及定位

1）先用放大镜或立体显微镜检查模板有无毛刺或腐蚀不完全等缺陷。

2）把检查过的模板装在工作台上，拧紧固定模板的螺栓，把需要焊接的印制电路板放在工作台上。

3）移动印制电路板，将印制电路板上一些大的焊盘对准，再用工作台微调旋钮调准。安装及定位的步骤如图4-22所示。

（3）印刷锡膏

1）把锡膏放在模板前端，尽量放均匀，注意不要加在网孔里。

2）用刮刀从锡膏的前面向后均匀地刮动，刮刀角度为45°~60°，刮完后将多余锡膏放回模板前端。

3）抬起模板，将印刷好锡膏的PCB取下来，再放上第二块PCB。

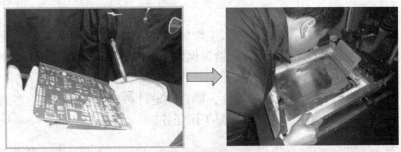

图 4-22 安装及定位

4）检查印刷结果，根据结果判断造成印刷缺陷的原因。

5）印刷窄间距产品时，每印刷完一块 PCB 都必须将模板底面擦洗干净。

印刷锡膏的操作过程如图 4-23 所示。

图 4-23 印刷锡膏的操作过程

（4）完成印刷

完成所有印制电路板的锡膏印刷后，清洗模板，归还工具及未使用完的物料。

三、测评记录

按表 4-7 所列项目进行测评，并做好记录。

表 4-7　　　　　　　　　　　　　测评记录表

序号	评价内容	配分 / 分	得分 / 分
1	能根据需要领用锡膏印刷所需元器件、工具和材料	1	
2	能按要求回温锡膏并完成搅拌	3	
3	能完成印制电路板的安装与定位	2	
4	能在印制电路板上完成贴片元器件的锡膏印刷	3	
5	成果符合印刷工艺要求	1	
总　分		10	

思考与练习

一、填空题

1. 表面组装技术主要包括锡膏印刷、＿＿＿＿＿＿＿、＿＿＿＿＿＿三大工艺。

2. 锡膏主要由合金粉末和_____组成,锡膏中合金粉末与助焊剂的体积之比约为_____,其中合金粉末占总质量的 85%~90%,助焊剂占 15%~10%,即质量之比约为_____。

3. 助焊剂通常主要由松香(或非松香型合成树脂)、_____、成膜剂、_____和_____等组成。

4. 锡膏印刷有滴涂式、丝网印刷和_____三种方法。

5. 模板的厚度、_____以及壁的表面质量都将直接影响模板的印刷质量。

二、简答题

1. 漏印模板印刷法的基本原理是什么?

2. 画出全自动印刷工艺流程图。

3. 影响锡膏印刷质量的主要因素有哪些?锡膏黏度对印刷质量有什么影响?

4. 分析锡膏印刷常见的质量问题,并分析解决方法。

第五章　SMT 贴片工艺与设备

贴装 SMC/SMD 是表面组装工序中的关键环节。本章主要介绍贴片的常用方法和工艺流程、手工贴装工具及操作方法、自动贴片设备及工艺流程、贴片机的编程方法、贴片质量控制及分析等。

§5—1　手工贴片工艺和操作流程

学习目标

1. 了解贴片的常见方法和工艺流程。
2. 熟悉手工贴装工具，掌握手工贴装操作方法。
3. 熟悉手工贴片的注意事项。

贴片是指在 PCB 上印好锡膏或贴片胶后，按照元器件清单，将表面组装元器件贴装在印制电路板相应的焊盘上。

一、贴片的常见方法和工艺流程

1. 常见的贴片方法

常见的贴片方法主要有手工贴装、半自动贴装和全自动贴装。

（1）手工贴装是指手动将贴片元器件贴放在 PCB 焊盘上，主要用于单件研发、返修过程或元器件较少的场合。

（2）半自动贴装是指借助返修装置等工具设备，对一些微型化或引脚间距较小的芯片进行贴装。

（3）全自动贴装是指在 SMT 生产线中，利用全自动贴片机对元器件进行自动贴装，主要用于大批量生产、对贴装精度及生产效率有较高要求的场合。

2. 贴片工艺流程

贴片的工艺流程主要包括贴装前准备、首件试贴及检测、连续贴装、贴装后质量检测。

（1）贴装前准备：贴装前准备主要包括元器件、PCB 的核对及检验，工具的准备，设备的开机检查，程序的编辑等。

（2）首件试贴及检测：首件试贴、检测非常重要，是指对所贴元器件型号、方向、规格进行检查，以保证后续连续贴装的正确性。一般每班、每批次都要进行。

（3）连续贴装：首件检测合格后，根据要求进行大批量生产。

（4）贴装后质量检测：批量生产工程中，对贴装后产品进行定时检测、抽样检测，对引脚间距较小的芯片有时需要进行全检。

二、手工贴装工具及操作方法

1. 手工贴装工具

手工贴装工具主要包括防静电工作台、防静电腕带、不锈钢镊子、真空吸笔、台灯放大镜、显微镜等，见表5-1。

表 5-1 　　　　　　　　　　　　　　　　手工贴装工具

名称	图片	名称	图片
防静电工作台		防静电腕带	
不锈钢镊子	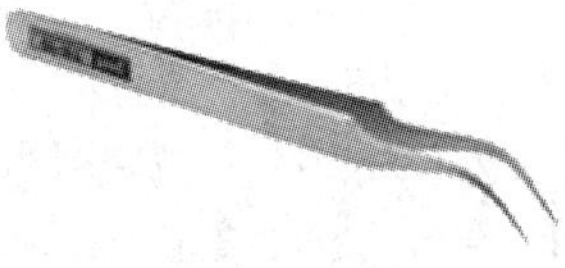	真空吸笔	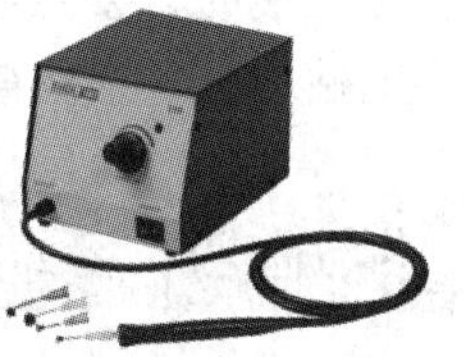
台灯放大镜		显微镜	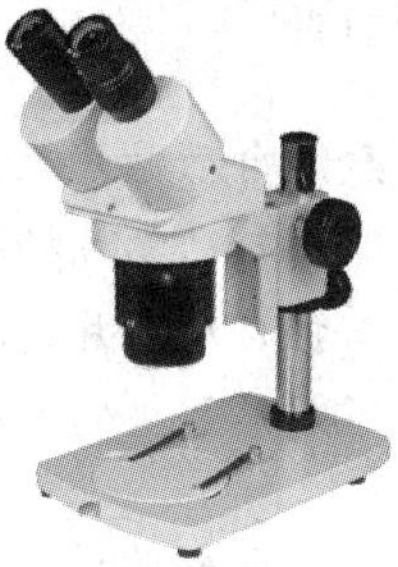

2. 手工贴装操作方法

贴片元器件封装类型不同，手工贴装方法也不同。

（1）片式元器件的贴装

散件可以采用镊子夹持元器件，编带包装可采用真空吸笔吸取元器件，将元器件焊端对准 PCB 相应焊盘，轻轻按压，使元器件焊端浸入锡膏。

（2）SOT 封装元器件的贴装

用镊子或真空吸笔夹持元器件并注意方向，将元器件焊端对准 PCB 相应焊盘，轻轻按压，使引脚浸入锡膏（约 1/2 高度）。

（3）翼形引脚封装 IC 的贴装

如 SOP、QFP 封装元器件等，用同样方法夹持器件，将器件 1 号引脚或定位标记对准 PCB 上定位标记，然后对准其余引脚，轻轻按压，使引脚浸入锡膏（约 1/2 高度），若引脚间距小于 0.65 mm，则需在台灯放大镜或显微镜下操作，确保对正、对准。

（4）J形引脚封装 IC 的贴装

如 SOJ、PLCC 封装元器件等，与 SOP、QFP 封装元器件的贴装方法相同，但由于 J 形引脚在器件底部，故需将器件倾斜检查是否对中。

（5）BGA 封装 IC 的贴装

BGA 封装 IC 的引脚为球形引脚并且在器件底部，贴装完成后，需通过 X-ray 检测设备进行检测，判断是否对中。

三、手工贴片的注意事项

手工贴装前需检查所贴装元器件引脚及 PCB 焊盘是否被氧化，并且做好清洁，以免影响后续焊接质量。手工贴装多用于返修过程，返修更换新的贴片元器件时，一定要采用电烙铁、吸锡器、吸锡带等将焊盘上多余焊料清除，清除时要多加小心，防止高温环境损坏焊盘、其他元器件或印制电路板。一般情况下，对于清理好的焊盘要涂抹助焊剂，并采用简易印刷工具手动印刷锡膏。

手工贴装时，要熟练掌握镊子或真空吸笔的使用，要注意元器件的贴装方向和贴装位置。手工贴装后注意检查贴装质量。

§5—2　自动贴片工艺及设备

学习目标

1. 熟悉自动贴片工艺流程及注意事项。
2. 熟悉自动贴片机的结构、分类及技术指标。
3. 掌握自动贴片机的编程方法。
4. 了解贴片机的发展趋势。

一、自动贴片的工艺流程和注意事项

1. 自动贴片的工艺流程

全自动贴片机的贴片工艺流程，根据贴装产品的不同会有所不同，主要区别在于程序的编辑。

对于新产品的贴装，由于贴片机没有相对应的程序，需要根据新产品 PCB 的 CAD 文件在计算机上进行离线编程并在贴片机上进行在线编程，形成完整的贴装程序。贴装程序包含拾片程序和贴片程序两部分。

对于原有产品的贴装，由于为生产过的产品，所以贴装程序已有存储，只需调用，但程序仍需要核查，防止调用错误。全自动贴装工艺流程如图 5-1 所示。

（1）文件准备

根据已知的 CAD 文件，生成 PCB 贴装所需要的文件，如 BOM 文件等，方便离线编程确定每个元器件的大小、封装、坐标等信息。

（2）离线编程

根据已知的 CAD 文件，应用自动编程优化软件进行离线编程，快速获取 PCB 所需元器

件种类和封装、吸嘴大小、坐标、偏转角度，再增加每种元器件供料位编号等，就可完成贴片编程。

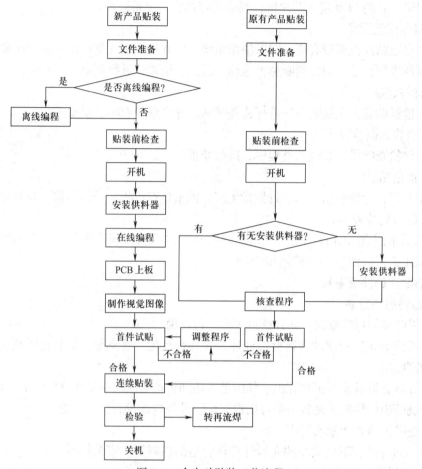

图 5-1　全自动贴装工艺流程

（3）贴装前检查

1）元器件检查：根据贴片质量要求，检查元器件。

2）贴片机状态检查：检查空气压缩机、干燥机是否打开，工作是否正常；检查贴片机气压是否满足贴片要求，即大于 0.6 MPa；检查贴片机内部有无影响贴装的杂物，将元器件料带安装在合适供料器上，放于料车待用。

（4）开机

按照贴片机贴装工艺文件正确开机，完成设备初始化；调整导轨宽度大于 PCB 宽度 1 mm，使 PCB 滑动自如；在导轨中间放置顶针，保证贴装时 PCB 受力均匀，不松动。

（5）安装供料器

根据程序设置，确认每个元器件所在的供料位，从料车取出供料器进行安装，安装完毕，通过视觉系统检查贴片是否准确。

（6）在线编程（程序调用）

编辑新的程序或调用现有程序，包含拾片程序和贴片程序。或将离线编辑好的程序载入贴片机的计算机，再根据实际印制电路板设置供料位和所用贴装头。

（7）PCB 上板

推送印刷之后的 PCB 进入贴片机，到达指定位置，准备贴装。

（8）制作视觉图像

目前，多数贴片机都带有视觉图像制作系统，以方便识别元器件贴装是否准确。对 PCB 上每个元器件进行视觉对中，判断是否准确，若出现偏差，进行调整。

（9）首件试贴

为防止批量贴装出现缺陷，先进行首件试贴，并详细检查贴装质量。

（10）检验并调整程序

根据首件检查结果，在线调整程序，进行修正。

（11）批量贴装

若试生产后，检验合格，则进行批量生产。批量生产过程中进行抽检，并及时修正。

（12）贴装后检验

贴片机后常配有 AOI 检测设备，用来确保 PCB 进入再流焊机之前，所有元器件贴装准确。经常采用人工检测与 AOI 检测相结合。

2. 自动贴片的注意事项

（1）贴装前注意事项

1）根据贴装领料明细表，认真核对领料是否正确。

2）对所用 PCB、元器件进行检查处理，看是否氧化、受潮等，若氧化需更换，若受潮需做烘干处理。

3）检查贴装设备能否正常开机，气压是否达到设备要求，一般为 0.6 MPa 以上。

4）开机后确保导轨、贴装头等可正常移动，设备内部没有任何杂物。

5）检查吸嘴是否堵塞或气压不足。

6）为不同种类、不同大小的元器件选择合适的供料器，安装供料器，注意必须安装到位，检查无误后方可试贴。

（2）贴装过程中的注意事项

1）严格按照设备安全操作规程开机检查后，方可进入正常运行状态。

2）调整合适的导轨宽度，确保 PCB 可以自由滑动，并做好 PCB 定位。防止贴装时由于贴装头压力改变而导致 PCB 松动。

3）若生产原有产品，要确保所选程序正确，并根据工艺文件进行元器件校对，防止贴装错误。若贴装新产品，编程时需注意元器件吸嘴选择要合适，以保证贴装效率。

4）大批量贴装前，需进行首件试贴，经检测无误后才可进行大批量贴装。

5）贴装过程中要注意抛料数据，若超出正常值，则检查所选元器件是否符合要求，或进一步优化程序。

6）贴装压力不可过大也不可小，防止出现贴装缺陷。

（3）贴装后注意事项

检查贴片是否准确，有无立片、反向、漏贴等，总结归纳贴片过程遇到的问题，提高贴片效率。

二、自动贴片机的分类和特点

1. 贴片机分类

贴片工序是整个 SMT 生产线中非常重要的环节，同时贴装设备也是整个 SMT 生产线设备中投资比重最大的设备。目前，在电子产品制造行业中，贴片元器件主要采用全自动贴片机进行贴装。全自动贴片机主要有以下几种分类方式：

（1）按照贴装速度分

自动贴片机根据贴装速度不同，可分为低速贴片机、中速贴片机、高速贴片机和超高速贴片机。低速贴片机每小时贴片数少于 3 000，一般只适用于产品试生产、开发以及贴装特殊的异形器件。中速贴片机每小时贴片数为 3 000～10 000，适用于多数的 SMC/SMD 贴装，贴装精度高，功能完善，由于其性价比合适，多用于中小批量生产。高速贴片机每小时贴片数为 10 000～40 000，贴装速度快，适用于大型订单批量生产，生产效率高，主要用于贴装片式电阻、电容、小的 SMD。超高速贴片机每小时贴片数大于 40 000，也主要用于贴装片式电阻、电容等小型元件，但其生产效率超高，主要由贴片机的贴装头结构决定。

（2）按照贴片机的功能分

自动贴片机按照功能不同，可分为高速贴片机和多功能贴片机。高速贴片机主要用于贴装小的片式电阻、电容、电感等元器件，多功能贴片机主要用于贴装大的 IC 以及异形器件。因此，一条生产线上至少要有一台高速贴片机和一台多功能贴片机才可实现快速大批量生产。目前，贴片机的发展已逐步实现两台机功能兼容，即一台贴片机可以贴装任何种类元器件。

（3）按照贴片机内部结构分

自动贴片机按照内部结构不同，可分为拱架式贴片机、转塔式贴片机和模块机。

1）拱架式贴片机。根据贴装头结构不同，拱架式贴片机可分为动臂式和垂直旋转式两种。如图 5-2 所示为动臂式结构的拱架式贴片机，常见的为六头丝杆贴装头，PCB、供料器固定，贴装头可在 X、Y 方向上移动，吸嘴丝杆可在 Z 方向上移动，保证贴装头可以到达设备范围内 X-Y 平面的所有位置，完成更换吸嘴、取料、贴装、抛料等工序。PCB 识别摄像机和元器件识别摄像机保证元器件可以准确贴装。如图 5-3 所示为垂直旋转式结构的拱架式贴片机，采用垂直旋转贴装头，PCB、供料器固定，设备内部多用两组贴装头，一组吸取，一组贴装，同时进行。贴装头可在 X、Y 方向上移动，完成所有贴装工序。

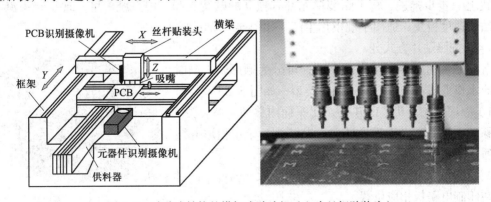

图 5-2 动臂式结构的拱架式贴片机（六头丝杆贴装头）

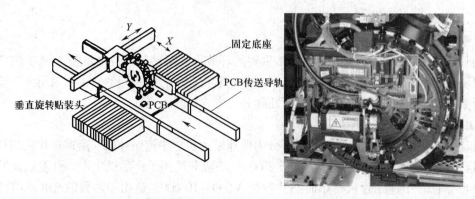

图 5-3　垂直旋转式结构的拱架式贴片机（垂直旋转贴装头）

拱架式贴片机结构简单、精度高，适合于各种外形和大小的元器件，一般为中速贴片机和多功能贴片机。

2）转塔式贴片机。转塔式贴片机如图 5-4 所示，也称为水平旋转贴片机或射片机，其特点是速度快、精度高，多用于贴装小型片式及圆柱形元件，一般为高速贴片机和超高速贴片机。其 PCB、供料器可移动，水平转塔固定旋转，可实现同时吸片、贴片、更换吸嘴、供料器移动、PCB 移动、元件识别校正等动作，大大节省了贴装时间，适用于大批量生产。

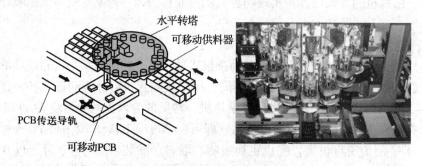

图 5-4　转塔式贴片机（水平旋转贴装头）

3）模块机。模块机是将整个印制电路板分模块，由小的贴装单元分别负责，在机器内部导轨上一步步推进，每个贴装单元都有独立的贴装头和对中系统，可实现贴装头流水作业，贴装速度极快，适用于规模化生产。如图 5-5 所示为模块机。

（4）按照贴片方式分

自动贴片机按照贴片方式不同，可分为顺序式、同时式、流水作业式和顺序同时式四种类型，如图 5-6 所示。

1）顺序式贴片机。PCB 在 X-Y 平面内移动，贴装头 Y 方向移动，PCB 移动对准贴装头，贴装头一个个拾取并贴装，适用于小型电路。

2）同时式贴片机。多个贴装头同时拾取元器件，同时贴装在印制电路板相应位置。

图 5-5　模块机

3）流水作业式贴片机。多个贴装头组成流水线，印制电路板在导轨上向前移动。

4）顺序同时式贴片机。PCB 在 X–Y 平面内移动，贴装头 X–Y 方向移动，两者可同时移动，实现准确快速贴装。

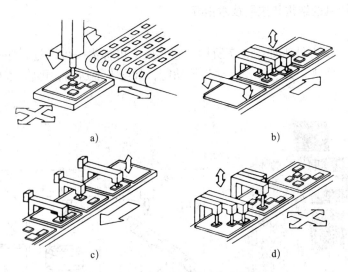

图 5-6　贴片机按照贴片方式分类

a）顺序式　b）同时式　c）流水作业式　d）顺序同时式

（5）按照价格分

自动贴片机按照价格不同，可分为低档、中档和高档贴片机。

（6）按照综合因素分

自动贴片机综合各项因素，可分为小型机、中型机、大型机。各种类型供料器、贴装头的规模也不同。

2. 贴片机的特点

全自动贴片机与手动贴片机及半自动贴片机相比，优点如下：

（1）节省人力

利用手动及半自动贴片机贴装时，每一块印制电路板都需要人工辅助操作，而全自动贴片机组装在生产线中自动运行，只需要人工补充料带及编程。

（2）贴装速度快

全自动贴片机采用多个贴装头，可实现拾取、校正、贴装、更换吸嘴等同时进行或多个贴装头交替贴装，大大节省了贴装头移动时间，贴装速度可达每小时 40 000 只以上，如 Philips 公司的 AX-5 型贴片机最多有 20 个贴装头，可实现每小时 150 000 只的贴装速度。

（3）贴装精度高

贴片机是在印刷机之后进行贴装，通过编程已对元器件贴装坐标做了精确定位，同时全自动贴片机内部视觉对中系统，会对元器件进行及时校正，实现高精度贴装。

（4）适用范围广

全自动贴片机既适用于贴装中小型印制电路板，也适用于贴装大型印制电路板，通常用于规模化大批量生产，而手动贴片机及半自动贴片机通常用于试产、研发和维修。

目前，使用较多的贴片机品牌有松下 Panasonic（日本）、富士 FUJI（日本）、雅马哈 YAMAHA（日本）、重机 JUKI（日本）、西门子 SIEMENS（德国）、环球 Universal（美国）、索尼 SONY（日本）、三星 SAMSUNG（韩国）、安比昂 Assembleon（荷兰）等。

三、自动贴片机的结构和主要技术指标

1. 结构

自动贴片机的整机外观如图 5-7 所示。它实质上可称为一种通过程序控制的工业机器人。工作过程中可实现拾片、校正、贴片等功能，如图 5-8 所示，可将 SMC/SMD 准确地贴装在相应焊盘上。

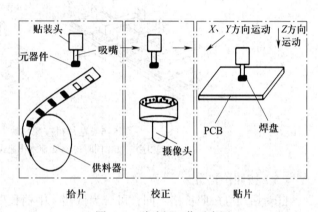

图 5-7   自动贴片机整机外观　　　　　　图 5-8   贴片机工作示意图

自动贴片机主要由设备框架、计算机控制系统、光学检测与视觉对中系统、定位系统、传感设备、传送导轨、贴装头、吸嘴、供料器等组成。

（1）设备框架

贴片机的设备框架一般采用铸铁件制造，以保证设备运行中振动小、精度高。

（2）计算机控制系统

贴片机能够有序运行的核心是计算机控制系统。它采用 Windows 操作界面，直观易操作，通过在线或离线编程实现贴片机的自动运行，计算机也用于实现人机对话。

（3）光学检测与视觉对中系统

光学检测与视觉对中系统的主要功能在于保证元器件可以准确贴装在指定的焊盘上，实现高精度贴装。主要分为对 PCB 位置的确认和对元器件的确认两部分。

1）对 PCB 位置的确认过程。PCB 通过传送导轨进入贴片机，当到达贴片位置时，安装在贴装头上的俯视摄像机，首先识别 PCB 定位标识，确认 PCB 位置，反馈给计算机，计算位置偏差，然后反馈给控制系统，同时进行位置修正，使贴装头可准确贴装。

2）对元器件的确认过程。贴装头从供料器吸取元器件之后，移动到仰视摄像机位置，对元器件外形进行成像并传输给计算机，计算机分析元器件外形、尺寸、中心点，并与编程数据进行比较，计算偏差，若外形错误则抛料，若存在偏差则修正，最后贴装头移动到相应焊盘上方，准确贴装。

目前应用比较广泛的贴片机，由于贴装头的构造不同，视觉对中系统的摄像机位置也不同。有些贴片机的仰视摄像机也装在贴装头上，通过平面镜反射实现元器件图像采集，同时为提高贴装效率，已经实现在贴装头移动过程中对元器件进行校正，可节省时间，提高效率。如图 5-9 所示为视觉对中系统示意图。

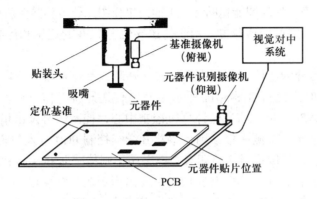

图 5-9　视觉对中系统示意图

（4）定位系统

在贴片机工作过程中，定位系统需要完成贴装头定位、元器件定位、吸嘴定位等，主要可分为贴装头 X-Y 平面定位、Z 轴方向定位以及偏转角度定位三种。

1）贴装头 X-Y 平面定位系统主要包括 X-Y 传动机构和 X-Y 伺服系统。以动臂式结构的拱架式贴片机为例，贴装头安装在 X 轴导轨上，可在 X 轴方向移动，X 轴导轨沿着 Y 轴导轨运动，从而实现贴装头在 X-Y 平面贴装，如图 5-10 所示。若为垂直旋转式结构的拱架式贴片机，则增加垂直转盘的旋转，定位吸嘴的位置。实际工作中，由 X-Y 交流伺服电动机驱动 X-Y 传动机构运动，配合位移传感器实现精确定位。

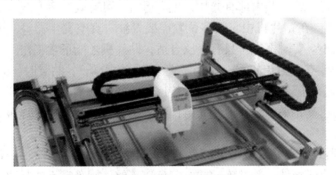

图 5-10　X-Y 平面定位

2）Z 轴方向定位并不是指贴装头在 Z 轴方向移动，而是指吸嘴和与吸嘴相连的丝杆在贴片时，上下运动将元器件贴装在焊盘上，不同的 PCB、不同的元器件厚度决定 Z 轴方向的定位设置。

3）偏转角度定位是指 Z 轴的旋转定位。贴装过程中，吸嘴吸取元器件后，经成像采集，若检测存在角度偏转，则在贴装头内部已安装好的微型脉冲电动机直接驱动吸嘴装置旋转，校正元器件的偏转。例如，松下 MSR 型贴片机通过高精度的谐波驱动器，直接驱动吸嘴旋转校正元器件方向，实际分辨率可高达 0.002 4°/ 脉冲。

（5）传感设备

自动贴片机中所使用的传感设备种类繁多，如位置传感器、压力传感器、负压传感器、激光传感器、图像传感器、区域传感器等，不同的传感设备功能也不同，运行中通过传感设备时刻监视贴片机的状态，实现智能化贴装。下面简单介绍几种传感器在贴片机运行中的功能。

1）位置传感器。位置传感器主要用于传送导轨上 PCB 的定位和计数、贴装头的定位、安全检测等。

PCB 传送导轨可分为三段，分别为入板段、贴装段和出板段。每段上都安装有位置传感器用于检测 PCB 的位置。如图 5-11 所示为 PCB 传送导轨工作过程。在入板段，当传感器 A 检测到有板进入时，传送信息给计算机控制中心，控制中心发出指令驱动入板段传送带转动，若此时传感器 C 检测无板，则传感器 B 继续控制 PCB 进入贴装段，直到传感器 C 位置停下，准备贴装；若传感器 C 检测有板在贴装，则传感器 B 控制 PCB 在此位置停下等待，直到贴装位 PCB 被送出。当贴装完成时，发出指令驱动贴装段、出板段传送带转动送出 PCB，若传感器 D 检测出口 PCB 堵塞，则贴装完成，PCB 将在贴装位等待，直到被传送出贴片机。

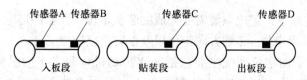

图 5-11　PCB 传送导轨工作过程

在贴片机内部四角，还安装有防止贴装头撞击设备内壁的传感器，以保证贴装头安全运行。在贴片机顶盖开口处及内部部分位置安装有传感器，用于检测贴片机是否为开盖状态，开盖时贴装头不运行，若检测内部有异物，也不运行，可有效避免安全事故发生。

2）压力传感器。在贴片机中，很多位置需要气缸、真空发生器等，因此，需要有压力传感器监测气压大小，实时报警。只有气压合适，贴片机才能正常工作。

贴装头上也安装有压力传感器，用于实现"Z 轴软着陆"。贴装时，元器件接触 PCB 的瞬间，会产生振动，传感器检测并将该信号传递给控制中心，再发出指令到贴装头，控制贴装头向下的压力和速度，平稳轻巧地使元器件浸入锡膏，为后续再流焊做好准备，避免焊接缺陷。

3）负压传感器。自动贴片机的吸嘴靠负压从供料器吸取元器件。只有存在一定大小的负压，吸嘴才能吸取元器件，并准确贴装。若负压不够，则吸嘴无法吸取元器件，或吸取后运动过程中，元器件脱落，造成漏贴。负压传感器可检测到负压的变化，从而判断元器件吸取状态。随着负压传感器的微型化，现已可直接安装在贴装头上。

（6）传送导轨

传送导轨是形成自动生产线必须具备的部件，在整个 SMT 生产流程中，PCB 经传送导轨从上板机进入印刷机，再进入贴片机、再流焊机，从下板机出去，完成整个贴装过程。传送导轨可根据 PCB 的宽度进行宽度调节，可根据 PCB 长度确定传感器位置。

（7）贴装头

贴片机等次不同、结构不同、贴装速度不同，所采用的贴装头也不同。主要有以下几种：

1）丝杆式贴装头。丝杆式贴装头早期以单杆为主，由贴装头主体、吸嘴、Z 轴和偏转角运动系统组成。贴片过程中，在 X-Y 传动系统上运动，经历吸片、对中、贴片过程，每次只能贴一个元器件，速度慢，后逐渐被多杆所取代。通用型贴片机通常采用六杆平动结构，并改进了光学对中系统。贴片过程中，经历六次吸片、光学对中、六次贴片过程，贴装速度可达 30 000 片 /h，通用型价格较低，可多台组合工作。如图 5-2 所示为六头丝杆贴装头。

2）垂直旋转式贴装头。如图 5-3 所示，此类贴装头一般包含 6～30 个吸嘴，贴装时贴装头先移动到供料器位置，依次吸取元器件，然后返回贴装位，返回过程中通过光学检测对中系统对元器件进行校正，到达贴装位后依次贴装。此类贴装头多用于高速贴片机，内部有两组或四组贴装头，一组吸取，一组贴片，同时进行，大大提高了贴装速度。新型的西门子贴片机为提高贴装速度，对贴装头进行改进，出现了带倾斜角的旋转贴装头。

3）转塔式贴装头。如图 5-4 所示，也称为水平旋转式贴装头。转塔式贴装头是将多个贴装头组合成一个整体，每个贴装头有多个吸嘴，一般有 12～24 个，每个贴装头有 5～6 个吸嘴，既可以用于高速贴片机，也可用于多功能贴片机。每个位置功能分配清晰，有吸片位、更换吸嘴位、校正位、贴片位等，如图 5-12 所示。贴装头固定旋转，不可移动，供料器、PCB、吸嘴架等在水平面内移动，以适应贴装头对元器件的吸取、贴放和吸嘴更换。在贴片过程中，由于各步骤同时进行，可节约时间，贴片速度得到大幅提高。

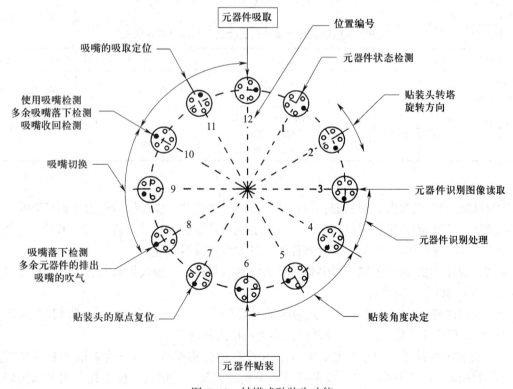

图 5-12 转塔式贴装头功能

对于不同封装的元器件，转塔式贴装头运行速度也不同。对于片式电阻、电容、电感等，一般采用全速贴装；对于大的片式元器件和 PLCC、QFP 等封装 IC，转塔需整体降速，以适应大元器件的贴装。

目前，市面上主流贴片机的贴装头主要有以上三种，有些品牌的贴片机为提高贴装效率，也采用组合式贴装头，即丝杆平动式和转动式贴装头组合。

（8）吸嘴

吸嘴外形如图 5-13 所示，其安装在贴装头上，用于吸取和贴放元器件，是贴片机工作的核心。一般贴装头吸嘴贴放元器件时，主要依据 PCB 及元器件厚度来设置 Z 轴下降高度，但常存在误差。现在普遍采用的贴片机都在贴装头安装了压力传感器，以实现"Z 轴软着陆"，提高贴装准确率。吸嘴分为不同型号，不同型号吸嘴直径不同，对应可吸取的元器件尺寸也不同。三星贴片机吸嘴型号与吸嘴孔直径及元器件尺寸的对应关系见表 5-2。

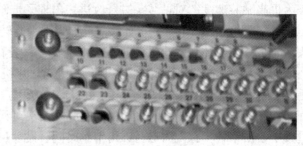

图 5-13　吸嘴及吸嘴更换槽

表 5-2　　　　　　　　　　三星贴片机吸嘴型号与吸嘴孔直径及元器件尺寸对应表

吸嘴型号	CN020	CN030	CN040	CN065	CN140	CN220	CN400	CN750	CN110
吸嘴孔直径 /mm	0.18	0.28	0.38	0.65	1.4	2.2	4.0	7.5	11
元器件尺寸	0201	0402	0402、0603	0402、0603、0805、1206、二极管、三极管	用于贴装 IC 或大体积的异形元器件，根据尺寸的大小选择				

（9）供料器

供料器也称为送料器、喂料器、飞达（feeder），SMT 贴片机根据编程指令到指定的位置拾取元器件，然后到指定位置进行贴装。不同的元器件根据大小、封装、厂家不同，包装形式也不同。贴片机上专门用来安装元器件的位置称为供料器位置。

根据元器件包装形式不同，供料器可分为管状供料器、托盘式供料器、带状供料器以及散装供料器，如图 5-14 所示。

1）管状供料器。适用于安装管式包装的元器件，一般 PLCC 用这种方式供料，易于保护 IC 引脚，但稳定性较差、生产效率低，多为机械式驱动。

2）托盘式供料器。用于安装大的 IC，在托盘中分格摆放，可分为单层式和多层式两种，元器件较少时可用单层式，较多时可多层叠加放置，使用自动传送托盘的方式实现供料，一般 QFP、BGA、SOP 封装元器件采用这种方式供料，多为电驱动。

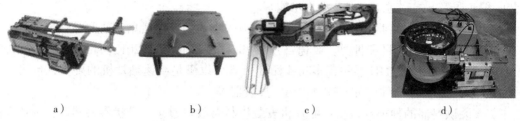

a)   b)   c)   d)

图 5-14　常见的供料器种类

a) 管状供料器　b) 托盘式供料器　c) 带状供料器　d) 散装供料器

3）带状供料器。主要用于安装编带包装元器件，一般片式元器件、SOT 封装元器件和圆柱形封装元器件采用这种方式供料，有气压驱动、电驱动等形式，电驱动精度更高。

4）散装供料器。用于盛放散装元器件。散装供料器配有振动系统，可将盘中元器件通过振动平整排列，送入贴片机，易于贴装头吸取。一般无极性矩形和圆柱形元器件采用这种供料方式，多采用机械式驱动。

2. 主要技术指标

一台贴片机的档次分类主要取决于贴片机的三个主要技术指标：贴装精度、贴片速度和适应范围。

（1）贴装精度

贴装精度体系主要包含贴装精度、分辨率和重复精度三个方面。三者之间相互关联。

1）贴装精度是指单次贴装时元器件相对焊盘的水平偏移及旋转偏移。一般要求 SMC 精度达到 ±0.1 mm，高密度、窄间距精度达到 ±0.06 mm。

2）分辨率是指贴片机能够分辨的最近两点之间的距离。分辨率用来度量贴片机运行的最小增量，是衡量设备精度的重要指标。

3）重复精度也称为可重复性，是指贴装头重复返回标定点的能力，也可定义为贴装不同元器件在不同 PCB 同一地点的偏差。

从根本上说，贴片机的 X、Y 轴导轨和 Z 轴的移动、旋转都有重复精度，它与贴装精度、分辨率一起，最终决定贴片机的整体贴装精度。

（2）贴片速度

贴片速度受诸多因素的影响，如元器件数量、PCB 设计方案、贴片机的种类等。一般高速贴片机速度约为每片 0.2 s，超高速贴片机最高速度可达每片 0.06 s，多功能贴片机为保证精度和满足元器件形状各异的要求，一般设定为中速机，为每片 0.3 ~ 0.6 s。

反映贴片速度的三个重要指标分别为贴装周期、贴装率和生产量。贴装周期指完成一个贴装过程所用的时间，包含拾片、定位、校正、贴片、返回五步。贴装率是一小时内完成的贴装周期数，即一小时贴装的元器件数量，高速贴片机可达每小时十几万片。生产量可由贴装率乘以贴装时间求得，但生产中停机、更换料带等会影响生产量计算结果，与时间生产量一般不符。

贴装速度与贴装精度相互制约，一般高速贴片机往往以牺牲精度为代价。

（3）适应范围

贴片机的适应范围包括贴片机可贴装的元器件种类、可安装的供料器种类和数目、最大贴装面积、调整方式、对中方式、编程功能等。

1）可贴装元器件种类：影响贴装元器件种类的主要因素包括贴装精度、贴装工具、对中系统以及供料器的数目和种类。高速贴片机可以贴装 01005、0201、0402 等 SMC 元件以及 SOT–23 封装的小型 SMD 器件，多功能贴片机既可以满足高速贴片机的要求，也可以贴装大型的 SMD 和异形器件，如 QFP、BGA、连接器等。

2）安装供料器的种类和数目：贴片机安装供料器数目通常以带状供料器数目为依据进行统计。高档贴片机的供料器位多于中档、低档贴片机，如四贴装头组合贴片机。一般高速贴片机供料位大于 120 个，多功能贴片机为 60～120 个。同时，贴片机是否可实现管式供料、散装供料和托盘式供料也表征贴片机的适应范围。

3）最大贴装面积：是指贴装头最大可运行的 X–Y 面积，即可贴装的 PCB 最大尺寸。一般最小为 50 mm×50 mm，最大应大于 250 mm×300 mm。

4）调整方式：是指在生产线更换贴装产品类型时，贴片机是否可以顺利调整以适应新的贴装。高档贴片机一般采用编程方式调整。

5）对中方式：元器件贴装过程中的对中方式有机械对中、全视觉对中、激光对中、混合对中等，其中全视觉对中精度最高。对中方式决定了贴片机的精度级别，是否适合贴装高精度、窄间距元器件。

6）编程功能：贴片机编程有在线编程和离线编程两种方式。编程方式的单一或多样也反映了贴片机适应范围大小。

四、贴片机编程的两种常见方式

贴片机程序包括拾片程序和贴片程序两部分。拾片程序用于告诉贴装头在哪里拾取元器件、拾取哪些元器件、采用什么封装、使用哪种吸嘴、在哪里更换吸嘴、在哪个供料位、拾片高度是多少、在哪里抛料等。贴片程序用于告诉贴装头贴装在哪里、贴片角度和高度是多少、使用几号贴装头等。

贴片机编程是指按照规定的格式或贴片机可识别的语言编写一系列指令，使贴片机可依照指令完成 PCB 上元器件的贴装。这些指令的编程方法有离线编程和在线编程两种。

1. 离线编程

大多数贴片机都配有离线编程功能，离线编程一般是在有 CAD 文件的基础上进行的。离线编程就是利用 CAD 生成的 PCB 层文件及 BOM 文件和自动编程优化软件在计算机上进行程序编制。通过各文件和编程软件的结合，可以快速获取 PCB 所需元器件种类、封装、吸嘴大小、坐标、偏转角度，再增加每种元器件供料位编号等，就可完成贴片编程的主要内容。用到的软件有 CAD 绘图软件、GC–2000 软件等。离线编程减少了生产线停机时间，大大提高了生产效率。

离线编程的步骤如图 5–15 所示。

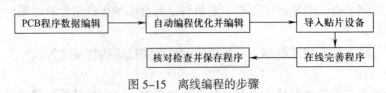

图 5–15　离线编程的步骤

2. 在线编程

对于没有配备 CAD 文件的产品，可采用在线编程。在线编程是在 SMT 生产线中，对贴片机停机，应用贴片机上自带的计算机对 PCB 上的每一个元器件进行定位，规定吸嘴，确定供料位，在计算机中的贴片机应用程序上输入相关的数据及编号。可采用示教编程和手动输入编程两种方式。

（1）示教编程

有些贴片机带有示教盒，可采用示教编程。示教编程是贴片机编程中最简单的编程方法，即应用示教盒移动摄像头到 PCB 上，确定每个元器件的坐标，再手动输入元器件的其他信息。按照步骤可分为拾片示教、贴片示教。

1）拾片示教：选择一种类型元器件，确定好吸嘴，用示教盒控制贴装头移动到相应供料器位置，下降吸取元器件，记录下 X、Y、Z 等坐标信息以及校正方式。

2）贴片示教：取料校正完成后，用示教盒将元器件移动到相应贴装位置，下移贴装，记录下 X、Y、Z 等坐标，完成示教。

贴装顺序优化可通过贴片机自带优化软件实现。

（2）手动输入编程

每种贴片机都可手动输入编程。

1）拾片程序对每种元器件主要输入：元器件名（包含元器件种类、大小）、拾片位置（供料器位号）、修正值、供料器规格、吸嘴型号、元器件包装形式、元器件的有效性（有些元器件暂不贴）、报警数等。

2）贴片程序对每个元器件主要输入：PCB 基准标识、某元器件基准标识、元器件名称（如 0805R 1K）、位号（如 R1）、型号、规格、贴装中心坐标、旋转角度、选用的贴装头号、跳步等。

在线编程应注意以下几点：边编程边保存，防止误操作或停电丢失；可按照 PCB 排布逐个输入编程，防止漏件；所输入元器件相关参数与元器件清单应相同；应在同一块 PCB 上完成编程，防止更换产生误差。

五、贴片机的发展趋势

随着现代电子产品的发展，未来贴片机的发展将越来越趋向于智能精细化，贴片机未来将有五大发展趋势。

1. 高效率双路输送结构

为提高生产效率、缩短工作时间，未来贴片机趋向双路输送结构，有同步工作方式和异步工作方式两种，可实现两块相同 PCB 同时进入、贴装、出板，或不同大小的 PCB 产品分别作业。

2. 高速、高精度、智能化、多功能

贴片机的贴装速度、精度、功能化在工作时是相互矛盾的，实现高速就要适当降低精度。"飞行检测技术"就是为提高工作效率采用的新功能，新的 SIEMENS 贴片机引入了智能化控制模块，可保证速度，降低缺陷率。YAMAHA 新推出的 YV88X 机型，采用双组旋转贴装头，可提高贴装效率，保证了良好的贴装精度。

3. 多悬臂，多贴装头

单悬臂单贴装头的拱架式贴片机已不能满足生产效率的要求，如 SIEMENS 的 S25 型贴片机采用双悬臂结构，两个贴装头交替工作，成倍地提高了生产效率。目前，市面上已经出现了四悬臂高速贴片机，如 SIEMENS 的 HS60 机型、Panasonic 的 CM602 机型等。多悬臂、多贴装头机型正逐步取代转塔式贴片机。

4. 柔性连接，模块化

日本 FUJI 公司在贴片机的研究上，率先改变传统观念，将贴片机分为控制主机和功能模块机。在生产过程中，可根据客户的不同需求应用控制主机和功能模块机来组装生产线，同时，若生产中产品做出调整或改进，也可随时调换功能模块机以满足新产品的要求。这种方式为未来发展提供了基础，可满足未来柔性发展的要求。另一个发展方向为功能模块组件，将控制主机做成标准设备，并配备统一的机座平台和标准接口，可将点胶、贴片等各功能模块做成标准组件样式，也可根据产品及用户需求，更换功能组件，如美国 Universal 公司的贴片机，适用于多任务、多用户、短周期的场合。

5. 自动化编程

贴片机编程过程中，需人工录入元器件信息，不可避免地会有人为失误。若采用新型的视觉软件，只需用摄像机获取元器件图像，软件就可自动生成元器件的相关信息，这项技术对于异形元器件的信息录入将有很大的帮助，从而提高生产效率。

§5—3　贴片质量控制与分析

学习目标

1. 了解影响贴片质量的主要因素。
2. 熟悉贴片质量过程控制。
3. 掌握贴片质量检测与缺陷分析方法。

一、影响贴片质量的主要因素

贴片质量的好坏直接决定了后续焊接质量的好坏，因此在 SMT 生产线中，对贴片质量的检测和控制非常严格。影响贴片质量的主要因素包括以下几点：

1. 来料质量

来料质量包括 PCB 是否受潮、弯曲，焊盘是否氧化、能否顺利粘锡膏；锡膏黏性的大小；元器件表面、引脚是否平整，元器件实际封装尺寸与要求尺寸的偏差。

2. 供料准确性

供料准确性是指供料器上配置的元器件封装、大小、方向是否和装配图与明细表完全一致；物料补充时，是否核对正确以及供料器安装有无偏差。准确安装的料带才可准确贴装在相应位置上。

3. 程序编辑

贴片机程序正确、合理才可保证元器件的正确拾取、正确贴装。主要参数包括元器件的位置坐标、所用吸嘴、相应供料器位置、是否跳片、贴装压力、贴装速度等。

4. 贴片机性能

贴片机本身的精度高低也直接影响贴装质量，包括 X-Y 导轨偏差、贴装头移动的精度、贴片机对中系统的调整方式等。

二、贴片质量过程控制

1. 对贴片质量的要求

对贴片质量的要求主要包括对元器件的要求和对贴装效果的要求。

（1）对元器件的要求

元器件类型、封装、型号、标称值、极性等，都要与 CAD 提供的原理图、PCB 图和元器件明细表一致，若有特殊情况，必须经工程师确认才可修改。

（2）对贴装效果的要求

1）贴装好的元器件不可有裂痕。

2）元器件贴装完成后，焊端或引脚至少浸入锡膏 1/2。

3）锡膏挤出量一般应小于 0.2 mm，窄间距元器件的锡膏挤出量应小于 0.1 mm。

4）元器件中心与 PCB 上对应焊盘中心应尽量对准，允许有偏差，但偏差不宜太大。

5）矩形封装元器件，无论发生横向偏移还是旋转偏移，焊端至少有 1/2 在焊盘上，才算合格。若发生纵向偏移，焊端距离焊盘边沿至少应有 1/3 焊端高度，另一端焊端必须在锡膏上，如图 5-16 所示。

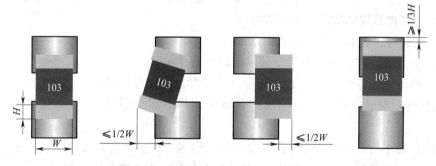

图 5-16　矩形封装元器件允许偏差范围

6）SOT 封装元器件允许平移或旋转偏差，但引脚必须都在对应焊盘上。

7）SOP 封装元器件允许平移或旋转偏差，但引脚宽度至少应有 1/2 在焊盘上。

8）QFP、PLCC 封装元器件允许平移或旋转偏差，但引脚宽度至少有 1/2 在焊盘上，允许趾部少量伸出焊盘，根部必须在焊盘上，长度至少有 1/2 在焊盘上。

9）BGA 封装元器件的焊球中心与焊盘中心偏移应小于焊球半径。

2. 贴片过程的质量控制

PCB 经过印刷机后，每个焊盘上均涂覆好锡膏，下一步将进行贴片，贴片过程的质量控制主要从以下几个方面着手：

（1）贴片前领料

贴片前根据贴装工艺文件的元器件明细表从仓库领料，逐条核对元器件类型、标称值、封装，观察元器件的有效期，防止使用过期材料。

（2）供料器安装

为每种可贴装元器件选择合适的供料器，并根据编程要求，将元器件装入对应编号供料器，避免贴装错误，设置换料报警，及时补料，防止缺件、漏件。

（3）首件试贴

必须对第一块印制电路板进行首件试贴，观察元器件贴装正确性，保证后续批量生产不会错件，观察是否偏移，调整修正值。

（4）贴装压力调整

贴装压力体现在吸嘴 Z 轴方向下降高度的设置。下降高度过大，贴装压力就过大，易挤压锡膏，造成桥连；或压裂元器件，造成性能不稳。下降高度过小，贴装压力就过小，元器件未接触锡膏就落下，易造成反弹飞片，无法粘牢元器件，会造成较大偏移。只有设置合理的贴装压力，才能保证贴装质量。

（5）贴片机选择

尽量选择精度较高的贴片机，提高贴装质量。

三、贴片质量检测与缺陷分析方法

贴片质量检测是印制电路板焊接后焊接零缺陷的重要保障。

1. 贴片质量检测标准

贴片质量检测标准，一般遵循 IPC 相关验收标准。产品类别不同，验收标准也不同。我国的电子产品主要分为消费类、工业类、军用和航空航天类三大类。相应的验收标准也有一级验收标准、二级验收标准和三级验收标准。

各种类元器件封装的理想贴装效果如下：

（1）矩形片式元件：元件电极全部位于焊盘上并居中。

（2）小外形晶体管 SOT 系列：引脚全部位于焊盘上并对称居中。

（3）小外形集成电路和网络电阻：引脚趾部和跟部全部位于焊盘上，所有引脚对称居中。

（4）四边扁平封装器件和超小型封装器件：引脚与焊盘重叠、无偏移。

（5）球形引脚系列（BGA、POP）：焊球中心与焊盘中心重叠、无偏移。

以消费类电子产品检测标准为例，示例见表 5-3。

表 5-3　　　　　　　　　　　　　贴装检测标准

元器件封装类型	图示	检测标准
矩形片式元件	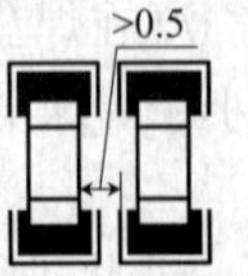 >0.5	贴片电极与相邻焊盘和相邻贴片电极的距离必须大于 0.5 mm 贴片电极与相邻图形的距离应大于 0.2 mm（包含元件下面的图形）
	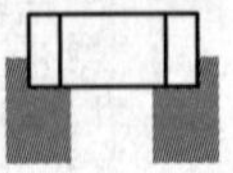	元件电极宽度的一半或一半以上应处于焊盘上

元器件封装类型	图示	检测标准
矩形片式元件	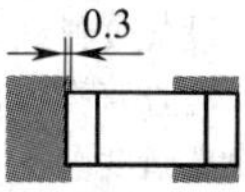	元件电极要有 0.3 mm 以上在焊盘上
	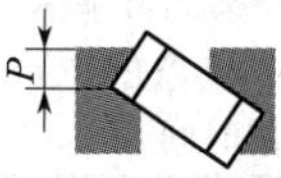	旋转偏差，尺寸 P 应大于元件宽度的 1/2
小外形晶体管 SOT 系列	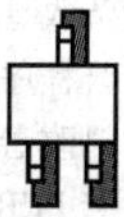	允许有平移偏差和旋转偏差，但各引脚的趾部和跟部应处于焊盘上，并且确保引脚的 1/2 以上在焊盘上
小外形集成电路 和网络电阻	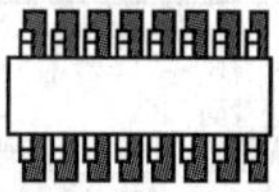	允许有平移偏差和旋转偏差，但各引脚的跟部和趾部应处于焊盘上，并且确保引脚宽度的 1/2 和 0.2 mm 以上在焊盘上
四边扁平封装和 超小型封装器件	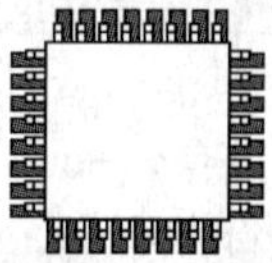	允许有平移偏差和旋转偏差，但各引脚的跟部和趾部应处于焊盘上，并且确保引脚宽度的 1/2 和 0.2 mm 以上在焊盘上
球形引脚系列 （BGA、POP）	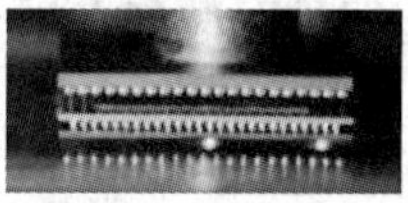	焊球中心与焊盘中心偏移小于焊球半径

2. 贴片质量缺陷分析方法

SMT 常见的贴片质量缺陷主要有漏贴、错贴、反贴、偏移、损件等，其常见原因及改善途径见表 5-4。

表 5-4　　　　　　　　　贴片质量缺陷常见原因及改善途径

贴片质量缺陷	原因分析	改善途径
漏贴	设备原因： 真空不足、程序错误 物料原因： PCB 弯曲、锡膏黏性不足	设备改善： 检查真空、修改程序 物料改善： 筛选 PCB、改进垫板方式、检查锡膏、缩短印刷和贴装的间隔时间
错贴	设备原因： 程序错误 物料原因： 供料器中元器件与程序不符、元器件在供料器中混料、上料 SIC 错误	设备改善： 修改程序 物料改善： 检查供料器中元器件、换料、修正 SIC
反贴	设备原因： 程序错误 物料原因： 元器件在供料器中极性与程序不符、供料器中极性混乱、板子极性标识错误	设备改善： 修改程序 物料改善： 修改程序、换料、检查装配图

续表

贴片质量缺陷	原因分析	改善途径
偏移	设备原因： 真空不足、程序错误、进板传送带歪斜、机器精度不够 物料原因： PCB 原点不准、锡膏黏性不足	设备改善： 检查真空、修改程序、调整进板传送带、更换高精度设备 物料改善： 检查 PCB、检查锡膏、缩短印刷和贴装的间隔时间
损件	设备原因： 贴装压力过大 物料原因： PCB 弯曲、原材料损坏	设备改善： 修改程序、调整贴装压力 物料改善： 筛选 PCB、改进垫板方式、检查原材料

实训 5　手工贴片技能训练

一、实训目的
1. 能根据需要领用手工贴装元器件所需工具、元器件及材料。
2. 能遵守安全操作规程，用手工贴片方法完成元器件贴装任务。

二、实训内容

1. 领用手工贴片所需工具、元器件和材料
根据要求确定并领用手工贴片所需工具、元器件和材料，完成表 5-5 的填写。

表 5-5　　　　　　　　　　手工贴片领料表

序号	物料名称	规格/尺寸/型号	用途	单位	领用数量	领料人	日期
1							
2							
3							
4							
5							
6							
7							

2. 用手工贴片方法完成元器件贴装任务
（1）全手工贴装元器件

1）准备热风枪、镊子、锡膏、印制电路板、贴片元器件等工具、材料，如图 5-17 所示。

2）给焊盘上锡，如图 5-18 所示。可采用针筒锡膏给焊盘上锡，也可采用固定的模板利用手动印刷锡膏技术上锡膏。

图 5-17　工具、材料准备

图 5-18　焊盘上锡

3）用镊子夹持贴片元器件，对准焊盘放置，轻轻按压，准备焊接，如图 5-19 所示。对于不同封装的贴片 IC，手工贴装有一些特殊的要求，如需注意元器件方向以及定位标识等。

图 5-19　放置贴片元器件

对于新的 PCB 可省去清洗焊盘的步骤。对于返修印制电路板，需用电烙铁或热风枪拆除旧的元器件，并清除残留焊锡。在高密度印制电路板中，注意不可损坏其余元器件。

（2）利用手动贴片机贴装

手动贴片也可采用手动贴片机。手动贴片机如图 5-20 所示，一般配备供料器、吸嘴、PCB 夹持工作台、真空泵等，通过手动控制真空泵的开关，实现吸片和贴片动作。手动贴片机可贴装多种类型元器件，具有多功能、高精度的特点，主要用于新产品的研发生产、产品返修或者小型企业的小批量生产。

图 5-20　手动贴片机

3. 检测贴片质量

综合分析贴片练习板中各元器件的贴装质量，并完成表 5-6 贴片质量检测记录表的填写。

表 5-6　　　　　　　　　　　　　　贴片质量检测记录表

元器件	是否合格	缺陷名称	缺陷分析	解决办法

三、测评记录

按表 5-7 所列项目进行测评，并做好记录。

表 5-7　　　　　　　　　　　　　　测评记录表

序号	评价内容	配分 / 分	得分 / 分
1	能根据需要领用手工贴装元器件所需工具、元器件及材料	2	
2	能用手工贴片方法完成元器件贴装	5	
3	能根据相关检测标准检测贴片质量	2	
4	成果符合贴片工艺要求	1	
总　分		10	

思考与练习

一、填空题

1. 常见的贴片方法有_____、_____、_____。

2. 手工贴装的工具主要包括_____、_____、_____、
_____、_____等。

3. 全自动贴片机根据内部结构不同可分为_____、_____、_____。

4. 贴片机供料器主要有三种，分别为_____、_____、
_____。

5. 贴片机的主要技术指标有_____、_____、_____。

二、简答题

1. 全自动贴片机由哪些部件组成？

2. 影响贴片质量的主要因素有哪些？

3. 简述常见的贴片缺陷，并分析贴片缺陷产生的可能原因。

第六章 贴片胶涂覆工艺与设备

焊锡膏印刷主要用于再流焊工艺技术，对于混装印制电路板而言，需要采用波峰焊工艺技术完成印制电路板的组装和焊接。应用波峰焊工艺组装双面混装印制电路板过程中，焊料位于印制电路板的下方，为防止元器件掉落，需在贴片时应用贴片胶涂覆工艺固定元器件。此外，采用再流焊工艺组装双面印制电路板，有时也需要用贴片胶固定大的元器件，防止翻板时元器件掉落。

§6—1 贴片胶的成分及类型

学习目标

1. 了解贴片胶的化学成分和特点。
2. 熟悉贴片胶的常见类型及用途。
3. 掌握贴片胶的选用及使用注意事项。

SMT 的工艺材料除了有再流焊中用到的锡膏、助焊剂等之外，还有用于波峰焊的贴片胶。贴片胶属于黏结剂材料的一种，常见的黏结剂材料还有密封胶、插件胶以及具有特殊性能的导电胶等。

一、贴片胶的化学成分和特点

贴片胶又称红胶，通常由基体树脂、固化剂、固化促进剂、增韧剂及填料组成，见表 6-1。贴片胶常见的包装方式有针管式包装和罐装两种，如图 6-1 所示。

a)   b)

图 6-1 贴片胶包装方式
a）针管式包装 b）罐装

表 6-1 贴片胶的组成

成分名称	主要材料	说明
基体树脂	一般使用环氧树脂和丙烯酸酯类聚合物,目前也有用聚氨酯、聚酯、有机硅聚合物以及环氧树脂–丙烯酸酯类共聚物的	贴片胶的核心成分
固化剂和固化促进剂	双氰胺、三氟化硼乙胺络合物、咪唑类衍生物、酰胺等	使贴片胶在一定温度、一定时间内固化
增韧剂	邻苯二甲酸二丁酯、邻苯二甲酸二辛酯、液体丁腈橡胶和聚硫橡胶等	解决基体树脂固化后较脆的问题
填料	硅微粉、碳酸钙、膨润土、钛白粉、硅藻土等	提高贴片胶的耐高温和电绝缘性能,改变贴片胶的黏度

在表面贴装工艺中,为保证贴片胶的正常使用,要注意不同的黏结材料所使用的固化剂各不相同,如环氧树脂材料常用胺类固化剂(如二乙胺、二乙烯三胺等)、酸酐类固化剂(如顺酐、苯酐等)、咪唑类固化剂和潜伏性中温固化剂,而丙烯酸树脂材料多采用安息香甲醚作固化剂。不同的固化剂,其固化温度、固化方式、固化时间不同,如胺类固化剂可实现树脂的室温固化,酸酐类固化剂可实现树脂的高温固化,安息香甲醚类固化剂只有在紫外光照射下才可固化。

二、贴片胶的常见类型及用途

1. 贴片胶的类型

贴片胶的种类很多,通常可按以下性能分类:

(1)按黏结材料分

按黏结材料分,可分为环氧树脂和聚丙烯两大类。环氧树脂贴片胶是使用最广的热固型、高黏度贴片胶。

(2)按固化方式分

按固化方式分,可以分为热固化型、光固化型、光热双重固化型、超声固化型。

(3)按化学性质分

按化学性质分,贴片胶可分为热固型、热塑型、弹性型和合成型。热固型贴片胶固化后再次加热也不会软化,可用于把 SMD 粘接在 PCB 上,它的热固化过程是不可逆的。热塑型贴片胶固化后可以重新软化。弹性型贴片胶具有较大的延伸性,呈乳状。合成型贴片胶由以上三种混合配置而成。

(4)按涂布方法分

按涂布方法分,可分为针式转印、压力注射、模板印刷等工艺方式适用的贴片胶。

2. 贴片胶的用途

贴片胶是一种红色膏体,内部分布着固化剂、颜料、溶剂等,主要用来将元器件固定在 PCB 上,一般采用点胶机进行点胶或者采用红胶钢网进行印刷。贴片胶的使用效果受热固化条件、被连接物、所用设备、操作环境等因素的影响,具有一定的差异性。在 SMT 生产中,生产工艺不同,贴片胶的用途也不同,具体见表 6-2。

表 6-2 贴片胶的用途

生产工艺	贴片胶的用途
波峰焊工艺	防止印制电路板经过焊料槽时元器件掉落
双面再流焊工艺	防止翻面后已焊好面上的大型元器件因焊料受热熔化而脱落
再流焊工艺、预涂敷工艺	防止元器件贴装时移位或立片
波峰焊工艺、再流焊工艺、预涂敷工艺	印制电路板或元器件批量改变时，用贴片胶做标记

三、贴片胶的选用、存储要求和使用注意事项

1. 贴片胶的选用

如何选择合适的贴片胶，是保证 SMT 生产顺利进行的关键一步，是电子产品工艺工程师必须重视的一项内容。

（1）贴片胶的性能指标

贴片胶的性能指标是评估贴片胶质量好坏的重要依据，掌握贴片胶的性能指标就可以在实际生产中选择优质、合适的贴片胶。贴片胶的性能指标见表 6-3。

表 6-3 贴片胶的性能指标

性能	性能指标
常规性能	外观、黏度、涂布性、铺展或塌落性、存储期等
电气性能	耐压、介电常数、介电损耗因数、体积电阻率、表面电阻率、湿热后绝缘电阻率、电迁移等
力学性能	放置时间、初黏度、剪切强度、高温移位等
化学性能	固化后表面性质、耐溶剂性、水解稳定性、防潮性、防霉性等

目前较常用的典型贴片胶的各项性能指标见表 6-4。

表 6-4 典型贴片胶的各项性能指标

性能	型号				
	MG-1（国产）	MG-2（国产）	TM Bond A2450（日本）	Ami con 930-12-4F（美国）	MR8153RA（美国）
颜色	红	红	红	黄	红
黏度 /（Pa·s）	$100\sim300$	$80\sim200$	$80\sim160$	$70\sim90$	–
体积电阻率 /（Ω·cm）	1×10^{13}	1×10^{13}	$>1\times10^{13}$	1×10^{13}	$>1\times10^{14}$
触变指数	3.5	>3.5	4 ± 1	>3.5	–
剪切强度 /MPa	>6	10	>6	>6	8.5
固化温度、时间	150℃，20 min	150℃，5 min	150℃，20 min	120℃，20 min	150℃，2~3 min
40℃储存天数	>5	>5	>2	–	–
25℃储存天数	>30	30	>30	–	60
冷藏储存时间	<5℃，6个月	<5℃，5个月	<5℃，6个月	0℃，3个月	5℃，6个月

（2）贴片胶的选用方法

1）由于热固化型贴片胶对设备及工艺要求都较简单，所以目前企业普遍选用热固化型贴片胶。对于较宽大的元器件才选用光固化型贴片胶，因为其固化较充分，粘接牢固。

2）选用时要考虑贴片胶固化前、固化中、固化后的性能指标是否符合表面贴装工艺对贴片胶的要求。

3）应优先选择固化温度低、固化时间较短的贴片胶，目前较好的贴片胶的固化温度低于 150 ℃，小于 3 min 就可固化。

2. 贴片胶的存储要求和使用注意事项

（1）贴片胶的存储要求

环氧树脂贴片胶应储存在 2~10 ℃的低温环境中，聚丙烯贴片胶需常温避光储存。贴片胶易燃，储存时应避开火源，一旦着火可用干粉灭火器灭火。贴片胶入库前应登记到达时间、失效期、型号，并为每瓶贴片胶进行编号。

（2）贴片胶的使用注意事项

1）贴片胶使用时，要遵循"先入先出"的原则，应按照 1 天的使用量，至少提前 1 h 从冰箱中取出，并密封置于室温下进行回温，待达到室温才可开盖，开盖后用不锈钢搅拌棒搅拌均匀，并进行脱气泡处理，然后再分装于点胶瓶（2/3 体积）。

2）将点胶瓶重新放入冰箱，生产使用时提前 0.5~2 h 从冰箱取出，标明取出时间、日期、编号，填写贴片胶使用记录表。使用完的点胶瓶要用酒精或丙酮清洗干净，待下次使用，未使用完的贴片胶重新放入冰箱内。

3）使用时，要注意核实贴片胶的型号、黏度，跟踪首件产品质量。若更换贴片胶，需测试各方面性能。

4）印刷时添加贴片胶要采用"少量多次"原则，避免贴片胶吸潮和黏结性能变化。

5）不可将不同型号、黏度的贴片胶混合使用。

6）若采用印刷工艺，须注意回收的贴片胶不可使用。

§6—2 贴片胶涂覆工艺

学习目标

1. 了解贴片胶的涂覆方法。

2. 熟悉涂覆工艺流程、参数设置与技术要求。

3. 掌握贴片胶涂覆的质量检测与缺陷分析方法。

一、贴片胶的涂覆方法

贴片胶的涂覆过程，俗称"点胶"，是将贴片胶按照一定的工艺要求，通过设备涂覆到 PCB 相应的位置上，用来固定元器件。

常用的贴片胶涂覆工艺有针式转印法、压力注射法、模板印刷法三种。

1. 针式转印法

针式转印法又称点滴法，是用点胶针头从容器中蘸取贴片胶，点涂到 PCB 两焊盘或两焊端之间，如图 6-2 所示。点滴法采用手工操作，要求操作者细心，操作稳定。操作时，要严格控制好贴片胶的蘸取量，点胶过多，易将贴片胶涂覆到焊盘上，造成焊接不良；点胶过少，无法很好地固定元器件，波峰焊时元器件容易脱落，造成缺件、漏件。手工操作效率低，目前只在维修时采用。

图 6-2　点滴法点胶

2. 压力注射法

压力注射法分为手工操作注射和自动点胶机注射两种，注射时分别采用手动点胶机和全自动点胶机，如图 6-3 所示。

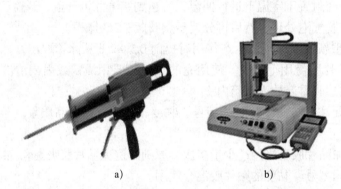

a)　　　　　　　　　　b)

图 6-3　点胶机

a）手动点胶机　b）全自动点胶机

手工操作注射贴片胶，是将贴片胶装在注射器中，应用手的推力完成注射，要求操作者经验丰富，能准确控制注射胶量和注射位置。注意：将贴片胶装入注射器后要排出注射器内的空气，避免出胶量不均匀甚至空点。

在批量生产中，常采用全自动点胶机进行注射点胶。全自动点胶机是将贴片胶装入针管，并安装到自动点胶机上，应用气压推力，实施点胶。点胶前需根据印制电路板的焊盘位置，对点胶过程进行编程，使注射器按照程序完成自动点胶。

在实际生产中，可根据产品需要，对贴片机进行改装，将贴装头更换成点胶机针管，在程序的控制下应用贴片机进行点胶。

3. 模板印刷法

模板印刷法是利用钢网漏印的方法把贴片胶印刷到 PCB 相应位置上。模板印刷法操作方便，效率高，得到了企业的广泛采用，适合生产批量大、元器件密度不高的产品。印刷过程与锡膏印刷操作流程基本相同，主要区别在于需制作印制电路板对应的红胶钢网。

印刷过程中，要注意 mark 点的位置，应使 PCB 和红胶钢网准确定位，红胶可以准确地印刷在两焊盘之间或 IC 的中心位置，避免污染焊盘，影响焊接效果。

二、涂覆工艺流程、参数设置与技术要求

1. 涂覆工艺流程

贴片胶涂覆是波峰焊工艺中的一个关键工序，主要用于片式元器件与通孔插装元器件混合组装的电子产品，例如图 6-4 所示的两种混装印制电路板。

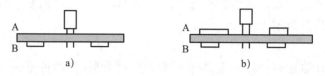

图 6-4　双面混装印制电路板

a）THC 在 A 面，SMC/SMD 在 B 面　b）THC 在 A 面，A 和 B 面都有 SMC/SMD

当片式元器件分布于插装元器件焊接面时，如图 6-4a 所示，一般采用点胶波峰焊工艺。工艺流程如图 6-5 所示，首先准备好 PCB 基板，然后采用点胶机或印刷机将贴片胶置于元器件两焊盘之间，再应用贴片机贴装元器件到相应的焊盘上，并通过热固化工艺固化贴片胶，将片式元器件牢牢地粘在 PCB 上，然后将 PCB 翻面，使用手工插装通孔元器件，最后进入波峰焊机进行焊接。

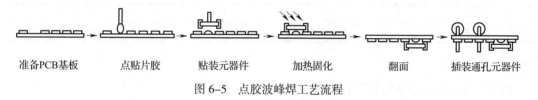

| 准备PCB基板 | 点贴片胶 | 贴装元器件 | 加热固化 | 翻面 | 插装通孔元器件 |

图 6-5　点胶波峰焊工艺流程

对于 THC 在 A 面，A 和 B 面都有 SMC/SMD 的混装印制电路板，如图 6-4b 所示，需设计合理的焊接流程，既应用到再流焊也应用到波峰焊，既会用到锡膏印刷，也会用到贴片胶印刷。主要工艺流程为：先贴装 A 面，通过印刷锡膏、贴装元器件、再流焊接完成 A 面片式元器件的焊接，然后翻面，点贴片胶，贴装元器件，加热固化后再次翻转 PCB，插装通孔元器件，最后通过波峰焊完成焊接，如图 6-6 所示。

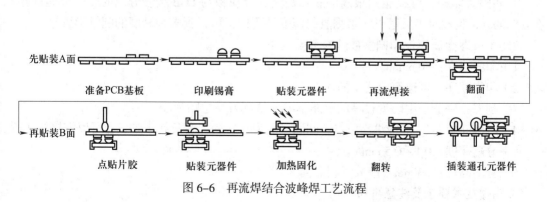

先贴装A面

| 准备PCB基板 | 印刷锡膏 | 贴装元器件 | 再流焊接 | 翻面 |

再贴装B面

| 点贴片胶 | 贴装元器件 | 加热固化 | 翻转 | 插装通孔元器件 |

图 6-6　再流焊结合波峰焊工艺流程

2. 参数设置

采用模板印刷法涂覆贴片胶，与印刷锡膏的原理、过程、设备都基本相同。模板印刷法印刷贴片胶的主要参数有贴片胶黏度、模板厚度和印刷参数等。

（1）黏度

温度是影响贴片胶黏度的主要因素，温度升高，黏度下降。一般要求室温在（23±2）℃时，黏度选用 200～300 Pa·s。另外，压力和时间对贴片胶黏度也有影响，压力增加，胶液通过注射器出口的速度增大，即剪切率增大，黏度下降；时间对黏度无直接影响，但点胶工艺中，时间越长，出胶量越大。

（2）模板厚度

印刷贴片胶和印刷锡膏一样，主要有丝网模板和钢网模板两种模板。目前，钢网模板已经取代丝网模板，应用较广。钢网模板采用激光切割技术制成，适合大批量生产使用。在金属模板中，除钢网模板外，还有一种铜模板，但铜模板采用腐蚀法制成，精度较低，使用寿命较短，价格便宜，多适用于试生产。

贴片胶印刷采用的金属模板厚度一般为 250～300 μm，比锡膏印刷模板厚 0.1～0.2 mm，模板开口一般有圆形和方形两种。

长方形开孔模板的厚度见表 6-5。

表 6-5   长方形开孔模板的厚度

元器件尺寸	0603	0805	1206 及以上
模板厚度 /mm	0.15～0.18	0.2	0.25～0.3

（3）印刷参数

以 250 μm 厚的金属模板印刷参数设置为例。

接触式印刷：由于模板具有相对较小的厚度，因此胶点高度受到限制。对于较大尺寸的胶点孔，如 ϕ1.8 mm 孔，刮板刮过后，胶点高度与模板厚度几乎相同；对于中等尺寸的胶点孔，如 ϕ0.8 mm 孔，在模板与 PCB 分离时，模板会拖长胶点，使得胶点高度大于模板厚度；对于较小尺寸的胶点孔，如 ϕ0.3～0.6 mm 孔，部分胶会留在模板孔内，因此胶点高度低于模板厚度。

有间隙式印刷：可以达到很高的胶点高度，当模板与 PCB 缓慢分离时，一般速度控制在 0.5 mm/s，胶被拉出又落下，根据胶的流变性不同，可得到多种高度的圆锥形胶点。

250 μm 厚金属模板印刷参数的参考设置如下：

1）印刷速度：50 mm/s。

2）印刷顺序：可选双向或单向。

3）刮刀：一般采用硬度较高的金属刮刀，软刮刀易挖贴片胶。

4）印刷间隙：1 mm 或更高胶点，间隙一般为 0.6 mm。若只印小胶点，可以零接触印刷。

5）分离速度：0.1～0.5 mm/s。

6）分离高度：>3 mm，应大于胶点高度。

3. 涂覆技术要求及注意事项

（1）贴片胶涂覆技术要求

贴片胶的涂覆技术要求与贴片胶的固化方式、金属模板的开孔以及所需固化的元器件尺寸、质量有关。

常用的贴片胶固化方式有光固化和热固化两种。以圆形开孔为例，光固化贴片胶圆形开孔一般选取双胶点，使部分贴片胶露置在元器件外部以便接收光照，完成固化，如图6-7a所示。热固化型贴片胶只需要在两焊盘之间开孔，即使贴片胶被元器件完全覆盖也会由于热传递完成固化，如图6-7b所示。

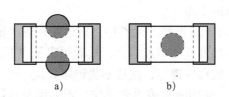

图6-7 贴片胶点胶位置
a）光固化型贴片胶点胶位置 b）热固化型贴片胶点胶位置

不同的元器件尺寸，不同的封装类型，对贴片胶涂覆金属模板开孔有不同的要求。250 μm厚金属模板开孔的推荐直径见表6-6。

表6-6　　　　　　　　　　　250 μm厚金属模板开孔的推荐直径

元器件尺寸或封装类型	模板开孔个数 × 直径 /mm	焦点中心之间的距离 /mm
0603	$2 \times \phi 0.5$	0.9
0805	$2 \times \phi 0.6$	1.1
1206	$2 \times \phi 0.8$	1.4
SOT23	$2 \times \phi 0.7$	1.4
mini melf	$1 \times \phi 1.0$	1.0
melf	$2 \times \phi 1.5$	2.0
1812	$2 \times \phi 1.4$	2.4
SO8	$3 \times \phi 1.4$	2.5
SO14	$4 \times \phi 1.4$	2.5

贴片胶点的大小和胶量取决于元器件的尺寸与质量，以保证足够的黏结强度为原则。对于小型元器件，一般只需要点一滴贴片胶；对于体积较大的元器件，则可以多点几滴贴片胶，或者在无焊盘位置点涂一个较大的贴片胶点。贴片胶的胶量决定了贴片胶的高度，点胶时要确保胶点高度不影响元器件的贴装，若胶点太大，贴装元器件时就会将胶点挤压到元器件的焊端或印制电路板的焊盘上，造成焊盘污染。

（2）贴片胶涂覆注意事项

1）贴片胶用量控制。用量过少，黏结强度不够，在波峰焊中易造成元器件脱落；用量过多会造成焊盘污染，妨碍正常焊接，从而引起断路等故障，给维修带来不便。

2）胶点直径检查。一般可在PCB工艺边设置1~2个测试胶点，贴装元器件并固化，测试固化后胶点直径的变化。

3）胶点及时固化。点好胶的 PCB 应在半小时内完成贴片，从点胶到贴片固化要求 2 h 内完成，如遇特殊情况应停止点胶，胶水在钢网上的时间不应超过 30 min，超过应将胶水回收做报废处理，防止贴片胶长期露置在空气中吸收水汽及尘埃，影响贴片质量。

4）点胶（印刷）用具及时清洗。在更换胶种或长时间使用后应清洗注射筒和点胶针嘴（钢网和刮刀）。点胶针嘴可浸泡在广口瓶中，放置专用洗液或丙酮、甲苯及其混合物并不断摇晃，达到清洗的效果。注射筒也可先浸泡后清洗，配合无尘纸擦拭干净。钢网和刮刀可直接用无纺布蘸取丙酮溶剂擦拭干净。

5）返修要细致耐心。对于需返修的元器件，需要使用热风枪均匀加热元器件使胶点熔化，若已焊接完成，则需增加温度使焊点熔化，然后用镊子取下元器件，再在热风枪配合下用小刀慢慢铲去残留的贴片胶和焊锡等，注意不要铲坏焊盘。

6）贴片胶使用需小心。使用者需戴手套操作，不要触及皮肤和眼睛。若触及皮肤，应及时用酒精擦洗，然后用肥皂和清水清洗；若触及眼睛，必须立刻用温水冲洗 20 min，并给予适当治疗。

7）沾有胶水的手套、布、纸等废品不可随意乱扔，要放入指定的专用化学废品箱中，由工艺技术员定期进行专项处理。

三、贴片胶涂覆的质量检测与缺陷分析

1. 质量检测

对于贴片胶涂覆质量的检测，目前采用的方法与锡膏印刷质量检测方法基本相同，主要有目测法、自动光学检测等。质量检测在首件检测中尤其重要，通过首件检测，对不同种类、大小的元器件贴片胶涂覆参数进行调整，使之达到满意效果后，在后续检测中就会达到事半功倍的效果。目测法主要用于小批量生产或较简单元器件的检测，其操作成本低但可靠性较差，易遗漏。一般企业多采用自动光学检测系统，其可靠性较高。

贴片胶涂覆质量检测标准如下：

（1）元器件一侧的胶点直径与涂布在基板上的胶点直径相等，则为优良，如图 6-8a 所示。

（2）元器件一侧的胶点直径小于底部直径，即胶量偏少，但尚具有黏结性，可判为合格，如图 6-8b 所示。

（3）胶量偏多，胶点直径大于最初涂布在基板上的直径，但尚未污染焊盘，可判为合格，如图 6-8c 所示。

（4）点胶偏移或胶量太多，造成元器件引脚与焊盘分离较多，影响焊接，如图 6-8d 所示，或者胶量过多污染焊盘，影响焊接，判为不合格。

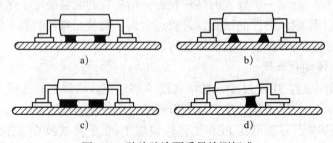

图 6-8　贴片胶涂覆质量检测标准

2. 缺陷分析

在贴片胶涂覆中也常出现一些涂覆缺陷，以点胶机点胶为例，部分涂覆缺陷的产生原因及解决办法见表6-7。

表6-7　　　　　　　　　贴片胶涂覆缺陷的产生原因及解决办法

涂覆缺陷	产生原因	解决办法
拉丝或拖尾	点胶机工艺参数调整不到位，针头内径太小，点胶压力太高，针头到PCB距离太大；贴片胶品质不好；板的支撑不够	调整工艺参数，更换较大内径针头，降低点胶压力，调整针头距离；更换贴片胶；调整板的支撑；在针头处加热，降低贴片胶黏度
卫星点	高速点胶接触滴涂时，拖尾或针嘴断开；非接触喷射时，喷射高度不合理	接触点胶时检查针头是否损坏，调整工艺参数；非接触喷射时，调整喷射头与PCB高度
爆米花或空洞	空气或潮湿气体进入贴片胶，固化期间爆出，降低黏结强度，导致桥连短路	用低温慢固化，延长加热时间，排出潮湿气体，注意正确储存和使用贴片胶，分装贴片胶时注意脱气泡处理
空打或出胶量少	贴片胶混入气泡；针头堵塞；气压不够	进行脱气泡处理；更换或清洁针头；调整机器压力；若经常堵塞可考虑更换贴片胶品牌
胶点不连续	点胶恢复时间不够；胶量减少时压力时间不够	适当延长恢复时间；增加压力与时间周期的比
元器件移位	胶量太小或太大；黏结强度不够；点胶后放置时间过长	调整胶量；调整贴片机贴片高度；控制点胶后PCB放置时间
固化后元器件掉落	固化温度低；胶量不够；焊盘污染	重新测试固化曲线，注意固化温度；检查胶点直径和高度；检查元器件及PCB是否污染
固化后元器件引脚上移	胶量过多；贴片时偏移	控制点胶量；调整贴片机参数

§6—3　贴片胶涂覆设备

学习目标

1. 了解常见涂覆设备的类型和特点。
2. 熟悉点胶机的结构和常见类型。
3. 掌握手动点胶的工艺流程和操作方法。

一、常见涂覆设备的类型和特点

常见的涂覆设备有点胶针头、点胶机和贴片胶印刷机三种。不同的涂覆设备特点不同，所采用的涂覆方法也不同，具体见表6-8。

表6-8　　　　　　　　　常见涂覆设备的类型和特点

涂覆设备	特点	涂覆方法
点胶针头	在涂覆时只用到了蘸取贴片胶的针头，操作简单，成本低；但效率较低，无法很好地控制胶量，通常只在维修时采用	点滴法

涂覆设备	特点	涂覆方法
点胶机	分手动和自动两种。通过调整参数和点胶机编程，可实现同一元器件相同间隔的有规律的点胶，如 LED 阵列。点胶效率高，出胶量好控制	压力注射法
贴片胶印刷机	主要采用和印刷锡膏相同的印刷机进行作业，对于整个 PCB 需要印刷红胶的位置可一次完成，生产效率最高	模板印刷法

二、点胶机的类型和结构组成

1. 点胶机的类型

点胶机又称涂胶机，是专门对流体进行控制，并将流体点滴、涂覆于产品表面或产品内部的自动化点胶设备。在 SMT 电子产品制造中，点胶机通常作为辅助设备，对需要滴涂红胶的元器件进行点胶作业。

市面上使用的点胶机种类繁多，按照操作方式不同可分为手动点胶机、半自动点胶机、全自动桌面点胶机和全自动在线点胶机，如图 6-9 所示。

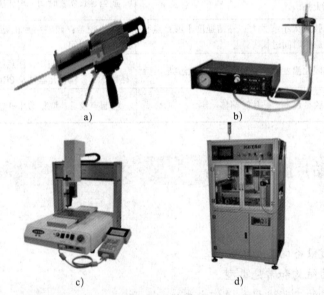

图 6-9　点胶机

a）手动点胶机　b）半自动点胶机　c）全自动桌面点胶机　d）全自动在线点胶机

（1）手动点胶机也称点胶枪，专用于硬包、软包硅胶密封胶的手动打胶、涂胶作业，其特点是轻便灵活、使用方便、无须维护，但在 SMT 生产中基本不会使用。

（2）半自动点胶机包括微型计算机控制的精密点胶机、LED 数显点胶机、自动回吸点胶机、拨码循环点胶机等，可设置手动和脚踏两种模式。其特点是定量出胶（每次出胶量一致），操作简单，并具有真空回吸功能，以保证浓度较低的胶水不会产生滴漏现象，也可防止浓度较高的胶水出现拉丝现象。

（3）全自动桌面点胶机的生产效率是人工点胶机的几倍到十几倍，界面操作直观方便，可对台面上点胶范围内任意一点进行点胶，通常配有控制盒。该类型点胶机主要用于产品工艺中的粘接，灌注，涂层，密封，填充，点滴以及线形、弧形、圆形、不规则图形的涂胶等。

（4）全自动在线点胶机其实就是桌面点胶机的延伸，是直接根据生产线产品的运行方式镶嵌在生产线的某个位置，通过光电开关传输信号控制开关胶来对产品进行点胶作业，与其他设备的导轨相连。

2. 点胶机的结构组成

点胶机必不可少的三大系统是执行机构、驱动机构和控制系统。

点胶机的执行机构主要负责点胶作业，由机械手和躯干两部分构成。机械手在作业过程中呈直线运动，为配合机械手，一般选择直线液压缸、摆动液压缸等执行机构。躯干是点胶机的主体部分，包括安装手臂、动力源、各种执行机构的支架等。

驱动机构能够帮助执行机构更精确、更高质地实现点胶，主要有液压驱动、气压驱动、电气驱动以及机械驱动四种驱动方式。其中，电气驱动和气压驱动用胶量较少，气源方便，保养简单，费用相对较低，占总应用的90%。

控制系统使点胶操作更加简单、高速、精准，通常包括运动控制卡、手持式示教盒、串口线、接口线、软件加密设备、脱机键盘、拨码开关点胶程序等，优点在于文件易于下载，资料便于管理。

下面以D2000-1型全自动桌面点胶机为例说明点胶机的基本结构。D2000-1型全自动桌面点胶机由基座、X轴、Y轴、Z轴、基准板、触摸屏、运动控制系统和气动控制系统等部分组成。其中，运动控制系统集成于基座内，气动控制系统安装于设备顶端，如图6-10所示。

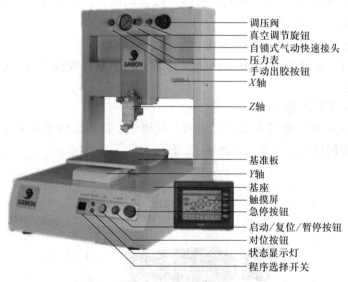

图6-10 D2000-1型全自动桌面点胶机

（1）调压阀：调节针筒内气压大小，气压调节范围为0.05～0.9 MPa；调节时先拉出旋钮，顺时针转为增大，逆时针转为减小，调好后压回旋钮。

（2）真空调节旋钮：用于调节针筒内真空度的大小，防止滴胶。顺时针转为调小，逆时针转为调大。

（3）自锁式气动快速接头：用于连接气管。

（4）压力表：用于显示调压后的压力。

（5）手动出胶按钮：按下按钮，针头出胶；松开按钮，停止出胶。

（6）X 轴：控制针头左右移动。

（7）Z 轴：控制针头上下移动。

（8）基准板：用于摆放工件或工具。

（9）Y 轴：控制基准板前后移动。

（10）基座：内部用于安装电气控制系统。

（11）触摸屏：人机交互界面，用于手持编程和修改参数。编程或修改参数结束后，触摸屏还可用于其他同型号设备，但须在断电情况下接插或拔除。

（12）急停按钮：按下按钮，程序中止，设备立即停止。

（13）启动 / 复位 / 暂停按钮：在开机时或急停解除后为系统复位开关，复位后为设备运行开关，运行中为暂停开关。

（14）对位按钮：当针头跑位后，按下对位按钮，针头会自动走到设定的位置，此时再手动调整针头位置即可使之与设定的位置重合。

（15）状态显示灯：绿灯亮为正常工作状态，绿灯闪为待机状态，红灯闪为急停状态。

（16）程序选择开关：通过此开关可对已存好的程序进行选择调用。调用前，通过调节四个拨码开关调出相应的程序编号，然后按下急停按钮，再左旋松开使急停按钮弹起，程序选择完毕；按下复位按钮，待机器复位后再按下启动按钮，机器即可按照该程序运行。

点胶机背面还有电源开关、数据传输线、散热风扇、U 盘插口、电源接口、RS232 接口、消声器等结构。

三、手动点胶的工艺流程和操作方法

半自动点胶机通常称为小型手动点胶机。下面以半自动点胶机为例，介绍手动点胶的工艺流程及操作方法。

1. 手动点胶的工艺流程

半自动点胶机主要由电源开关、调压阀、气压表、针筒、脚踏开关（或手动开关）组成，外部还配有提供气压的气泵，如图 6-11 所示。

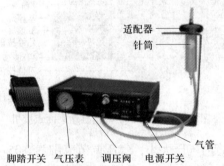

图 6-11　半自动点胶机的结构

半自动点胶机的手动点胶工艺流程主要分为安装和调试两部分。

（1）安装

将对应气管连接好，接通电源。

（2）调试

1）高压气泵通电，打开气泵开关，让气泵充气，当气压达到一定值时，气泵自动停止充气，充气完毕。

2）打开气泵与点胶机的连接开关，使气流流入点胶机，检查是否有漏气现象，若发现漏气，用密封胶带进行密封。

3）确认胶水已达回温时间，将回温后胶水灌入针筒（2/3体积），根据待点胶印制电路板，选择合适的针嘴，安装针嘴。

4）将气管连接的适配器锁在针筒口上。

5）通过模式选择键，选择手动模式，可通过屏幕或脚踏开关控制出胶。根据印制电路板，调节气压大小及点胶时间，控制出胶量，进行试点胶，不断调节，直到胶量合适。

半自动点胶机手动点胶工艺流程如图6-12所示。

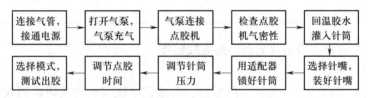

图6-12　半自动点胶机手动点胶工艺流程

2.手动点胶的操作方法

手动点胶的常用工具和材料主要有手动点胶机、高压气泵、贴片胶、针筒、针嘴、清洗剂等。

手动点胶的操作过程中，要注意以下几点：

（1）手动点胶时，手握针筒与水平面夹角应为60°。

（2）点胶后要竖直向上提起针筒，防止拉丝或拖尾。

（3）不要平放或倒放针筒，防止胶水倒流入设备，损坏设备。

（4）点胶结束后，针筒、针嘴要及时清洗，否则固化后将很难清洗，造成针嘴堵塞。一般将针筒、针嘴浸泡在酒精清洗剂中5~10 min，就可轻易清洗干净。

（5）注意不要让针筒、气管等接触过热或过硬物体，以免造成损坏。

实训6　贴片胶涂覆技能训练

一、实训目的

1.能根据需要领用贴片胶涂覆所需工具、元器件和材料。

2.能用手工点胶方法在印制电路板上完成贴片元器件的点胶粘接任务。

二、实训内容

1. 领用贴片胶涂覆所需工具、元器件和材料

根据要求确定并领用贴片胶涂覆所需工具、元器件和材料，完成表 6-9 的填写。

表 6-9　　　　　　　　　　　　　　　贴片胶涂覆领料表

序号	物料名称	规格/尺寸/型号	用途	单位	领用数量	领料人	日期
1							
2							
3							
4							
5							
6							
7							

2. 用手工点胶方法完成贴片元器件的点胶粘接

（1）领取贴片胶

领取贴片胶要遵循"先入先出"的原则，应按照本次实训的使用量领取，至少提前 1 h 从冰箱中取出，并密封置于室温下进行回温，待达到室温才可开盖，开盖后用不锈钢搅拌棒搅拌均匀，并进行脱气泡处理，然后再分装点胶针筒（2/3 体积）。

标明取出时间、日期、编号，填写贴片胶使用记录表，并贴上使用标签，如图 6-13 所示。

贴片胶使用标签				
编号		回温人	领用人	生产线
回温开始时间	月　日　时　分			
回温结束时间	月　日　时　分			
开始使用时间	月　日　时　分	回收	第一次	第二次
结束使用时间	月　日　时　分	回收人		
使用的客户		时间		
使用的机型		确认人		
注：1. 回温时间为 4~8 h。 2. 从冰箱内取出时间不能超过 24 h。 3. 开盖后胶水的使用时间不能超过 48 h。				

图 6-13　贴片胶使用标签

（2）安装、调试手动点胶机

按照手动点胶机点胶工艺流程，安装、调试点胶机，将分装好的点胶针筒与气管相连，置于点胶机架子上，等待测试。调节针筒气压和点胶时间，打开手动点胶模式，踩脚踏开关出胶进行测试，观察胶点是否达到要求，若不合适继续调整参数，直到合适为止。

（3）手工点胶

将印制电路板置于水平桌面上，右手握好点胶针筒，与桌面成60°角，如图6-14所示，在元器件两焊盘之间进行点胶，踩脚踏开关控制出胶。重复以上操作，直到所有元器件点胶完成。

（4）清洗针筒和针嘴并回收贴片胶

将使用完的点胶针筒和针嘴浸泡在酒精中5~10 min，并清洗待下次使用。若贴片胶未使用完，重新密封放入冰箱内。

图6-14　手工点胶

（5）贴片

对照元器件清单，用镊子夹取元器件进行贴片。

3. 贴片胶涂覆质量检测

目检贴片前、贴片后胶点大小及形状是否合格，并完成表6-10贴片胶涂覆质量检测记录表的填写。

表6-10　　　　　　　　　　　　贴片胶涂覆质量检测记录表

元器件	贴片前质量	贴片后质量

4. 贴片胶涂覆缺陷分析

分析贴片胶涂覆中存在的缺陷，以及产生缺陷的原因及解决办法，并记录在表6-11中。

表 6-11 贴片胶涂覆缺陷分析

涂覆缺陷	产生原因	解决办法

三、测评记录

按表 6-12 所列项目进行测评，并做好记录。

表 6-12 测评记录表

序号	评价内容	配分 / 分	得分 / 分
1	能根据需要领用贴片胶涂覆所需工具、元器件和材料	1	
2	能用手工点胶方法完成贴片元器件的点胶粘接	4	
3	能对贴片胶涂覆质量进行检测	2	
4	能分析贴片胶涂覆中存在的缺陷以及产生缺陷的原因及解决办法	2	
5	成果符合涂覆工艺要求	1	
总 分		10	

思考与练习

一、填空题

1. 常见的贴片胶涂覆方法有＿＿＿＿＿＿＿、＿＿＿＿＿＿＿、＿＿＿＿＿＿＿。

2. 贴片胶在使用时要遵循＿＿＿＿＿＿原则，添加贴片胶要遵循＿＿＿＿＿原则。

3. 点胶机可分为＿＿＿＿＿、＿＿＿＿＿、＿＿＿＿＿和＿＿＿＿＿四种。

二、简答题

1. 贴片胶的主要成分有哪些？各成分的主要作用是什么？

2. 全自动点胶机的主要结构包含哪些？

3. 贴片胶的主要性能指标有哪些？

4. 贴片胶涂覆常见的缺陷有哪些？

第七章　SMT焊接工艺与设备

SMT焊接工艺直接决定了电子产品的焊接质量及性能要求。本章主要介绍电子产品焊接工艺原理和类型、焊接材料的组成和选用、再流焊工艺及设备、再流焊质量缺陷分析、波峰焊工艺及设备、波峰焊质量缺陷分析等。

§7—1　焊接工艺原理和类型

学习目标

1. 理解电子产品焊接工艺原理。
2. 熟悉焊接材料的组成和选用。
3. 掌握焊接工艺的类型和应用。
4. 掌握SMT焊接的技术特点。

电子产品的焊接是指依照电路原理，将电子元器件通过导线连接起来，形成一定的机械连接和电气连接，从而实现特定的电路功能。

一、电子产品焊接工艺原理

现代焊接技术主要有加压焊（如冷压焊、超声波焊等）、熔焊（如等离子焊、电子束焊、气焊等）、钎焊（软钎焊和硬钎焊）。在现代电子产品制造过程中，电子产品焊接主要采用的方式是锡焊。锡焊是软钎焊的一种，是电子产品焊接中最简便、使用最早、应用最广、占比重最大的焊接方法。

锡焊过程可描述为采用简单的工具将焊件和焊料共同加热到锡焊温度，在焊件不熔化的情况下，作为焊料的锡熔化润湿焊件焊盘表面，对焊件实现连接和固定，并实现电气导通的过程。

锡焊必须满足以下条件：

1.焊料熔点低于焊件熔点

这样才可保证当焊料和焊件同时加热到焊接温度时，焊料熔化，而焊件不熔化。

2.焊件表面具有良好的可焊性

当焊料熔化时，熔融的焊料要润湿焊件表面，由于毛细作用，焊料和焊件原子互相扩散，在其接触面形成合金层。有些金属的可焊性较差，如铬、钨等；有些金属的可焊性很好，如纯铜、黄铜等，因此常用铜作为焊盘材质。同时要注意焊接过程中焊盘是否氧化，可通过镀锡、镀银等方法防止焊盘表面氧化。

3.焊件表面清洁、干燥

即使是可焊性好的焊件，在储存和运输过程中，也可能出现油污或潮湿情况，焊接前必须采用刮除或烘干的方法使焊件保持清洁和干燥，以利于焊料的浸润。

4. 采用合理的助焊剂

助焊剂可有效清除焊件与焊盘表面的氧化膜，不同的焊接工艺选取的助焊剂不同，在锡焊时，常采用松香为主的助焊剂。

5. 合适的焊接温度与焊接时间

焊接温度过低，易造成虚焊；焊接温度过高，易造成助焊剂分解、挥发，严重时造成焊盘脱落，元器件损坏。焊接时间过短，达不到焊接要求；焊接时间过长，易损坏焊接部位，一般一次焊接时间不超过 2 s。

在锡焊中，合格的焊点常通过润湿角来判断。在焊接过程中，焊料与焊件接触所形成的夹角称为润湿角，也称为浸润角或接触角，如图 7-1 所示。仔细观察润湿角 θ 的大小，就可判断焊点是否润湿，润湿良好则能够形成良好的焊点。

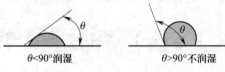

$\theta<90°$ 润湿　　　　　　　$\theta>90°$ 不润湿

图 7-1　润湿角

二、焊接材料的组成和选用

1. 焊接材料的组成

在电子产品组装中，常用焊接材料主要有焊料、助焊剂、清洗剂、黏结剂。不同的焊接工序需要采用不同的焊接材料。

（1）焊料

焊料是电子产品焊接中主要的焊接材料。根据形态不同，可分为固态焊料、液态焊料、黏稠状焊料（锡膏）；根据成分不同，可分为有铅焊料和无铅焊料。

锡膏是 SMT 焊接中主要采用的焊接材料，锡膏主要由合金粉末和助焊剂组成。常见的合金粉末有锡铅合金。尽管还没有哪种无铅焊料从性能上达到有铅焊料的稳定性，但是随着绿色产品的推行，许多问题正在逐步解决。目前 SMT 焊接多采用无铅焊接工艺。

（2）助焊剂

传统助焊剂成分以松香为主，目前使用的大部分助焊剂是以松香为基体的活性助焊剂，成分还包含活性剂、成膜剂、添加剂和溶剂等。

活性剂主要用来净化焊料和焊件表面；成膜剂可在焊接完成后在表面形成一层保护膜，保护焊点和焊盘；添加剂是根据工艺要求加入的一些具有特殊物理、化学性能的物质，如调节剂、消光剂、光亮剂等；溶剂用于溶解助焊剂的固体成分，一般采用异丙醇和乙醇。

（3）清洗剂

清洗剂是在印制电路板焊接后，为防止焊接残留影响印制电路板质量，采用的一种焊接材料，主要用于清洗助焊剂残留或其他杂质，提高可靠性。

（4）黏结剂

在 SMT 生产中，主要采用贴片胶作为黏结剂，用于将元器件固定在印制电路板的相应位置。SMT 多采用丝网模板来印刷贴片胶。

2. 焊接材料的选用

焊接材料的组成、性能都会影响焊接质量。在表面组装技术中，对焊接材料的选用有严格的要求。

（1）表面组装对锡膏的要求及锡膏的选用原则

1）表面组装对锡膏的要求

①具有良好的稳定性，可常温或冷藏 3~6 个月。

②印刷时或再流焊加热时具有优良的脱模性，不易坍塌，有一定黏度。

③加热时具有良好的润湿性，焊料飞溅少。

④焊后易清洗，焊接强度高。

2）锡膏的选用原则

①根据印制电路板氧化程度不同进行选择，一般选用中等活性锡膏，必要时选用高活性锡膏。

②不同的涂覆方法选用不同黏度的锡膏。

③精细间距焊盘应选用球形细粒度锡膏。

④焊接热敏元器件应选用低熔点锡膏。

⑤采用免洗工艺时，应选用不含腐蚀性化合物的锡膏。

（2）表面组装对助焊剂的要求及助焊剂的选用原则

1）表面组装对助焊剂的要求

①能够去除焊盘表面氧化物，增加可焊性。

②熔点低于焊料，要比焊料先熔化以起到助焊作用。

③润湿扩散速度快，要求扩展率在 90% 以上。

④黏度和密度低于焊料。

⑤不产生锡珠飞溅，不产生有毒气体或刺激性气体。

⑥焊后残渣易清洗，不黏手，不导电。

2）助焊剂的选用原则

①焊接方式不同，选用的助焊剂形态不同。

②对于可焊性好的印制电路板，可选用中等活性助焊剂。

③清洗方式不同，选用的助焊剂也不同。

（3）表面组装对清洗剂的要求

1）对油脂、松香等有较好的溶解能力。

2）表面张力小，有良好的浸润性。

3）无腐蚀性，不会造成二次损害和污染。

4）易挥发，室温下可自行去除。

5）不燃，不爆，低毒性，对人体无危害。

6）稳定性好，清洗中不发生化学反应。

（4）表面组装对贴片胶的要求及贴片胶的选用原则

1）表面组装对贴片胶的要求

①常温使用寿命长。

②有合适的黏度。

③可快速固化。

④黏结强度适当，检修时便于更换。

⑤有颜色，便于检查。

2）贴片胶的选用原则

①根据不同点胶方式，选用不同的包装。

②根据不同设备、不同施胶方式，选用不同的黏度。

③贴片胶应能在尽可能低的温度下以最快速度固化，以避免 PCB 翘曲和元器件损伤。

三、焊接工艺的类型和应用

1. 焊接工艺的类型

在电子产品焊接中，常用的锡焊方式有手工电烙铁焊接、手工热风枪焊接、浸焊、再流焊、波峰焊。

（1）手工电烙铁焊接

手工电烙铁焊接的方法是使用手持式电烙铁预热焊件表面，熔化焊锡丝，在焊件表面形成良好的焊点。手工电烙铁焊接采用的工具和材料主要有镊子、恒温电烙铁、真空吸锡枪、焊锡丝、助焊剂等。

（2）手工热风枪焊接

手工热风枪焊接的方法是使用热风枪对焊盘上已涂覆的锡膏进行加热，使其熔化后润湿焊盘，同时用镊子夹取贴片元器件放置在焊盘上，自然冷却形成焊点。手工热风枪焊接采用的工具和材料主要有镊子、热风枪（或热风工作台）、真空吸锡枪、锡膏、助焊剂等。

（3）浸焊

浸焊的方法是将已经插好元器件的印制电路板焊盘面浸入液态焊料中，使焊料附着在焊盘表面，拿出后冷却形成焊点。浸焊采用的工具和材料主要有浸焊工作台、液态焊料等。

（4）再流焊

再流焊的方法是利用再流焊机，将已涂覆锡膏、贴装元器件的印制电路板经过再流焊机加热，冷却后形成良好的焊点。再流焊主要采用全自动再流焊机完成。

（5）波峰焊

波峰焊是利用波峰焊机，将已涂覆贴片胶、贴装元器件或插装元器件的印制电路板经过波峰焊机中盛满液态熔融焊料的焊料槽，冷却后形成良好的焊点。波峰焊主要采用波峰焊机完成。

2. 焊接工艺的应用

不同的焊接工艺所适用的焊接产品种类及焊接条件不同。

（1）手工电烙铁焊接

手工电烙铁焊接主要应用于维修及检测电子产品或制作样机，或在自动化设备无法完成的情况下使用。常见的手工电烙铁如图 7-2 所示。

手工电烙铁焊接既可以焊接 THT 元器件，也可以焊接 SMT 元器件。SMT 焊接与 THT 焊接相比有以下几点不同：由于 SMT 元器件体积小，质量轻，手工电烙铁焊接时，要采用更细的焊锡丝，一般直径为 0.5～0.8 mm，或直接使用锡膏；焊接 SMT 元器件要使用更加小巧的专用镊子和电烙铁，使用尖细的锥状电烙铁头。

针对引脚数量为 2～4 的片式元器件，以焊接 SMC 元件为例，进行手工电烙铁焊接时的步骤如图 7-3 所示。

1）左手拿焊锡丝，右手拿电烙铁，用加热的电烙铁在一个焊盘上加适量的焊锡，如图 7-3a 所示。

2）保持焊盘上焊锡处于熔融状态，如图 7-3b 所示。

3）用镊子夹取元器件推到焊盘上熔融的焊锡处，如图 7-3c 所示。

4）先移开电烙铁，再移开镊子，如图 7-3d 所示。

5）用电烙铁和焊锡丝焊接元器件另一端，如图 7-3e 所示。

图 7-2　常见的手工电烙铁
a）普通电烙铁　b）自动送锡电烙铁　c）恒温电烙铁

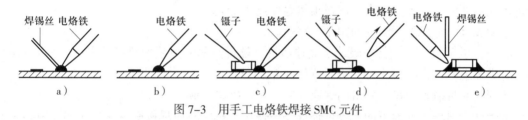

图 7-3　用手工电烙铁焊接 SMC 元件

采用手工电烙铁还可以焊接引脚数目较多（如 6 ~ 20 之间）但引脚间距较大（引脚间距在 1.27 mm 左右）的 SOP、QFP 等封装的集成电路，同样可采用上述方法，先固定一个引脚，对齐后，逐个焊接其余引脚。

对于引脚较密（引脚间距在 0.5 mm 左右）的集成电路，可先将 IC 放在相应的焊盘上，用少量焊锡固定 IC 对向的两个引脚，使 IC 准确固定，然后在其余焊盘上涂抹助焊剂，利用焊锡逐个将引脚焊牢，若焊接时引脚间存在粘连现象，可涂抹少许助焊剂，用尖头电烙铁沿引脚方向向外刮拨。

（2）手工热风枪焊接

手工热风枪主要用于焊接高引脚密度集成电路（如 PLCC、QFP、BGA 等封装），在检修电子产品时常用于拆焊。热风枪可用于焊接和拆焊多种 SMT 元器件。常见的热风枪如图 7-4 所示。

图 7-4　常见的热风枪
a）数显恒温热风枪　b）大功率数显热风枪

1）应用热风枪焊接高引脚密度元器件

应用热风枪焊接高引脚密度元器件的步骤如下：

①用助焊剂涂抹所有焊盘。

②用锡膏注射器在每列引脚上涂一条锡膏线。

③将元器件贴放在相应位置上。

④用热风枪来回吹焊锡，直至锡膏熔化，利用张力及阻焊膜作用，将焊锡均匀分布在各焊点上。

⑤冷却后完成该焊接操作。

焊接注意事项：焊接时，由于引脚密度高，每个焊盘吃锡量极少，极易造成连焊，可采用吸锡带吸走多余焊锡，或将印制电路板倾斜，利用焊锡重力和表面张力作用，用尖头电烙铁将连焊处拨开。

2）应用热风枪拆焊 SMT 元器件

应用热风枪拆焊 SMT 元器件的步骤如下：

①先在贴片元器件引脚处涂抹适量助焊剂，然后将热风枪通电，调节温度及风量，根据所拆焊元器件大小、焊盘多少，选择预热温度及风量大小。

②用夹具固定好需要维修的印制电路板。

③一只手用镊子（或真空吸笔）夹住所拆元器件，另一只手用热风枪来回吹所有引脚，等所有焊盘上的焊锡都熔化时，将元器件提起。

④用吸锡带清理焊盘上残留的焊锡和助焊剂，拆焊完成。

拆焊注意事项：若拆下的元器件还准备再使用，拆焊时应尽量避免直吹元器件中心，也不宜吹的时间过长，以免烧坏元器件。

（3）浸焊

浸焊多用于焊接 THT 印制电路板，整块板一次焊接完成，可分为手工浸焊和机器浸焊两种。手工浸焊是由操作者手持夹具夹持印制电路板，手工完成浸焊的方法。机器浸焊是利用自动化浸焊设备夹住插装好的 PCB 进行浸焊的过程，当印制电路板较大，元器件较多，无法完成手工夹持时，多采用机器浸焊。常见的浸焊设备如图 7-5 所示。

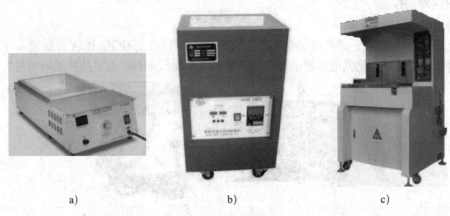

图 7-5　常见的浸焊设备

a）台式手工浸焊机　b）立式手工浸焊机　c）自动浸焊机

1）手工浸焊

手工浸焊的焊接步骤如下：

①加热锡炉，使炉温控制在 250 ~ 280 ℃。

②在 PCB 焊接面预涂一层助焊剂。

③手持夹具夹持 PCB，使焊盘面全部浸入液态焊料中，通常以浸入深度为 PCB 厚度的 1/2 ~ 2/3 为宜，浸锡时间为 3 ~ 5 s。

④浸锡完成后，PCB 与锡面成 5° ~ 10° 角离开锡面。

⑤冷却一定时间后，检查焊接质量，若多处未焊接，需重新进行浸焊，若只有少数缺焊，可采用电烙铁补焊。

手工浸焊注意事项：操作者应时刻注意锡炉温度，及时清除锡炉表面的锡渣，防止浸焊时锡渣粘在 PCB 底部，影响焊接质量。

2）机器浸焊

机器浸焊的焊接步骤如下：

①将待焊接的印制电路板置于浸焊机导轨上。

②待 PCB 运行至锡炉上方时，PCB 下降或锡炉上升，使焊盘与高温焊料接触。

③ PCB 浸入焊料深度为 PCB 厚度的 1/2 ~ 2/3，浸锡时间为 3 ~ 5 s。

④浸锡结束，PCB 离开锡炉，完成焊接。

机器浸焊注意事项：操作者应时刻注意锡液温度，防止锡炉老化，局部温度降低。注意观察 PCB 焊盘面是否氧化，自动浸焊前应适当加助焊剂。

（4）再流焊

再流焊主要用于焊接各类全表面组装元器件的印制电路板，目前已经成为 SMT 印制电路板的主流焊接工艺。

再流焊的焊接步骤如下：

1）在自动化生产线上，对全表面组装电路板进行锡膏印刷，贴装元器件。

2）根据所使用锡膏的熔点，设置再流焊各温区的温度。

3）对再流焊锡炉进行预热，使实际温度和设定温度相同。

4）将贴装好元器件的印制电路板送入再流焊锡炉，锡膏经过熔化再凝固的过程完成焊接。

再流焊注意事项：若焊接一块新的印制电路板，需采用炉温检测仪检测炉温曲线，首件焊接需进行试焊，试焊合格后再进行批量焊接。

（5）波峰焊

波峰焊主要用于焊接插件印制电路板或混合组装电路板。波峰焊是在浸焊的基础上，改变焊锡槽结构发展起来的。波峰焊利用焊锡槽内的离心泵，形成一股向上的焊料波峰，使导轨上运动的印制电路板匀速通过波峰，接触焊点，完成焊接，如图 7-6 所示。

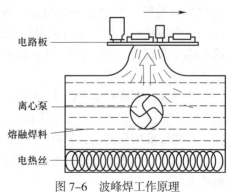

图 7-6　波峰焊工作原理

常见的波峰焊机主要有斜坡式波峰焊机、高波峰焊机、电磁泵喷射波峰焊机以及双波峰焊机。双波峰焊机焊料波形又可分为空心波、宽平波、紊乱波。

波峰焊机内部焊接步骤如下：

1）在自动化生产线上，对插件印制电路板进行插装元器件操作或对混合组装电路板进行印刷贴片胶、贴装元器件、插装元器件操作。

2）印制电路板通过传送导轨进入波峰焊机，此时焊锡槽中已加热好熔融的焊料，通过离心泵，形成焊料波峰。

3）印制电路板通过助焊剂喷嘴，底部焊盘被喷涂助焊剂。

4）通过预热区对元器件、PCB 预热，防止高温液态焊料形成的热冲击。

5）印制电路板匀速运动通过焊锡槽，底部接触焊料波峰，形成焊点。

6）通过冷却区，完成焊接。

波峰焊注意事项：波峰焊焊接中，要考虑元器件的受热能力，控制元器件接触液态焊料的时间，以免造成元器件受热损坏。

波峰焊机外观结构如图 7-7 所示。传送导轨呈倾斜状，有利于印制电路板脱离液态焊料时，多余的焊料自动流下，通常波峰焊机内部可分为助焊区、预热区、焊接区和冷却区。

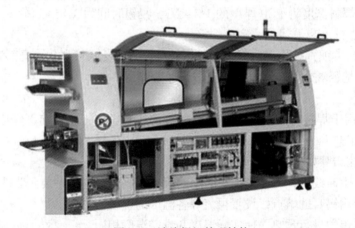

图 7-7　波峰焊机外观结构

四、SMT 焊接的技术特点

SMT 焊接是指在一块 SMA（表面组装组件）上，应用合适的焊接工艺，将元器件固定在相应位置，实现电气连接。一块印制电路板上少则几十个焊点，多则成千上万个焊点，一个焊接缺陷就可能导致整块印制电路板功能失效，因此，在 SMT 焊接中，焊接质量的好坏至关重要。焊接质量主要取决于焊接方法、所选用焊接材料、焊接工艺技术及焊接设备。

波峰焊和再流焊是 SMT 焊接中主要采用的两种方式。波峰焊主要用于混合组装电路板，再流焊主要用于全表面组装电路板。波峰焊与再流焊的主要区别在于热源与焊料供给方式不同。波峰焊采用高温液态焊料供给热源和焊料。再流焊采用再流焊机的炉体加热结构，对印制电路板进行预热、加热、冷却，焊料供给采用全自动生产线，在印刷阶段预先对印制电路板涂覆锡膏。

目前，随着 SMC/SMD 微型化以及 SMA 高密度组装的发展，元器件焊盘间隙以及元器件与元器件之间的间隙越来越小，采用再流焊工艺进行焊接与插件焊接相比，对焊接技术提出了更高的要求，在焊接过程中，只要进行正确的设计，严格地把握组装工艺及焊接工艺，SMA 可达到更高的可靠性。表面组装焊接主要有以下几个特点：

（1）焊接中元器件所受的热冲击大，对元器件耐热性提出更高的要求。

（2）焊接中可形成微细化的焊接连接，对锡膏、炉温提出较高的要求。

（3）表面组装元器件的引脚结构多样化，材料种类多，要求能对各种引脚形成合格的焊点。

（4）要求元器件与焊盘接合强度和可靠性高。

§7—2 再流焊工艺及设备

学习目标

1. 了解再流焊的工艺流程及特点。

2. 了解再流焊的类型及加热方式。

3. 熟悉热风再流焊机的结构和技术参数。

4. 熟悉台式再流焊机的结构，掌握其操作方法。

5. 掌握再流焊的质量缺陷分析及解决方法。

再流焊是目前 SMT 生产中最普遍的焊接方式，是伴随电子产品的微型化和高密度化发展而出现的焊接技术。表面组装电路板（SMB）经过锡膏印刷和元器件贴装进入再流焊机，经过干燥、预热、熔化、浸润、冷却完成焊接。

一、再流焊的工艺流程及特点

1. 再流焊的工艺流程

再流焊是 SMT 自动化生产线中非常重要的一个环节，应用再流焊技术实现电子产品的组装焊接是目前印制电路板组装技术的主流方法。

一块表面组装电路板在自动化生产线中，经过印刷机印刷锡膏、贴片机贴装元器件，再进入再流焊机进行再流焊接，在传送带的运输下，经过再流焊机各个区域，完成干燥、预热、锡膏熔化、润湿焊盘，冷却后形成焊点。锡膏在再流焊机中经历了熔化而再次流动润湿、再凝固的过程。

再流焊工艺由于锡膏的"再流动"以及"自定位效应"特点，使其对元器件贴装精度没有极高的要求，只要贴装在精度范围内，就可通过锡膏的再流动使元器件位置准确，这样大大提高了焊接的精度和速度，但是再流焊工艺对焊盘设计、元器件封装标准化、元器件端头质量、印制电路板质量、焊料质量以及焊接参数的设置提出了更高的要求。

需要特别注意的是，采用再流焊技术进行新产品焊接前，要先进行编程，调节炉温，测试炉温曲线，并进行首件焊接测试，测试合格才可进行批量生产。再流焊的一般工艺流程如图 7-8 所示。

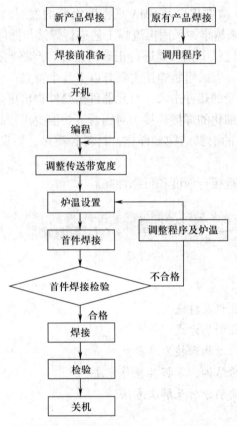

图 7-8　再流焊的一般工艺流程

2.再流焊的主要特点

再流焊工艺与波峰焊工艺相比，具有以下特点：

（1）在再流焊工艺中，元器件不会直接接触高温熔融的焊料，比波峰焊受到的热冲击小，但某些情况下因所设置炉温或加热方式的限制，元器件也会受到较大的热冲击。

（2）施放焊料准确到位，有效避免焊料剩余，减少桥连等缺陷，焊点一致性高。

（3）由于再流焊工艺的"自定位效应"，只要锡膏印刷位置准确，即使元器件贴装有偏移，在再流焊过程中也可将元器件拉回近似准确的位置。

（4）再流焊可采用局部加热热源进行局部焊接，因此可在同一基板上同时采用不同工艺进行焊接。

（5）焊接材料中的锡膏密封保存，采用少量多次加入的方法，与波峰焊焊锡槽相比，不易混入杂质，不易产生锡渣。

（6）再流焊技术热源供给可采用多种方式，如热风、红外线等，不同于波峰焊中热量只能来源于熔融的焊料。

再流焊工艺的缺陷在于它无法对插装印制电路板进行焊接，但是随着电子产品组装技术逐步微型化、高密度化，贴片元器件已经逐步取代插件，因此，再流焊已经成为电子产品组装的主流技术。

二、再流焊的类型及加热方式

再流焊的类型不同主要表现在对焊料的加热方法不同，根据热量的传导方式不同，可分为辐射和对流两种；根据加热区域不同，可分为整体加热和局部加热。整体加热又可分为红外加热法、气相加热法、热风加热法、热板加热法；局部加热又可分为激光加热法、红外线聚焦加热法、热气流加热法、光束加热法。

1. 再流焊的类型

根据以上各种加热方法，再流焊一般分为以下几种类型：

（1）热板传导再流焊

热板传导再流焊是利用热板发生热传导来加热 PCB，达到再流焊的目的。它是应用最早的再流焊技术，工作过程如图 7-9 所示。从图中可见，热板位于传送带下方，传送带采用热传导性能良好的材料，热量通过传送带传导到 PCB，熔化焊盘上的锡膏，再经冷却区完成焊接。热板传导再流焊通常由预热区、再流区、冷却区三部分组成。由于其对导热性能的要求，适合于高纯度氧化铝基板、陶瓷基板等导热性能较好的印制电路板的焊接，而覆铜压制板由于导热性能不佳，采用此方法焊接效果不佳。

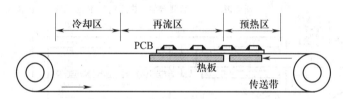

图 7-9　热板传导再流焊工作过程

热板传导再流焊的优点主要有：结构简单，价格低廉，元器件所受热冲击小，焊接过程便于目检。

热板传导再流焊的缺点主要有：受基板热量传导影响大，热板表面温度低于 300 ℃，只适用于单面组装和底面平整 PCB 的组装，温度分布不均匀。

（2）红外辐射再流焊

红外辐射再流焊一般采用炉腔隧道式加热炉结构，采用红外线热源，适用于流水线大批量生产，是出现最早、应用最广泛的 SMT 焊接方法之一。在预热区，采用远红外线加热；在再流区，采用近红外线加热。整个炉腔温度分段控制，一般分为预热区、再流区、冷却区，再流区温度一般为 230～240 ℃，时间为 5～10 s。红外辐射再流焊工作过程如图 7-10 所示。

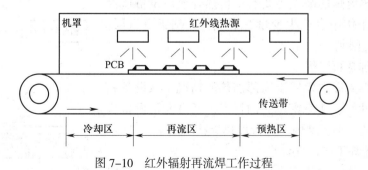

图 7-10　红外辐射再流焊工作过程

红外辐射再流焊的优点主要有：设备成本较低；可采用不同成分、不同熔点的锡膏；红外能量可渗透到锡膏内部，使溶剂逐渐挥发，而不引起焊料飞溅；加热温度和速度可调范围大，元器件受热冲击较小；温度曲线控制方便；红外加热效率高；可采用惰性气体保护焊接。

红外辐射再流焊的缺点主要有：不同材料、不同颜色元器件对红外线吸收存在差异，可能导致被焊件受热不均匀，严重时造成元器件损坏，可通过红外热风再流焊加以优化；焊接双面印制电路板时，上下两面温度差别较大。

（3）气相加热再流焊

气相加热再流焊的工作原理是加热氟氯烷系溶剂，使之沸腾产生饱和蒸气，饱和蒸气遇到低温的被焊电路后转变成相同温度的液体，产生的热量使膏状焊料熔融，润湿焊盘，冷却后形成焊点。这种再流焊方法要求传热介质具有较高的沸点，有良好的热稳定性，不自燃。常用的传热介质有美国 3M 公司研制的 FC-70（沸点为 215 ℃）、FC-71（沸点为 253 ℃）等。气相加热再流焊设备结构如图 7-11 所示。

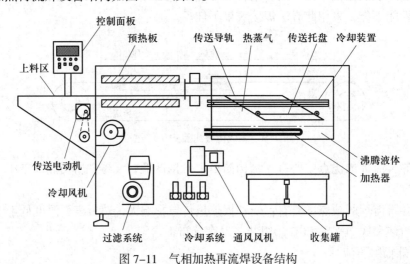

图 7-11　气相加热再流焊设备结构

气相加热再流焊的优点主要有：整体加热，热蒸气可到达设备每个角落；热传导均匀；热转化效率高；能精确控制温度；可完成任何形状产品的焊接；蒸气中含氧量低，不易氧化；能形成高精度、高质量焊点。

气相加热再流焊的缺点主要有：传热介质、设备造价高；液态介质工作中会产生少量有毒气体，损害臭氧层，不环保，使用受限制。

（4）激光加热再流焊

激光加热再流焊主要用于局部加热的情况，该设备利用激光束方向性好、功率密度高的特点，通过光学设备将激光束聚焦在某一小区域内，进行加热焊接。图 7-12 所示为激光加热再流焊工作过程。

激光加热再流焊的优点主要有：可局部加热，为维修

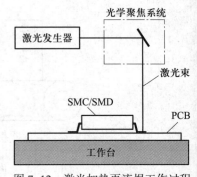

图 7-12　激光加热再流焊工作过程

PCB 提供方便；局部受热，热冲击小；对热敏元件也可使用，损伤小。

激光加热再流焊的缺点主要有：激光发生器造价高，维护成本高。

（5）全热风加热再流焊

全热风加热再流焊是一种利用加热风机来强迫热风对流循环，从而给锡膏加热的焊接方法。这种再流焊方式避免了红外辐射再流焊的局部温差缺陷，目前应用广泛。图 7-13 所示为全热风加热再流焊工作过程。

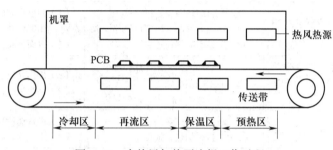

图 7-13　全热风加热再流焊工作过程

全热风加热再流焊的优点主要有：受热均匀，可实现整体焊接。

全热风加热再流焊的缺点主要有：循环气体对流速度控制要求严格；易造成 PCB 抖动、元器件偏移；热交换效率较低，耗电成本较高。

（6）红外热风再流焊

红外热风再流焊是为了克服红外辐射再流焊受热不均匀的缺点而发展起来的，红外热风再流焊从结构上改进了再流焊机的加热器，除存在红外加热外，还增加了热风循环加热结构，将炉温加热区划分为更多区域，可以更加细致、有效地调节炉温曲线。一般将温区划分为预热区、保温区、再流区和冷却区。在红外热风再流焊机中，红外线热源为主要热源，热风热源的主要作用是用热量对流减小元器件及 PCB 之间的温差。红外热风再流焊工作过程如图 7-14 所示。

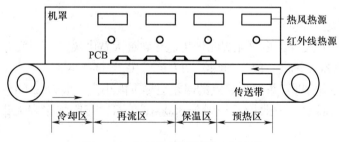

图 7-14　红外热风再流焊工作过程

红外热风再流焊的优点主要有：热空气不断流动，受热均匀，热传递效率高；各温区可独立调节温度；PCB 与元器件温差小，温度曲线易控制；适合大批量自动化生产，操作成本低。

红外热风再流焊的缺点主要有设备造价高等。

2. 加热方式

为使预涂覆在焊盘上的锡膏熔化再流，所采用的加热方式有很多种，且各有优缺点，见

表 7–1。

表 7–1		再流焊设备的主要加热方式	
加热方式	工作原理	优点	缺点
热板传导加热	通过热板热传导加热	（1）采用热传导方式，热冲击小 （2）设备结构简单，价格便宜	（1）受基板热量传导影响大 （2）不适用于大型元器件 （3）温度分布不均匀
红外辐射加热	通过吸收红外辐射加热	（1）设备结构简单，价格低 （2）加热效率高，温度可调范围大 （3）不易引起焊料飞溅	（1）颜色不同的材料吸收红外线能力不同，温度不均匀 （2）双面板时，上下面温差大
气相加热	通过传热介质热蒸气凝聚放出热量加热	（1）加热均匀，元器件热冲击小 （2）温度控制准确 （3）焊接环境氧气少，减少氧化	（1）传热介质、设备造价高 （2）会产生有害气体，不环保
激光加热	通过激光热能加热	（1）适合高精度焊接 （2）非接触加热，损伤小	（1）设备造价高 （2）维护成本高
全热风加热	通过高温空气循环对流加热	（1）加热均匀 （2）温度控制容易	（1）焊盘易氧化 （2）易造成 PCB 抖动，元器件偏移
红外辐射 + 热风加热	结合红外与热风原理	（1）加热均匀 （2）热传递效率高	设备造价高

在电子产品表面组装中，应根据实际情况灵活选择再流焊加热方式。如在产品维修中，要进行局部加热，应选择激光加热、红外辐射加热等加热方法；在大批量产品生产中，要进行整体加热，应选择全热风加热或红外辐射 + 热风加热的方式。

三、热风再流焊机的结构和技术参数

1. 结构

全热风再流焊加热是目前电子产品组装中应用较广泛的一种类型。热风再流焊机主要由控制系统、传动系统、热风系统、冷风系统等结构组成，如图 7–15 所示。图 7–16 所示为热风再流焊机实物。

2. 主要技术参数

（1）可焊接 PCB 尺寸：由再流焊锡炉传送导轨最大宽度决定，一般为 30 ~ 400 mm。

（2）温度传感器灵敏度：应达到 ±（0.1 ~ 0.2）℃。

（3）炉腔温度均匀度：炉腔内各点的温差应尽可能小，一般为 ±（1 ~ 2）℃。

（4）最高加热温度：一般最高炉温为 300 ~ 350 ℃，有铅焊接和无铅焊接温度设置不同，无铅焊接较高。

（5）加热温区数量：由再流焊锡炉结构决定，一般为 4 ~ 5 个温区，部分设备有 8 ~ 10 个温区，数量越多，加热区越长，温度曲线越容易调整。

（6）温度曲线：再流焊的温度曲线设置直接影响印制电路板的焊接质量。图 7–17 所示为锡铅焊膏再流焊温度曲线。

若再流焊锡炉不具备自动检测调试功能，则需要采购炉温测试仪进行测试。

1）从室温到 100 ℃为升温区。升温速度控制在 2 ℃/s 以内，或 160 ℃前的升温速度控

制在 1 ~ 2 ℃/s。

2）100 ~ 150（160）℃为保温区，时间为 60 ~ 90 s。

如果升温速度太快，一方面会使元器件及 PCB 受热太快，损坏元器件，造成 PCB 变形。另一方面，锡膏中的熔剂挥发速度太快，容易溅出金属粉末，产生锡球；如果预热温度太高、时间过长，容易使金属粉末氧化，影响焊接质量。

3）150 ~ 183 ℃为快速升温区，或称为助焊剂浸润区。理想的升温速度为 1.2 ~ 3.5 ℃/s，但目前国内很多设备都难以实现，大多可将升温时间控制在 30 ~ 60 s（有铅焊接时可以接受）。当温度升到 150 ~ 160 ℃时，锡膏中的助焊剂开始迅速分解活化，如时间过长会使助焊剂提前失效，影响液态焊料浸润性，影响金属间合金层的生成。

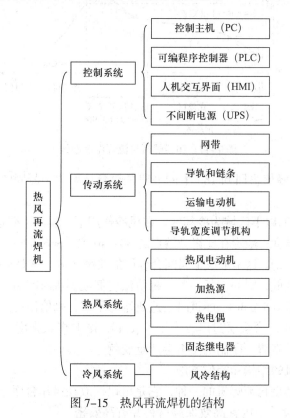

图 7-15　热风再流焊机的结构

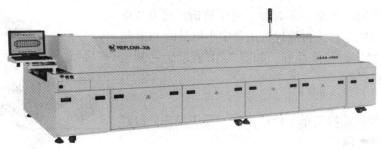

图 7-16　热风再流焊机实物

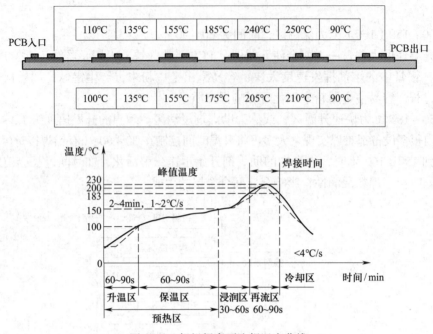

图 7-17　锡铅焊膏再流焊温度曲线

4）从 183 ℃升至峰值再回到 183 ℃的一段是锡膏从融化到凝固的焊接区，或称为再流区，一般为 60~90 s。

5）凝固后的 183 ℃以下区域为冷却区。在风冷作用下，温度下降速度小于 4 ℃/s。

注意事项：峰值温度一般定在比锡膏熔点高 30~40 ℃（Sn63/Pb37 焊膏的熔点为 183 ℃，峰值温度为 210~230 ℃）。这是形成金属间合金层的关键区域，需要 15~30 s。峰值温度高，时间可以短一些；温度低，时间应长一些。峰值温度低或再流时间短，会使焊接不充分，金属间合金层太薄（小于 0.5 μm），严重时会造成锡膏不熔；峰值温度过高或再流时间长，会造成金属粉末严重氧化，合金层过厚（大于 4 μm），影响焊点强度，严重时还会损坏元器件和印制电路板，从外观看，印制电路板会严重变色。

四、台式再流焊机的结构和操作方法

台式再流焊机是小型再流焊机的一种，它是可以摆放在操作台面上的再流焊机。台式再流焊机采用全封闭式设计，内置高效保温材料并有高效密封条，保温效果好，耐热，耐腐蚀，易于清洁，可有效降低功耗，节省电能。台式再流焊机适合中小批量的 PCB 组装生产，性能稳定，经济性好。如图 7-18 所示为一款红外台式再流焊机。

1. 结构

台式再流焊机结构简单，价格便宜，易于操作。以红外台式再流焊机为例：

（1）其机体采用抽屉式炉门结构，方便放取 PCB。

图 7-18　红外台式再流焊机

（2）其控制系统采用单片机控制红外辐射温度，使得 PCB 在炉腔内顺序经历预热、再流和冷却的过程，完成焊接。

（3）其控制面板装有启动、停止、温度调节按钮，以及可显示实时温度的 LCD 显示屏。

（4）当炉门关闭时，其内部处于封闭状态，利于保温和检测温度，以及控制焊接质量。

2. 操作方法

（1）开机

开机前，检查电源是否接通，是否为本机额定电源；检查设备是否良好接地；查看炉体内部是否有残渣，若有应及时清理；检查红外设备是否可正常加热。

（2）放入待焊板

打开炉门，放入待焊接的 PCB，确保 PCB 上已经涂覆锡膏，贴装元器件。

（3）温度设置

应用单片机控制系统设置印制电路板在炉腔内预热、再流、冷却的红外加热时间及风冷时间，严格控制焊接过程炉温。

（4）取出印制电路板

待印制电路板冷却后，打开炉门，取出焊好的印制电路板。

（5）检测

目检或在 AOI 设备上检测焊接质量，若出现缺陷，分析原因，修改程序，直至焊接完好，进行批量焊接。

（6）关机

焊接完成，待炉体冷却后，关闭设备。

由于台式再流焊机需手动操作，不适宜大批量生产，适合在一些小型工厂或研发印制电路板试制时使用。

五、再流焊的质量缺陷及解决方法

1. 焊接质量检测标准

元器件各焊点的焊接质量是印制电路板甚至整机功能实现的关键因素，焊接质量的好坏取决于许多因素，合理的表面组装工艺过程是提高 SMT 焊接质量的重要因素。

在 SMT 生产中，对各种元器件的焊后焊点检测有一定的标准，见表 7-2。

表 7-2　　　　　　　　　　　　　　焊点质量检测标准

焊点	优良	可接受	不合格
矩形件焊点	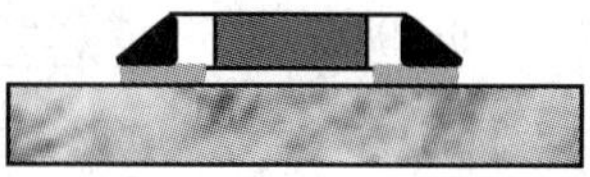	焊锡偏多或偏少，可接受 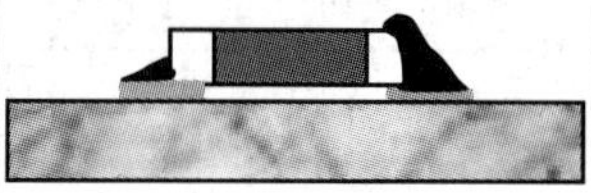 	焊锡太少 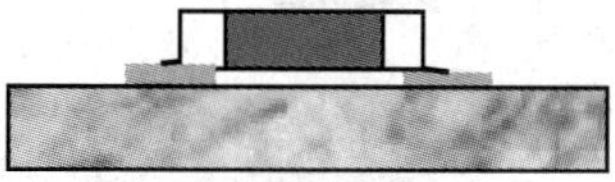 焊锡超过元件本体 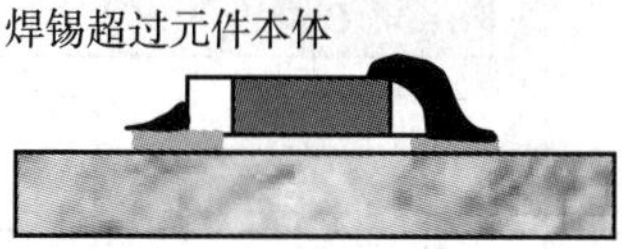

续表

焊点	优良	可接受	不合格
二极管焊点		$H \geqslant 1/3D$（$D \leqslant 1.2$ mm 时），或 $H \geqslant 0.4$ mm（$D>1.2$ mm 时）	焊锡过少 焊锡过多
SOT、SOP、QFP、SOP封装元器件焊点		最少焊锡条件：$H=0.5D$	没达到最少焊锡条件 焊锡漫到引脚根部
PLCC、SOJ封装元器件焊点		最少焊锡条件：$H=0.5D$	没达到最少焊锡条件 焊锡漫到引脚根部

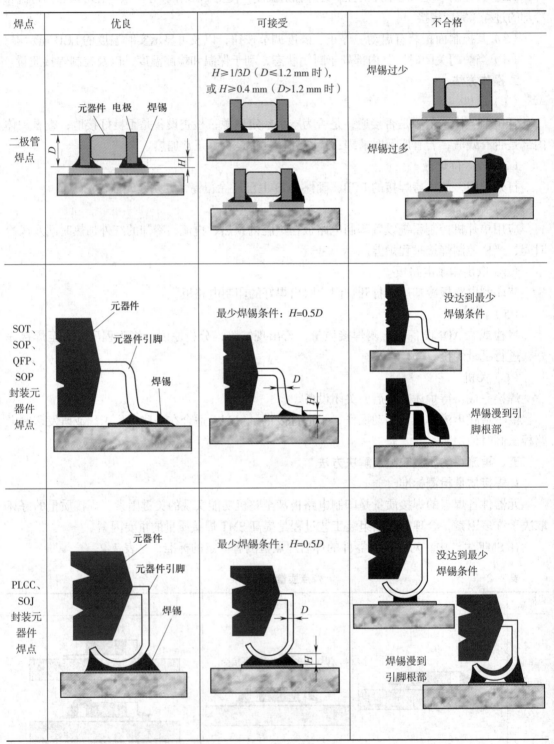

除焊点检测外，SMT 焊后检测还包括错件及元器件反向检查，见表 7–3。

表 7-3　　　　　　　　　　　　焊后错件及元器件反向检查标准

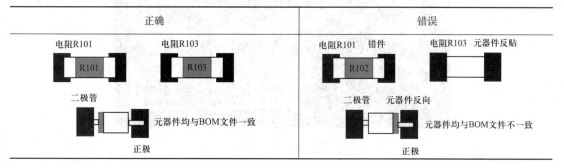

正确	错误
电阻R101　　　电阻R103 二极管 元器件均与BOM文件一致 正极	电阻R101　错件　　电阻R103　元器件反贴 二极管　元器件反向 元器件均与BOM文件不一致 正极

2. 焊接缺陷分析及解决方法

再流焊中，受诸多因素影响，印制电路板上常出现一些焊接缺陷，主要有以下几种：虚焊、桥连、立碑、少锡、多锡、反贴、侧立、漏贴、偏移、极性反向、错贴、锡珠、元器件破损等。下面以几种常见的焊接缺陷为例分析缺陷产生原因及解决方法。

（1）虚焊

虚焊常发生在 IC 或片式元器件的电极上，没有形成一体的焊点，如图 7-19 所示。

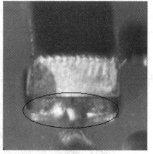

图 7-19　虚焊现象

虚焊产生原因及解决方法见表 7-4。

表 7-4　　　　　　　　　　　　虚焊产生原因及解决方法

序号	产生原因	解决方法
1	元器件贴片时偏移量过大，导致焊接不良	优化贴片机贴片程序
2	元器件电极氧化严重，导致焊接不良	PCB 使用前预涂助焊剂，去氧化，提高焊接润湿性
3	PCB 表面有杂质，锡膏无法润湿导致焊接不良	焊接前检查 PCB 表面，确保干净无杂质
4	锡膏过干、润湿不良，导致焊接不良	选择合适的锡膏
5	再流焊温度过低，导致部分元器件冷焊或焊点假焊	调节炉温曲线，并测试，减少冷焊及假焊

（2）桥连

桥连是指焊料连接了两个或多个本不应该连接的线路或电极引脚，形成短路，如图 7-20 所示。

图 7-20　桥连现象

桥连产生原因及解决方法见表 7-5。

表 7-5　　　　　　　　　　　　　桥连产生原因及解决方法

序号	产生原因	解决方法
1	锡膏印刷时坍塌，印连在一起，或印刷时偏移过多	印刷时，选择合适的刮刀压力及钢网厚度，控制锡膏量
2	钢网下有异物，使印刷时锡膏量偏厚，导致过炉时连焊	印刷时，定时清理钢网底部
3	贴片时元器件偏移量过大，过炉时导致连焊	优化贴片机贴片程序
4	炉温设置不当	调节炉温曲线，并测试

（3）立碑

立碑是指片式元器件竖立在 PCB 上，仅有一个焊极与元器件焊盘连接，处于开路状态，如图 7-21 所示。

图 7-21　立碑现象

立碑产生原因及解决方法见表 7-6。

表 7-6　　　　　　　　　　　　　立碑产生原因及解决方法

序号	产生原因	解决方法
1	元器件一端电极氧化润湿不良	焊接前确保焊盘去氧化，选择有效期内的印制电路板及元器件
2	元器件贴片时偏移量过大	优化贴片机贴片程序，减少偏移量
3	炉温设置不当	调节炉温曲线，并测试

（4）少锡

少锡是指焊料在焊盘的覆盖面积不足 50%，或焊料在元器件引脚上的爬升高度不足 20%，如图 7-22 所示。

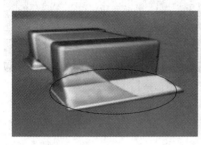

图 7-22　少锡现象

产生少锡的原因之一是锡膏印刷时漏印，导致焊接时锡少，可检查钢网是否堵塞，锡膏是否搅拌均匀。另外一个原因是印刷后的 PCB 在手动传送过程中，锡膏被碰掉导致锡少。在目检时应严格遵守操作规程。生产中尽量选择全自动生产线，避免人为因素。

（5）漏贴

漏贴是指本应贴装元器件的元器件位没有贴装元器件，如图 7-23 所示。

图 7-23　漏贴现象

漏贴产生原因及解决方法见表 7-7。

表 7-7　　　　　　　　　　　　　漏贴产生原因及解决方法

序号	产生原因	解决方法
1	贴片机故障，如吸嘴太脏、相机镜头脏等	对贴片机吸嘴、相机镜头进行清洁保养
2	元器件库设置不当	检查元器件库设置，重新调整
3	PCB 太大而不摆设顶针，贴片时振动过大	在贴片机贴片位置下方，安放顶针，确保元器件贴放精确度
4	生产时抛料率过高	优化贴片机程序，或检查本批次元器件，确保合格
5	吸嘴真空有故障	检查真空管，确保无堵塞现象

（6）偏移

偏移是指元器件焊极超出元器件焊盘部分大于元器件宽度的 1/3，甚至电极离开焊盘，如图 7-24 所示。

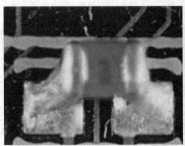

图 7-24　偏移现象

偏移产生原因及解决方法见表 7-8。

表 7-8　　　　　　　　　　　　　偏移产生原因及解决方法

序号	产生原因	解决方法
1	机器程序坐标有偏移	重新校准贴片机程序
2	元器件库设置不当，识别中心不稳定	调整元器件库设置，使吸嘴在元器件的中心位置吸取元器件
3	红胶过少或锡膏过干	检查红胶或锡膏质量
4	机器顶针摆设不当，PCB 不平	调整机器顶针，使 PCB 平整

（7）锡珠

锡珠是指片式元器件两侧有明显锡球、锡珠，如图 7-25 所示。

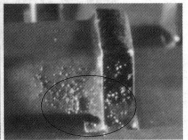

图 7-25　锡珠现象

产生锡球、锡珠的原因和解决方法见表 7-9。

表 7-9　　　　　　　　　　　　产生锡球、锡珠的原因和解决方法

序号	产生原因	解决方法
1	预热温度太高	调整再流焊锡炉的炉温曲线，设置合适的预热温度
2	锡膏印刷偏移	检查钢网印刷情况，确保对准焊盘
3	锡膏坍塌或印刷量过多	检查锡膏质量，选择合适的钢网厚度，控制锡膏量
4	SMD 贴装高度过低	调节贴片机贴装压力，避免挤压锡膏

§7—3 波峰焊工艺及设备

学习目标

1. 理解波峰焊的工艺流程、特点和工作原理。

2. 了解波峰焊机的类型和结构。

3. 掌握波峰焊机的参数设置、操作规程及注意事项。

4. 掌握波峰焊接的质量缺陷及解决方法。

波峰焊是SMT混装工艺中常用的焊接方式,它是在浸焊技术基础上发展起来的。在混装工艺中,表面组装电路板经印刷贴片胶、贴装元器件、插装元器件后,再进入波峰焊机,焊盘面在传送导轨上,经预涂助焊剂、预热、波峰焊接和冷却完成焊接。

一、波峰焊的工艺流程、特点和工作原理

1. 工艺流程

由于受到元器件发展的限制,目前许多电子产品均采用混装工艺,波峰焊焊接技术是混装工艺印制电路板主要的焊接方式。焊接过程中,为满足插件的波峰焊接,贴片元器件需先经过印刷机印刷贴片胶固定,再统一经波峰焊机完成焊接。

需要特别注意的是,波峰焊技术在进行新产品焊接前,要首先进行参数调整,并进行首件焊接测试,测试合格才可进行批量生产。波峰焊一般工艺流程如图7-26所示。

2. 特点

波峰焊技术是由浸焊技术发展而来的,与浸焊机相比,具有如下优点。

(1)波峰焊焊锡槽中焊料表面有一层抗氧化剂隔离空气,只有焊料波峰与空气接触,减少了焊料氧化机会,有效避免焊料浪费。

(2)高温焊料与印制电路板接触时间短,避免印制电路板扭曲变形。

(3)焊料槽中焊料处于活动状态,焊料均匀,避免焊料静置出现分层现象。

(4)焊料充分流动,有利于提高焊点质量。

3. 工作原理

波峰焊是将焊料槽中熔融的液态焊料,借助离心泵的作用,在焊料槽液面形成特定形状的焊料波峰,将插装了元器件的PCB放置于传送链上,以某一特定的角度以及一定的浸入深度穿过焊料波峰而实现焊点焊接的过程。

印制电路板在波峰焊机内部,主要经过喷涂助焊剂、预热、波峰焊和冷却四个过程。

喷涂助焊剂时,喷雾法是焊接工艺中一种比较受欢迎的涂敷方法,它可以精确地控制助焊剂沉积量。助焊剂喷雾系统是利用喷雾装置,将助焊剂雾化后喷到PCB上,预热后进行波峰焊。

波峰焊中,波峰面的表面均被一层氧化皮覆盖,它在沿焊料波的整个长度方向上几乎都保持静态。在波峰焊过程中,PCB接触到锡波的前沿表面,氧化皮破裂,PCB前面的锡波无褶皱地被推向前面,这说明整个氧化皮与PCB以同样的速度移动。当PCB进入波峰面前端

时，基板与引脚被加热，并且在未离开波峰面之前，整个 PCB 浸在焊料中，即被焊料所桥连，但在离开波峰尾端的瞬间，少量的焊料由于润湿力的作用黏附在焊盘上，并由于表面张力的原因，会以引脚为中心收缩至最小状态，此时焊料与焊盘之间的润湿力大于两焊盘之间焊料的内聚力，因此会形成饱满、圆整的焊点，离开波峰尾部的多余焊料，由于重力的原因而回落到焊锡槽中。

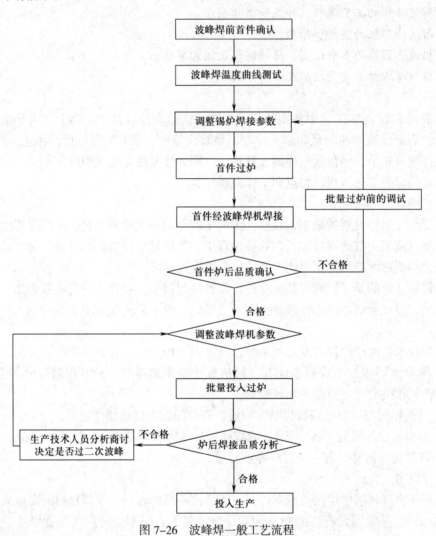

图 7-26　波峰焊一般工艺流程

二、波峰焊机的类型、结构和参数设置

1. 波峰焊机类型

根据锡炉尺寸大小和组装板尺寸大小，可将波峰焊机分为小型机、中型机和大型机。

根据波峰焊工艺不同，可将波峰焊机分为一次焊接系统和二次焊接系统。

根据焊料波峰形状不同，可将波峰焊分为单波峰焊、双波峰焊、高波峰焊、紊乱波峰焊、宽平波峰焊、空心波峰焊等，此外还有导轨倾斜的斜坡式波峰焊。

单波峰焊机的焊料槽中有一个焊料波峰，常见的波峰焊机有平行导轨和倾斜导轨两种结构。倾斜导轨波峰焊机的传送导轨具有一定角度的斜坡，斜坡角度可以调整。这样增加了印制电路板焊接面与焊锡波峰接触的长度，从而可以提高焊接效率，不仅有利于焊点内的助焊剂挥发，避免形成夹气焊点，还能让多余的焊锡流下来，一般适用于过一次锡或只有插装件的 PCB。

双波峰焊机是改进型波峰焊设备，特别适合焊接 THT 和 SMT 元器件混合安装的印制电路板。印制电路板的焊接面要经过两个熔融的铅锡焊料形成的波峰，这两个焊料波峰的形式不同，最常见的波形组合是紊乱波 + 宽平波，空心波 + 宽平波的波形组合也比较常见；焊料熔液的温度、波峰的高度和形状、印制电路板通过波峰的时间和速度这些工艺参数，都可以通过计算机伺服控制系统进行调整，第一个波峰较高，作用是焊接，第二个波峰相对较平，主要是对焊点进行整形。图 7-27 所示为双波峰焊接示意图。

图 7-27　双波峰焊接示意图

高波峰焊机适用于 THT 元器件"长脚插焊"工艺。焊料离心泵的功率比较大，从喷嘴中喷出的锡波高度比较高，并且其高度可以调节，保证元器件的引脚从锡波里顺利通过。

2. 结构

波峰焊机的主要结构包括波峰焊机机壳、中央控制器、运输系统、入板接驳装置、喷雾系统、预热系统、锡炉焊接系统、清洗链爪装置、冷却系统、风刀等。

（1）机壳：即波峰焊机各零部件的承载框架。

（2）中央控制器：负责对系统各部件的工作进行协调和管理。

（3）运输系统：夹持 PCB 以一定的速度和倾角经过波峰焊接各工艺区的 PCB 载体。运输系统的主要技术要求是传动平稳、无振动或抖动现象、噪声低、机械特性好、耐腐蚀、耐高温、不变形。传送速度一般在 0～3 m/min 内连续可调，传送角度在 3°～7° 范围内可调。PCB 由夹持爪夹持，要求夹持爪装卸 PCB 方便，宽度易调节，化学稳定性好，不受助焊剂溶蚀，不沾锡，夹持稳定。PCB 的传送方式主要有爪式、机械手式和框架式三种。爪式和机械手式都是将 PCB 置于夹持爪，直接安放在链条上运行；框架式也称为托架式，是将 PCB 固定在框架上，将框架安放在链条上运行。

（4）入板接驳装置：保证 PCB 从插件线体顺利地进入波峰焊接传送系统。

（5）喷雾系统：往 PCB 上均匀地涂覆助焊剂，去氧化，辅助焊接。波峰焊机的喷雾系统采用定量喷射方式，助焊剂被密封在容器中，不会挥发，不会吸收空气中的水分，不会被污染，因此，助焊剂成分保持不变。采用定量喷射方式，喷涂量可控制，喷涂均匀。

（6）预热系统：避免焊接时 PCB 急剧受热、助焊剂中溶剂挥发及激活助焊剂中的活性物质。

（7）锡炉焊接系统：它是设备的核心部件，其他所有部件都是围绕着波峰焊锡炉展开的，用于产生波峰焊接工艺所要求的特定的液态焊料波峰。焊料波峰由机械泵或电磁泵产生。机械泵分为离心泵、螺旋泵和齿轮泵三种类型。电磁泵分为直流传导式、单相交流传导式、单相交流感应式和三相交流感应式四种类型。波峰的形状是由喷嘴的外形设计决定的，国内外大约有几十种波形设计，如弧形波、双向平波、Z 形波、λ 形波、Ω 形波、空心波等，适合 SMT 波峰焊接的波形有 Ω 形波、空心波以及由一个紊乱波和一个平滑波组成的双波峰。

（8）清洗链爪装置：用于清洗波峰焊机链爪上的锡渣等杂物。

（9）冷却系统：主要负责降低热能对元器件的损害，提高 PCB 基板铜箔的黏结强度等。冷却系统有风冷式和水冷式两种。

（10）风刀：由冷风刀形成风帘效果，热风刀消除连焊。

波峰焊机的这十个组成部件都是波峰焊机焊接时必备的，有些波峰焊机还有自动加锡装置和氮气系统。图 7-28 所示为波峰焊机内部结构。

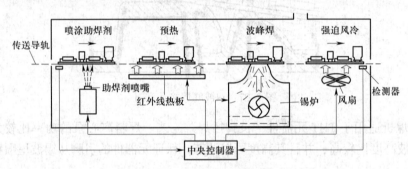

图 7-28   波峰焊机内部结构

3. 波峰焊机的技术参数

全自动波峰焊机在使用过程中要根据焊接结果，调整好技术参数，否则会影响焊接质量。波峰焊机在使用过程中的常见参数主要有以下几个：

（1）预热温度

预热温度一般设定在 90 ~ 110 ℃，这里的温度是指预热后 PCB 焊接面的实际受热温度，影响预热温度的因素有 PCB 的厚度、走板速度、预热区长度等。

1）PCB 的厚度。不同的 PCB 吸热和热传导的速率不同。如果 PCB 较薄，则易受热并使 PCB 元器件面较快升温，若有不耐热冲击的元器件，则应适当调低预热温度；如果 PCB 较厚，焊接面吸热后，并不会迅速传导给元器件面，此类板能经过较高预热温度。

2）走板速度。一般走板速度定在 1.1 ~ 1.2 m/min，但这不是绝对值。走板速度通常需与改变预热温度配合，要将走板速度加快，为了保证 PCB 焊接面的预热温度能够达到预定值，就应当把预热温度适当提高。

3）预热区长度。预热区的长度影响预热温度，预热区较长时，温度可调至接近想要得到的板面实际温度；如果预热区较短，则应相应地提高其预定温度。

（2）锡炉温度

以 63Sn/37Pb 的锡条为例，锡炉温度应调在 245 ~ 255 ℃，尽量不要超过 260 ℃，因为新的锡液在 260 ℃ 以上的温度时将会加快其氧化物的产生。图 7-29 所示为锡炉温度与锡渣产生量的关系。

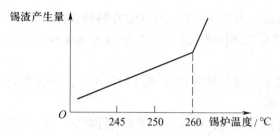

图 7-29　锡炉温度与锡渣产生量的关系

（3）链条的倾角

这一倾角指的是链条（或 PCB 面）与锡液平面的角度，一般为 5°~7°，当 PCB 通过锡液平面时，应保证 PCB 元器件面与锡液平面只有一个切点。当倾角过小时，易造成焊点拉尖、沾锡太多、连焊多等现象的出现；当倾角过大时，易造成焊点的吃锡不良甚至不能上锡等现象。

（4）风刀的倾角

在波峰焊机使用中，风刀的主要作用是吹去 PCB 面多余的助焊剂，并使助焊剂在 PCB 元器件面均匀涂布。一般情况下，风刀的倾角应在 100° 左右。如果角度调整不合理，会造成 PCB 表面焊剂过多或不均匀，在过预热区时易滴在发热管上，影响发热管的使用寿命，而且会影响焊接完成后 PCB 表面的粗糙度，甚至可能会造成部分元器件上锡不良等状况的出现。

（5）锡液中的杂质含量

在普通锡铅焊料中，以锡、铅为主元素，锑（Sb）、铋（Bi）、铟（In）等元素视为添加元素，铜（Cu）、铝（Al）、砷（As）等可视为杂质元素。在所有杂质元素中，铜对焊料性能的危害最大，在焊料使用过程中，往往会因为过二次锡造成锡液中铜杂质或其他微量元素的含量增高，严重影响合金的特性，主要表现在合金中出现不熔物或半熔物以及熔点不断升高，并导致虚焊、假焊的产生。另外，杂质含量的升高会影响焊后合金晶格的形成，造成金属晶格的枝状结构，表现出来的症状有焊点表面发灰、无金属光泽、焊点粗糙等。

所以，在波峰焊机的使用过程中，应重点注意对波峰焊机中铜等杂质含量的控制，一般情况下，当锡液中铜杂质的含量超过 0.3% 时，建议做清炉处理。

三、波峰焊机的操作规程及注意事项

1. 操作规程

（1）操作者资格

1）必须由具备波峰焊操作技能的工程部门人员或具备波峰焊操作技能并得到工程部门授权的其他部门人员操作波峰焊机。

2）不具备波峰焊操作技能的人员或具备波峰焊操作技能但未经工程部门授权的人员不得操作波峰焊机。

3）操作者除了具备必要的操作技能外，还必须具备紧急情况的处置知识和能力。

（2）焊接步骤

1）焊接前准备。检查待焊 PCB（该 PCB 已经过涂敷贴片胶、SMC/SMD 贴片、胶固化并完成 THC 插装工序）后附元器件插孔的焊接面是否涂好阻焊剂，或用耐高温胶带贴住，以防波峰焊后插孔被焊料堵塞。如有较大尺寸的槽和孔也应用耐高温胶带贴住，以防波峰焊

时焊锡流到 PCB 的上表面。然后将助焊剂接到喷雾器的软管上。

2）开机。打开波峰焊机和排风机电源，根据 PCB 宽度调整传送带宽度。

3）设置焊接参数

①助焊剂流量。根据助焊剂接触 PCB 底部面积而定，注意要喷涂均匀，确保只有少量助焊剂渗透到上表面焊盘。

②预热温度。根据 PCB 厚度、预热区长度等进行调整，使预热温度达到 90~110 ℃。

③传送带速度。根据不同波峰焊机和 PCB 情况而定。

④锡炉温度。表头或液晶屏显示温度要比波峰温度高出 5~10 ℃。

⑤波峰高度。一般应达到 PCB 厚度的 2/3 处。

4）首件焊接检验。将首件 PCB 放入传送带，经喷涂助焊剂、预热、焊接、冷却后形成良好焊点，在波峰焊机尾部接住 PCB。按照检验标准进行检验。

5）参数调整。若检验存在不合格，分析原因，继续调整参数，直到检验合格。

6）批量生产。依照首件合格参数批量生产印制电路板，并放入防静电周转箱，以备后续工序使用。每块印制电路板都需检验合格，若存在较大缺陷，应洗板重新焊接。

7）出厂检验。按相关出厂标准对产品进行检验。

2. 注意事项

（1）注意填写操作记录，每 2 h 记录一次焊接参数。

（2）每个产品都需焊后检验，若发现问题，及时调整参数。

（3）定期检测焊锡槽内的锡铅比例及杂质含量，若杂质含量超标，需进行清焊锡槽处理。

（4）经常清洗焊料喷嘴，及时清理焊料表面氧化物残渣。

（5）印制电路板和元器件需充分预热，避免温度急剧升高而损坏印制电路板。

（6）助焊剂喷嘴要经常清洗，防止堵塞。

（7）操作者作业时或点检保养时，需戴防毒口罩，做好安全防护工作。

（8）波峰焊机操作员必须经过培训后，才可上岗操作。

（9）波峰焊机的抽风机必须安装过滤网，过滤网每周更换一次。

（10）设备检验、调试、维修、保养时请勿切断电源。

（11）当生产结束后，关闭电源，清洁地面与设备。

四、波峰焊接质量缺陷及解决方法

1. 焊接质量检测标准

波峰焊焊点标准与再流焊焊点标准基本相同，具体可概括为：

（1）具有良好的导电性及强度，即焊锡与被焊金属物面相互扩散形成合金层，条件是有足够的焊接时间及合适的湿度，时间一般为 1~2 s，焊点越大时间越长。

（2）焊锡量要适当，过少则强度低，易造成虚焊及脱焊；过多则浪费，易造成堆焊或包焊。

（3）焊点表面应有良好的光泽、光滑、清洁、无毛刺及拉尖、无缝隙、无气泡及针眼、无焦块及污垢。

2. 焊接缺陷产生原因及解决方法

波峰焊常见焊接缺陷产生原因及解决方法见表 7-10。

表 7-10   波峰焊常见焊接缺陷产生原因及解决方法

焊接缺陷	产生原因	解决方法
沾锡不良	外界污染物、焊盘氧化、喷助焊剂方式不正确、吃锡时间不足或锡温不足	溶剂清洗污染物、助焊剂去氧化、检查助焊剂喷涂设备、调整设备参数
锡量大	锡炉输送角度不正确、焊锡槽温度和焊锡时间不合适、预热温度低	调整锡炉输送角度、焊锡槽温度、焊锡时间，提高预热温度
锡尖	PCB板可焊性差，焊锡槽温度、焊锡时间不合适，冷却风流角度不对	提升助焊剂比重，调整焊锡槽温度、焊锡时间，调整冷却风流角度，避免吹向焊锡槽方向
短路	吃锡时间不够、预热不足、助焊剂不良、基板进行方向与锡波配合不良、线路设计不良、焊料氧化物残渣过多	调整锡炉、调整助焊剂比重、更改吃锡方向、更换液态焊料
针孔及气孔	有机污染物挥发、基板有湿气、电镀液中的光亮剂问题、孔径设计问题	溶剂清洗有机污染物、用前烘干基板、改用含光亮剂较少的电镀液、修改孔径
焊点表面粗糙	金属杂质结晶、锡渣残留、外界污染物	定时检验焊料金属成分、焊锡槽内追加焊锡并清理焊锡槽、溶剂清洗污染物

五、波峰焊机的发展方向

波峰焊机主要用于消费类电子产品，其发展方向主要体现在以下几个方面：

（1）波峰焊过程实现了计算机控制，大大提高了整机的可靠性，操作维修简便，人机界面友好。

（2）出现了采用超声喷雾系统喷涂助焊剂的波峰焊机，以及含有氮气保护系统的机型，可避免焊料高温氧化，正逐步向环保方向挺进。

（3）在波峰动力系统方面，感应电磁泵技术逐渐替代机械泵技术，成为未来焊料波峰动力技术的主流。

（4）通过曲线渐变导轨和机械手可变倾角调整 PCB 进入波峰的倾角，提高了焊接质量。

（5）选择性波峰焊机应用越来越广泛。

六、选择性波峰焊机

选择性波峰焊机是一种特殊焊接形式的波峰焊机，可满足现代焊接工艺的要求，主要用于高端电子制造领域，如通信、汽车、工业和军用电子行业。目前，国产的选择性波峰焊机种类繁多，如图 7-30 所示为劲拓 CELL-450 型选择性波峰焊机。选择性波峰焊机同样拥有助焊系统、预热系统和焊接系统三个主要组成部分，通过程序编辑可使设备有针对性地对某些元器件焊点进行定向喷涂和焊接，焊接效率和可靠性比手工焊高，成本比波峰焊低。

图 7-30　劲拓 CELL-450 型选择性波峰焊机

1. 选择性波峰焊机的技术优势

（1）选择性波峰焊是针对特定点的焊接，可对焊接参数进行量身定制，即可将焊点的焊机喷涂量、焊接时间、波峰高度等调至最佳，大大降低了焊接缺陷，甚至可做到零缺陷焊接。

（2）对特定点的助焊剂喷涂，不会污染整块印制电路板，离子污染量也大大降低。若焊接后残留有钠离子和氯离子，其易与水分子结合形成盐腐蚀印制电路板和焊点，造成开路。因此，普通的波峰焊接需要在焊接后进行洗板，而选择性波峰焊有效避免了这个问题。

（3）对特定点的焊接，有效避免了普通波峰焊对印制电路板的整体热冲击，可有效避免焊点开裂等热冲击缺陷。

2. 选择性波峰焊机的技术要点

（1）选择性助焊剂喷涂系统

选择性助焊剂喷涂系统在工作时按照事先编制好的程序运行到指定位置，对印制电路板上需要焊接的区域进行助焊剂喷涂，不同区域的喷涂量可利用程序进行调节，既节省了焊剂，又避免了污染。

（2）预热系统

选择性波峰焊机的预热系统安全可靠，其采用整板预热，可有效防止受热不均造成的PCB变形。预热的主要作用是活化助焊剂，通过调节预热温度使助焊剂达到最佳的活化效果。对于热敏元器件可调节预热温度，以免其被损坏。同时，预热良好也可以有效避免后续焊接过程中基板的热冲击，焊接可靠性大大提高。

（3）焊接系统

焊接系统主要由锡炉、机械或电磁泵、喷嘴、氮气保护装置和传动装置组成。机械或电磁泵使焊料从喷嘴不断涌出，形成稳定的焊料波峰，更换不同形状的喷嘴可获得不同形状的焊料波峰。对于需要焊接的焊点，可通过程序控制传动装置使喷嘴运行到指定位置进行逐点焊接。氮气保护装置可有效防止锡渣产生，避免喷嘴堵塞。

3. 选择性波峰焊的焊接方式

选择性波峰焊有拖焊和浸焊两种焊接方式。

（1）拖焊是指波峰焊单喷嘴或双喷嘴按照程序编写的路径，顺序完成焊接的焊接方式。焊接中每个焊点的各个参数（如焊料温度、喷射位置、喷射高度、助焊剂喷射量等）都可通过程序精确设定，应用上具有高度灵活性，适合多品种、少量焊点的印制电路板。拖焊方式主要采用"高斯波"喷嘴进行点式或拖式选择性焊接，可采用倾斜方式，有效避免了短路、拉尖等缺陷。

（2）浸焊是指多个焊点同步焊接的焊接方式。这种方法需要根据印制电路板焊点分布，设计多喷嘴平板，保证多个喷嘴同时对多个焊点，形成同步焊接。喷射助焊剂时，一个个焊点进行喷射效率较低，可以制作掩板，掩盖不需要喷射的部位，同时进行喷涂。浸焊主要用于生产品种少、批量较大的产品。

4. 选择性波峰焊机对 PCB 的要求

为了不影响周边元器件，在选择焊接的焊点周围需留出焊接通道，相邻焊点边缘、元器件及焊嘴间的距离应大于 6 mm。元器件厚度小于 4 mm 时，元器件及焊嘴间的距离可小于6 mm；当元器件高度大于 20 mm 时，元器件及焊嘴间的距离应大于 6 mm。

实训 7　再流焊接技能训练

一、实训目的

1. 能根据需要领用再流焊接所需工具、元器件及材料。

2. 能操作台式再流焊机完成实训印制电路板的贴片元器件焊接任务。

二、实训内容

1. 领用再流焊所需工具、元器件和材料

根据要求确定并领用再流焊所需工具、元器件和材料，完成表 7-11 的填写。

表 7-11　　　　　　　　　　　　　再流焊接领料表

序号	物料名称	规格/尺寸/型号	用途	单位	领用数量	领料人	日期
1							
2							
3							
4							
5							
6							
7							

2. 用台式再流焊机完成元器件的自动焊接

根据台式再流焊机操作步骤，完成待焊接印制电路板的自动焊接。

（1）开机

打开图 7-31 所示再流焊机温度控制软件界面，设置系统参数和再流焊温度。

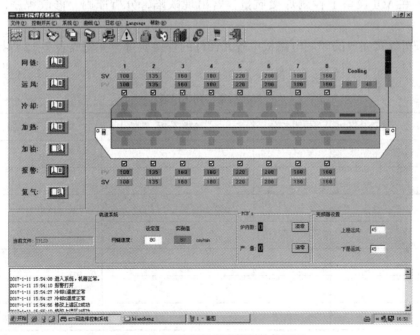

图 7-31　再流焊机温度控制软件界面

（2）放入待焊板

打开炉门，放入待焊接的 PCB，确保 PCB 上已经涂覆锡膏并贴装元器件。

（3）温度设置

应用再流焊机温度控制软件设置印制电路板在炉腔内经历预热、再流焊、冷却的红外加热时间及风冷时间，严格控制焊接过程炉温。

进行再流焊实时温度曲线测试，如图 7-32 所示，根据实际测量的情况，调整焊接的温度。

（4）取出印制电路板

待印制电路板冷却后，打开炉门，取出焊好的印制电路板。图 7-33 所示为焊接完成的印制电路板。

图 7-32　再流焊实时温度曲线测试

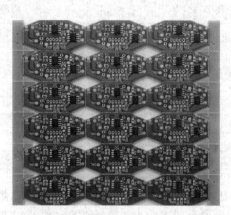

图 7-33　焊接完成的印制电路板

（5）检测

目检或在 AOI 设备上检测焊接质量，若出现缺陷，分析原因，修改程序，直至焊接完好。

综合分析焊接完成的印制电路板中各元器件的焊接质量，并完成表 7-12 焊接质量检测记录表的填写。

表 7-12　　　　　　　　　　　　　　焊接质量检测记录表

元器件	是否合格	缺陷名称	缺陷分析	解决办法

（6）关机

焊接完成，待炉体冷却后，关闭设备。

注意事项：严格遵守操作流程，避免烫伤；调节再流焊过程温度，观察焊接结果。

三、测评记录

按表 7–13 所列项目进行测评，并做好记录。

表 7–13   测评记录表

序号	评价内容	配分 / 分	得分 / 分
1	能根据需要领用再流焊所需工具及材料	2	
2	能用台式再流焊机完成元器件的焊接	5	
3	能根据相关检测标准检测焊接质量	2	
4	成果符合焊接工艺要求	1	
总分		10	

思考与练习

一、填空题

1. 在 SMT 中，主要的焊接材料有＿＿＿＿＿＿＿＿＿、＿＿＿＿＿＿＿＿＿、＿＿＿＿＿＿

＿＿＿＿＿＿、＿＿＿＿＿＿＿＿＿。

2. 常见的焊接工艺有＿＿＿＿＿＿＿＿＿、＿＿＿＿＿＿＿＿＿、＿＿＿＿＿＿＿＿＿、

＿＿＿＿＿＿＿＿＿＿＿＿＿。

3. 再流焊的加热方法有＿＿＿＿＿＿＿＿＿、＿＿＿＿＿＿＿＿＿、＿＿＿＿＿＿＿、

＿＿＿＿＿＿＿＿＿、＿＿＿＿＿＿＿、＿＿＿＿＿＿＿＿＿、

＿＿＿＿＿＿＿＿＿等。

4. 常见的焊接缺陷有＿＿＿＿＿＿＿＿＿、＿＿＿＿＿＿＿＿＿、＿＿＿＿＿＿＿、

＿＿＿＿＿＿＿＿＿、＿＿＿＿＿＿＿＿＿等。

二、简答题

1. 锡焊的条件有哪些？

2. 波峰焊与再流焊的区别有哪些？

3. 分析再流焊各种加热方法的优缺点。

4. 绘制再流焊的炉温曲线，并分析各温区的特点。

第八章　SMT 检测、返修工艺与设备

SMT 检测贯穿整个 SMT 生产过程，包括对元器件、设备的检测，以及生产过程中检测和生产后的检测。严格的检测是保证产品质量的前提。SMT 返修是在生产后对存在问题的 SMT 印制电路板进行维修，以达到合格产品质量要求。

§8—1　检测工艺与设备

学习目标

1. 了解 SMT 检测工艺的主要内容和检测方法。
2. 理解来料检测的主要内容和方法。
3. 掌握 SMT 工艺过程检测方法和标准。
4. 熟悉检测设备的结构和技术参数。
5. 熟悉 IPC–A–610F 质量验收标准的内容。

检测是保障表面组装组件可靠性的重要环节。SMT 技术的发展、组装密度的不断提高、电路功能的多样化、元器件细引脚间距的发展，以及不可视引脚种类的出现，对 SMT 的质量检测提出了更高的要求，检测工艺也在不断完善。

一、SMT 检测工艺的主要内容和检测方法

1. 主要内容

SMT 检测工艺大体可分为组装前的来料检测、组装工艺过程检测和组装后的组件检测三大类。具体检测项目与过程如图 8-1 所示。

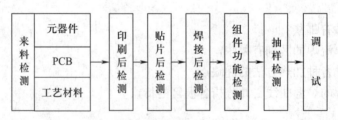

图 8-1　表面组装检测项目与过程

（1）组装前的来料检测，主要指对元器件、PCB 以及所使用的锡膏、助焊剂、清洗剂、贴片胶等工艺材料进行检测。

（2）组装工艺过程检测，主要是指分别在印刷、贴片、焊接后进行检测，印刷后检测锡膏印刷厚度及质量，贴片后检测元器件贴装是否正确，焊接后检查各个焊点是否合格。

（3）组装后的组件检测，主要是指对元器件及组件功能进行检测，确保产品可实现设计功能。

2.检测方法

常用的检测方法包括目视检测（简称目检）、自动光学检测（AOI）、自动X射线检测（X-ray或AXI）。此外，还可采用超声波检测、在线检测（ICT）、功能检测（FCT）。

具体生产过程中采用哪种检测方法，应根据所配备的自动化生产线条件以及所焊接的印制电路板的具体情况而定。

二、来料检测的主要内容和方法

1.来料检测的主要内容

使用合格的原材料才可以生产出合格的产品。来料检测是保证合格产品质量的第一个关键环节。

来料检测的主要内容有元器件检测、PCB检测和工艺材料检测。元器件检测主要检测元器件的可焊性、引脚共面性、使用功能、数量和封装与元器件清单是否相符等。PCB检测主要检测PCB尺寸和外观、是否曲翘、阻焊膜质量、焊盘可焊性。工艺材料检测包含对锡膏、助焊剂、贴片胶、清洗剂的检测。

2.来料检测的主要方法

来料检测的具体检测项目和检测方法见表8-1。

表8-1 来料检测的具体检测项目和检测方法

来料类别		检测项目	检测方法
元器件		（1）可焊性 （2）引脚共面性 （3）使用功能	（1）润湿平衡试验、浸渍测试仪、焊球法 （2）光学平面检查、贴片机共面性检测装置 （3）抽样检测
PCB		（1）尺寸、外观 （2）是否曲翘 （3）阻焊膜质量完整性 （4）可焊性 （5）内部缺陷	（1）目检、工量具测量 （2）热应力试验 （3）目测、热应力试验 （4）旋转浸渍试验、焊料珠测试 （5）显微切片技术
工艺材料	锡膏	（1）焊料百分比 （2）润湿性、颗粒形状 （3）黏度、触变系数 （4）粉末氧化均量	（1）加热分析称重法 （2）再流焊试焊 （3）旋转式黏度计 （4）俄歇分析法
	助焊剂	（1）浓度 （2）活性 （3）是否变质	（1）比重试验 （2）铜镜试验 （3）彩色试验
	贴片胶	（1）黏结强度 （2）黏度、触变系数 （3）固化时间	（1）黏结强度试验 （2）旋转式黏度计 （3）固化试验
	清洗剂	组成成分	气体色谱分析法（GC）

三、SMT 工艺过程检测方法和标准

SMT 工艺过程检测方法主要有目视检测、自动光学检测、自动 X 射线检测等方法。

1. 目视检测

目视检测是指人工利用带照明功能的、放大倍数为 2～5 倍的放大器,观察锡膏印刷质量、贴片机贴片质量以及焊接后焊点质量。目检可以发生在 SMT 生产过程中的多个环节,是检验评定 SMT 工艺质量的主要方法之一。

目检直观方便,可同时对印制电路板上多个焊点进行检查,但对于不可视引脚封装的元器件,无法看到其内部焊接缺陷,需借助专业设备。操作人员对各环节的目检准确率、速度与其本身的工作经验及工作效率有关。因此,目检效率低,漏件率较高。以再流焊为例,各工艺过程目检标准如下:

（1）印刷工艺目检标准

印刷是采用印刷机将锡膏通过钢网上开孔,印刷到 PCB 相应焊盘上。印刷工艺目检标准主要包括以下内容:

1）锡膏与焊盘对齐,且尺寸和形状与焊盘相符。

2）锡膏表面光滑、无坍塌、无桥连、无漏印。

3）锡膏厚度以钢网厚度 ±0.03 mm 为最佳。

4）若锡膏覆盖面稍大于焊盘面,无桥连,可视为合格。

5）锡膏不少于焊盘面积的 75%,可视为合格。

6）锡膏偏移未超出焊盘 25%,无桥连,可视为合格。

7）锡膏桥连、锡太少、凹陷、拉尖等均视为不合格。

（2）贴片工艺目检标准

贴片是采用贴片机将料带中的元器件按照程序贴装在印好锡膏的印制电路板的相应焊盘上。贴片工艺目检标准主要包括以下内容:

1）元器件全部位于焊盘上,且居中,无偏移,无贴错、贴反。

2）若片式元器件存在偏移,横向偏移焊端有 3/4 以上落在焊盘上,纵向偏移和旋转偏移焊端一半以上宽度落在焊盘上,可视为合格。

3）对于 SOP 类多引脚封装,引脚宽度一半以上落在焊盘上,未挤压锡膏,可视为合格。

（3）焊接工艺目检标准

焊接是采用再流焊机使贴装好元器件的 PCB,经历锡膏熔化再凝固的过程,完成焊接。焊接工艺目检标准主要包括以下内容:

1）焊接面呈弯月状,且当元器件高度 >1.2 mm 时,焊接面高度 $H \geqslant 0.4$ mm;当元器件高度 ≤ 1.2 mm 时,焊接面高度 $H \geqslant$ 元器件高度的 1/3,为最佳;若此时一焊端为凸圆体状,可视为合格。

2）SOP、QFP 封装器件引脚内侧弯月状焊接面高度至少等于引脚的厚度,整个引脚长度都被焊接,为最佳;若内侧焊接面高度 ≥ 引脚厚度一半,且引脚长度 75% 以上被焊接,可视为合格。

3）SOJ、PLCC 封装器件引脚两边弯月状焊接面高度至少等于引脚两边弯度的厚度,为

最佳；若有一半或一半以上，可视为合格。

4）残存于 PCB 上的焊球每平方厘米不超过一个，且直径小于 0.15 mm，可视为合格。

2. 自动光学检测

随着 SMT 电路设计的功能多样化、小型化、高密度组装等特点，依靠人工目检难度越来越大，不同操作人员判断标准也难以保持一致。因此，在大批量生产中，需要在自动化生产线中配备自动检测设备，设置统一的检测标准，快速高效地完成检测。

（1）AOI 设备的分类

AOI 设备适用于生产线的不同位置，可检测锡膏印刷质量、元器件贴装质量、再流焊后焊接质量。

AOI 设备一般分为桌面式、离线式和在线式三种类型，如图 8-2 所示。

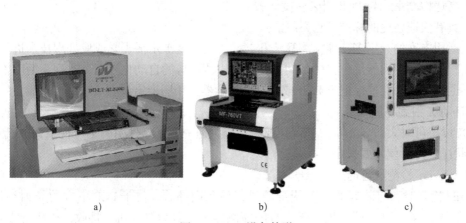

图 8-2　AOI 设备外形

a）DD-LT-XL520D 桌面式 AOI 设备　b）MF-760VT 型离线式 AOI 设备　c）FJS-830 型在线式 AOI 设备

在线式 AOI 设备主要用于 SMT 自动化生产线中。其中，印刷后 AOI 设备用于检测锡膏形状、面积及厚度；贴片后 AOI 设备用于检测是否存在漏贴、错贴、偏移、极性反向、外形损坏等；再流焊后 AOI 设备用于检测焊接质量，如虚焊、立碑、锡珠等，一般公司多在再流焊后设置 AOI 设备检测岗位。

由于经济、场地等限制，有时也常采用离线式 AOI 设备或简单的桌面式 AOI 设备来完成在线式 AOI 设备的功能。

（2）AOI 设备的工作原理

AOI 设备的工作原理是，用光源对 PCB 照射，经光学镜头反射将 PCB 的反射光采集进计算机，通过计算机相应软件对 PCB 上不同位置获取的色彩和灰度进行比较分析，从而判断 PCB 上锡膏印刷、元器件贴装、焊点的焊接质量是否符合标准要求，如图 8-3 所示。这就要求每块 PCB 需要在检测前先利用样板制作标准程序，后续生产的 PCB 进入 AOI 设备进行检测并与标准进行比较，在误差范围内即视为合格，超出误差范围则以报错颜色提示操作者。

AOI 设备可以检测的项目包括漏件检查、错件检查、方向检查、焊点虚焊检查、桥连检查等，若检查出错误，则通过显示器标示出来，同时 AOI 设备可对印制电路板上缺陷进行统计，有利于分析工艺参数，并做出调整。

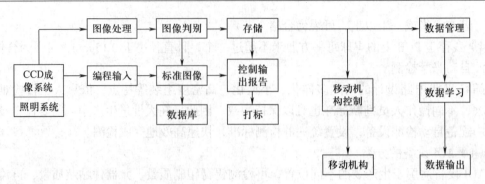

图 8-3　AOI 设备工作原理

（3）AOI 设备的特点

1）高速检测系统与 PCB 组装密度无关。

2）具有快速便捷的标准编程系统。

3）运用丰富的专用多功能检测算法和二元（或灰度）水平光学成像处理技术进行检测。

4）根据被检测元器件位置的瞬间变化进行检测窗口的自动化校正，达到高精度检测。

5）通过用墨水直接标记于 PCB 或在操作显示器上用图形错误表示来进行检测点的核对。

3. 自动 X 射线检测

AOI 设备可对大部分元器件进行直观的检查，但一些元器件引脚不可视，无法直观检查焊点的状况，此时就需要采用 X-ray 检测设备。

（1）X-ray 检测设备的工作原理

X-ray 检测时，组装好的 PCB 沿导轨进入设备内部后，位于 PCB 下方的 X 射线发射管发射 X 射线，穿过 PCB 后，被置于上方的探测器（一般为摄像机）接收，由于焊点中含有可以大量吸收 X 射线的铅，与穿过玻璃纤维、铜、硅等其他材料的 X 射线相比，照射在焊点上的 X 射线被大量吸收，而呈黑点产生良好图像，如图 8-4 所示，使得对焊点的分析变得相当直观，简单的图像分析算法便可自动且可靠地检验焊点缺陷。

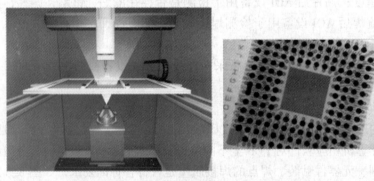

图 8-4　X-ray 检测设备工作原理及检测效果图

X-ray 检测主要检测焊点内部缺陷，如 BGA、CSP 和 FC 封装芯片的焊点检测，尤其对于 BGA 组件的焊点检查，作用无可替代，但不能判别错件的情况。

（2）X-ray 检测设备的特点

1）对工艺缺陷的覆盖率高达 97%，尤其是对 BGA、CSP 等焊点不可视器件，PCB 内层走线断裂等问题也可检查。

2）测试的准备时间大大缩短。

3）能观察到其他测试手段无法可靠探测到的缺陷，如虚焊、空气孔和成形不良等。

4）带分层功能，对双面板和多层板只需检查一次。

5）提供相关测量信息，可对生产工艺过程进行评估分析。

四、AOI设备、X-ray检测设备结构和技术参数

1. 结构

（1）AOI设备的结构

AOI设备一般由设备本体、照明单元、伺服驱动单元、图像获取单元、图像分析单元等组成。

1）设备本体即AOI设备所有部件的载体，也称机壳或机架，其作用比较单一，主要用于固定AOI设备部件，是实现AOI设备检测功能的硬件结构载体。

2）照明单元即光源，是决定AOI设备检测能力强弱的第一个因素。目前，国内AOI设备供应商在AOI设备上使用的是图像比较容易清晰辨别的彩色同轴塔状光源，而国外AOI设备厂商使用的大部分是图像比较逼真的单色同轴塔状光源。如图8-5所示为三色同轴塔状光源。

3）伺服驱动单元即机电传动系统，大多用于控制步进电动机或伺服电动机，以驱动PCB运动到相应位置。

4）图像获取单元即CCD镜头，一般采用面阵相机，是采用一幅一幅的图片拍摄方式取像，优点是图像的还原性较好，打光角度容易调整，容易得到较清晰的图像，因而市面上的AOI设备绝大多数厂商使用面阵相机。

5）图像分析单元即计算机内部安装程序，其作用是利用光学原理，对所摄取的图像进行分析，得出缺陷点。

（2）X-ray检测设备的结构

X-ray检测设备一般由设备本体、计算机控制中心、X射线发射管、图像增强器、图像选择器、CCD镜头等组成。如图8-6所示为机台型X-ray检测设备。

图8-5 三色同轴塔状光源

图8-6 机台型X-ray检测设备

1）设备本体主要用于固定 X-ray 检测设备部件，是实现 X-ray 检测设备检测功能的硬件结构载体。

2）计算机控制中心负责所有指令的发出与接收以及图像分析处理。

3）X 射线发射管负责产生并将 X 射线发射到被测物体上。

4）图像增强器将不可见的 X 射线图像转换成可见光图像，并使图像亮度增强。

5）图像选择器对 X 射线从多个角度投射到被测物体上的图像进行选取，选出程序选定的光学图形。

6）CCD 镜头将图像选择器选出的图像进行采集，并将图像信号变为数字信号，传输到主控计算机进行分析处理。

2. 技术参数和特点

（1）AOI 设备技术参数和特点

以 MF-760VT 型离线式 AOI 设备为例，其主要技术参数和特点如下：

1）照明系统为彩色环形四色 LED 光源。

2）采用自主研发的图像算法，检出率高。

3）CAD 文件导入可自动查找与元器件库匹配的元器件数据。

4）采用高清 CCD 相机，采集图像稳定可靠。

5）检测速度可满足生产线要求。

6）极小间距 0201 的检测，对应 01005 的检测升级方案。

7）基板尺寸范围为 20 mm × 20 mm ~ 300 mm × 400 mm；上下净高为上方 ≤ 30 mm，下方 ≤ 40 mm。

8）X/Y 分辨率为 1 μm，定位精度为 8 μm，移动速度最大为 70 mm/s，可手动或自动调整导轨。

9）检测方法有彩色运算、颜色抽取、灰阶运算、图像比对等。

10）检测结果输出基板 ID、基板名称、元器件名称、缺陷名称、缺陷图片等。

（2）X-ray 检测设备技术参数和特点

X-ray 检测设备的关键参数主要有管电压、管电流、焦点尺寸、几何放大倍率等。X 射线发射管的模式（开放管或密闭管）、图像处理软件的功能等也是重点考虑对象。

一般来说，管电压高的穿透力较强，但是电压太高，看到的图像会发白，检测时通常调整在一个比较合适的电压位置；电流大的，一般看到的图像对比度比较好；焦点尺寸大的图像边缘重叠大、比较模糊，焦点尺寸太小的对比度会差些；通常开放管比密闭管要好些，价格也相对贵些，但是维护费用相对便宜，而且使用方便。

五、IPC-A-610F 质量验收标准

IPC-A-610F 质量验收标准是电子行业应用最广泛的电子组装标准，是所有质量保证和组装部门的必备文件，其中 IPC 是指 IPC 协会，A 是指 Application，610 是指序列号，F 是指版本。它通过彩色图片和示意图展示了业界公认的工艺要求，对于所有检验人员、操作人员和培训人员都有重要意义。

1. 允收标准的三种状况

允收标准有理想状况、允收状况、拒收状况三种状况。

（1）理想状况：组装情形接近理想与完美的组装结果，能有良好组装可靠度，判定为理想状况。

（2）允收状况：组装情形未接近理想状况，但能维持组装可靠度，故视为合格状况，判定为允收状况。

（3）拒收状况：组装情形未能符合标准，其有可能影响产品的功能性，但基于外观因素以维持本公司产品的竞争力，判定为拒收状况。

2. 检验环境准备

（1）照明：室内照明的照度为 800 lx 以上，必要时以三倍以上（含）照度的放大照灯检验确认。

（2）ESD 防护：凡接触 PCBA 必需配备良好静电防护措施，如佩戴干净手套与防静电手环，并接上静电接地线等。

（3）检验前需先确认所使用工作平台清洁。

3. 验收标准

IPC-A-610F 质量验收标准（部分）见表 8-2。

表 8-2　　　　　　　　　IPC-A-610F 质量验收标准（部分）

标准类别	标准状况分析	图示
片式零件的对准度（组件 X 方向）	理想状况：片式零件恰能坐落在焊盘的中央且未发生偏出，所有金属封头都能完全与焊盘接触 此标准适用于三面或五面的片式零件	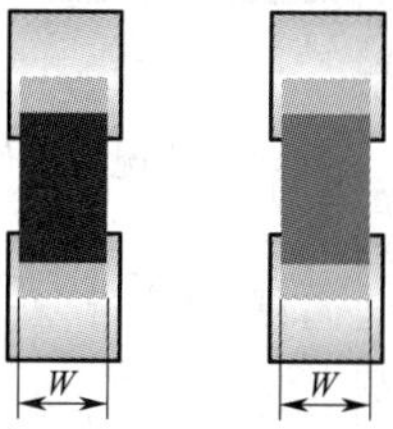
	允收状况：零件横向超出焊盘以外，但尚未大于其零件宽度的 50%	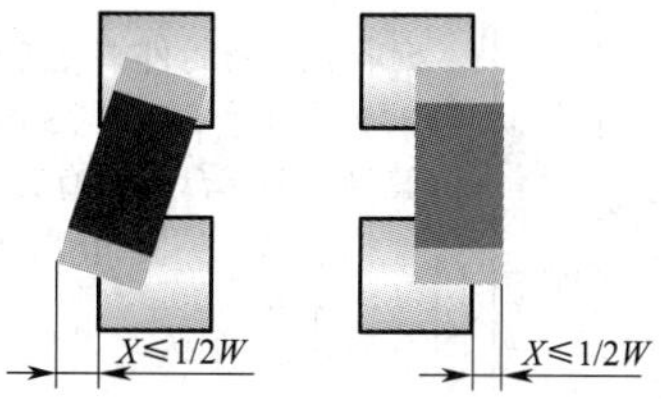
	拒收状况：零件已横向超出焊盘，大于零件宽度的 50%，属于次要缺陷（minor defect，MI） 以上缺陷大于或等于一个就拒收	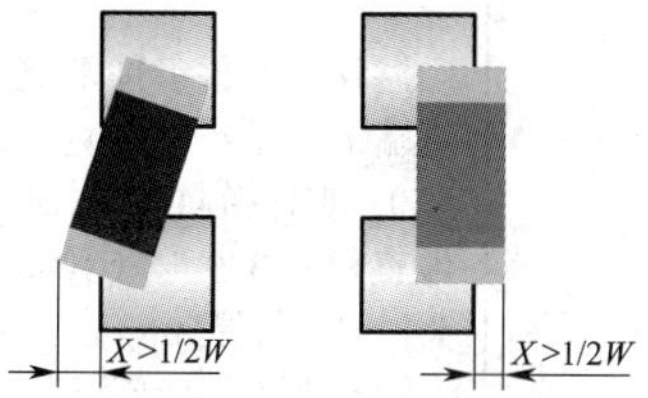

标准类别	标准状况分析	图示
片式零件的 对准度（组件 Y 方向）	理想状况：片式零件恰能坐落在焊盘的中央且未发生偏出，所有金属封头都能完全与焊盘接触 此标准适用于三面或五面的片式零件	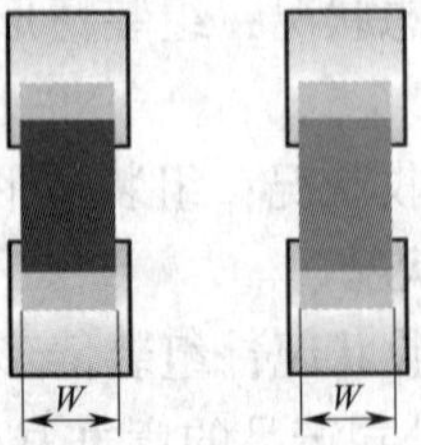
	允收状况：零件纵向偏移，但焊盘尚保有其零件宽度的 25% 以上（ $Y_1 \geq 1/4W$ ）；金属封头纵向滑出焊盘，但仍盖住焊盘 0.13 mm 以上（ $Y_2 \geq 0.13$ mm ）	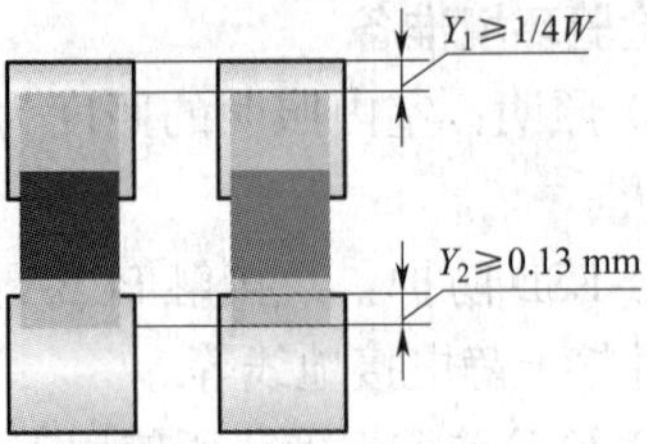
	拒收状况：零件纵向偏移，焊盘未保有其零件宽度的 25%（属于 MI）；金属封头纵向滑出焊盘，盖住焊盘不足 0.13 mm（属于 MI） 以上缺陷大于或等于一个就拒收	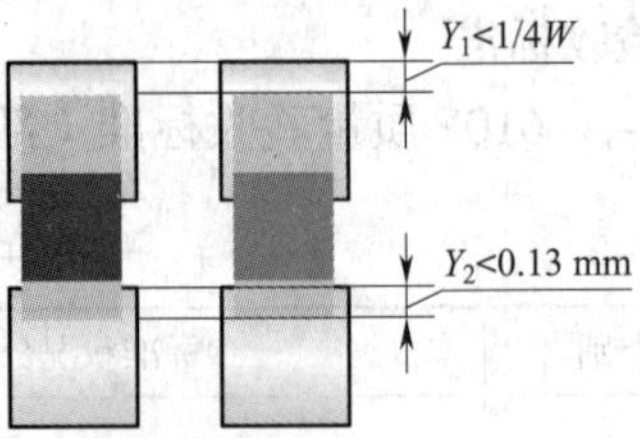
圆筒形 零件的对准度	理想状况：组件的"接触点"在焊盘中心 为明了起见，焊点上的锡已省去	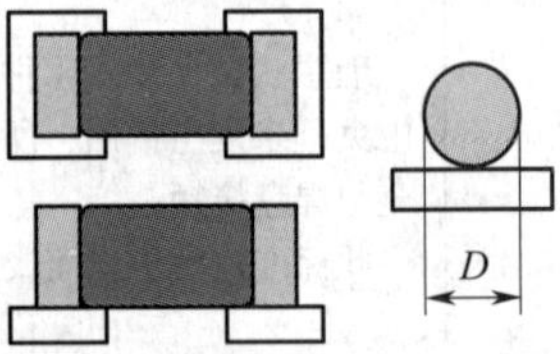
	允收状况：组件端宽（短边）突出焊盘端部分是组件端直径 33% 以下；零件横向偏移，但焊盘尚保有其零件直径的 33% 以上；金属封头横向滑出焊盘，但仍有部分盖住焊盘	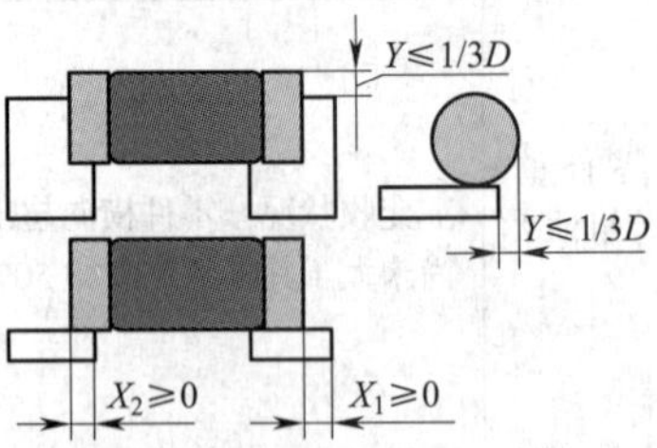
	拒收状况：组件端宽（短边）突出焊盘端部分是组件端直径 33% 以上（属于 MI）；零件横向偏移，但焊盘未保有其零件直径的 33% 以上（属于 MI）；金属封头横向滑出焊盘 以上缺陷大于或等于一个就拒收	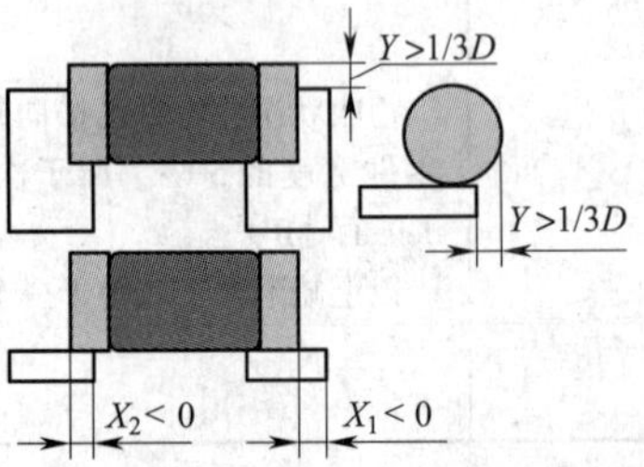

续表

标准类别	标准状况分析	图示
翼形引脚零件的焊点	理想状况：引脚的侧面、脚跟吃锡良好；引脚与板子焊盘间呈现凹面焊锡带；引脚的轮廓清晰可见	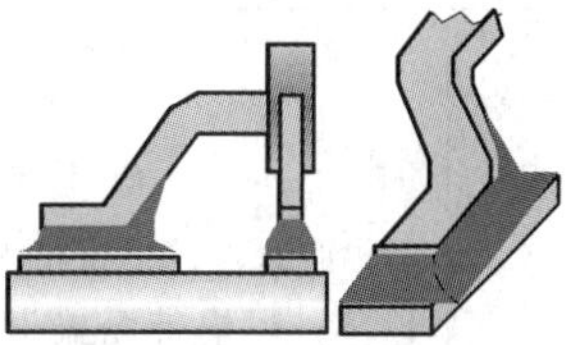
	允收状况：引脚与板子焊盘间的焊锡，连接很好且呈一凹面焊锡带；锡少，连接很好且呈一凹面焊锡带；引脚的侧面与焊盘间呈现稍凸的焊锡带；引脚的底边与板子焊盘间的焊锡带至少涵盖引脚的95%以上	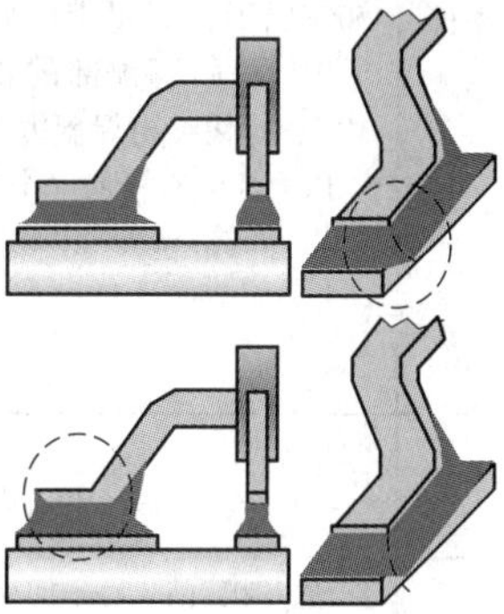
	拒收状况：引脚的底边和焊盘间未呈现凹面焊锡带（属于MI）；引脚的底边和板子焊盘间的焊锡带未涵盖引脚的95%以上（属于MI）；焊锡带延伸过引脚的顶部（属于MI） 以上缺陷有任何一个都不能接收	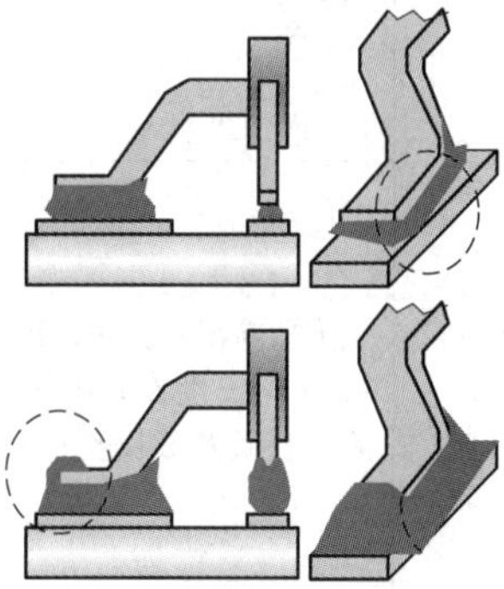
J形引脚零件的焊点	理想状况：凹面焊锡带存在于引脚的四侧；焊锡带延伸到引脚弯曲处两侧的顶部（A，B）；引脚的轮廓清晰可见 所有的锡点表面皆吃锡良好	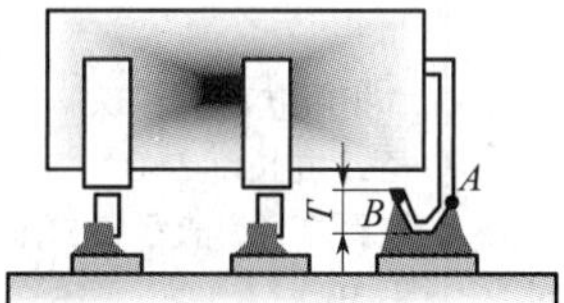
	允收状况：凹面焊锡带存在于引脚的三侧；焊锡带涵盖引脚弯曲处两侧的50%以上（$h \geqslant 1/2T$）；凹面焊锡带延伸到引脚弯曲处的上方，但在组件本体的下方	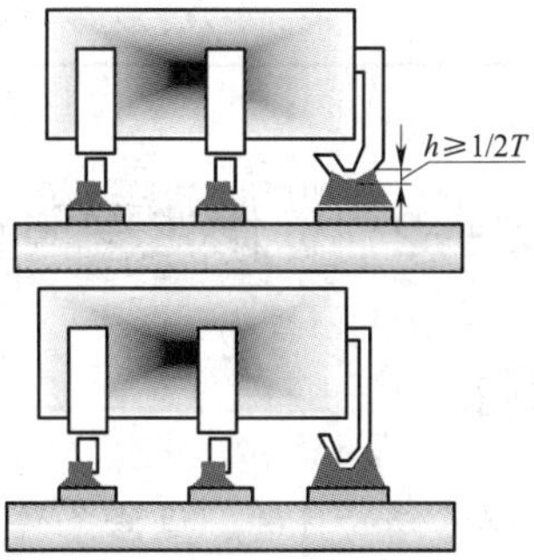

标准类别	标准状况分析	图示
J 形引脚零件的焊点	拒收状况：焊锡带存在于引脚的三侧以下；焊锡带涵盖引脚弯曲处两侧的 50% 以下；焊锡带接触到组件本体（属于 MI）；引脚顶部的轮廓不清晰（属于 MI）；焊锡突出焊盘边（属于 MI） 以上缺陷有任何一个都不能接收	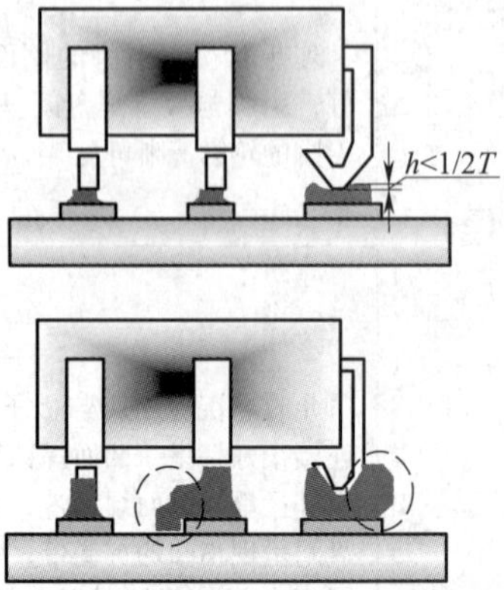
焊锡问题（锡珠、锡渣）	理想状况：无任何锡珠、锡渣残留于 PCB	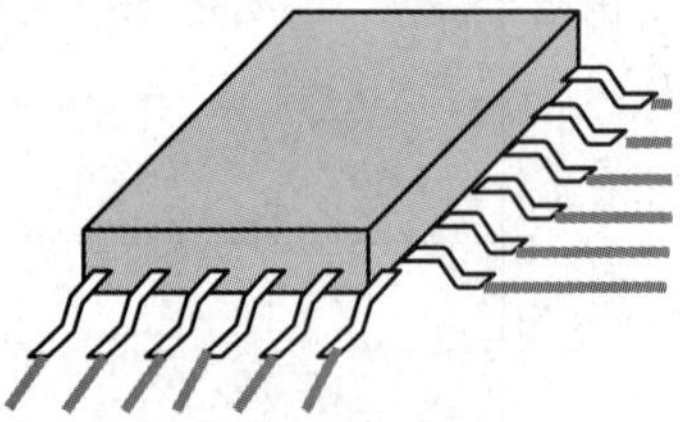
	允收状况：锡珠、锡渣可被剥除者，直径 D 或长度 $L \leqslant 0.13$ mm；不易被剥除者，直径 D 或长度 $L \leqslant 0.26$ mm	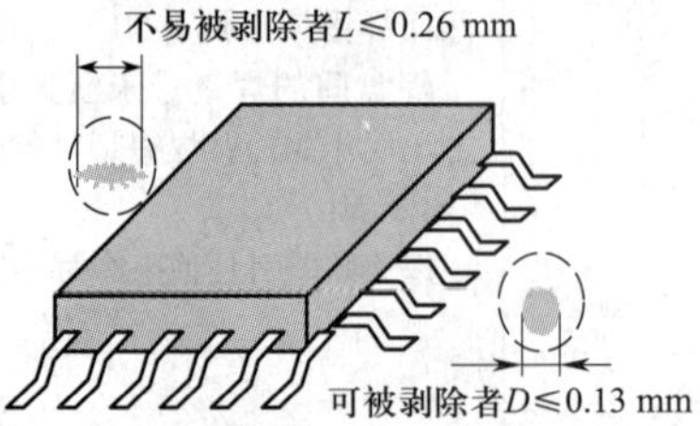
	拒收状况：锡珠、锡渣可被剥除者，直径 D 或长度 $L > 0.13$ mm（属于 MI）；不易被剥除者，直径 D 或长度 $L > 0.26$ mm（属于 MI） 以上缺陷有任何一个都不能接收	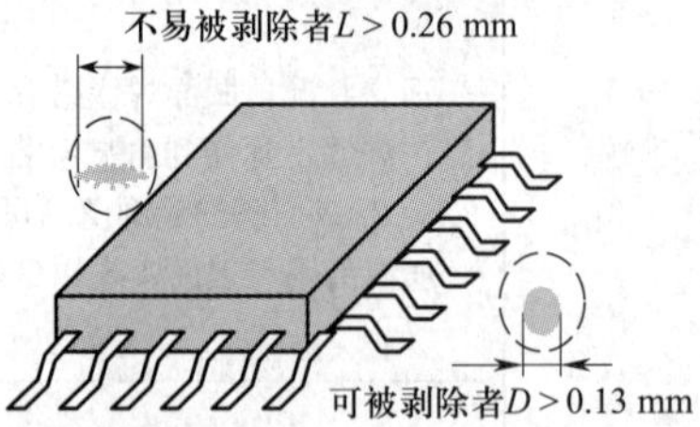

§8—2　返修工艺与设备

学习目标

1. 了解返修的目的、返修条件和注意事项。

2. 熟悉表面组装元器件手工焊接工艺要求、技术要求和焊点质量要求。

3.掌握特殊 SMC、SMD 的返修方法。

4.熟悉返修台的结构和技术参数。

5.掌握返修台的操作方法。

在 SMT 领域,通过自动化设备对印制电路板进行一次组装,达到 100% 通过率仍然是一个可望而不可即的目标,总会存在一些不可控的不良品,需要用返修来解决组装中遇到的一些问题。返修台是用于对 PCB 上功能或外观不良的元器件进行拆卸并更换新的元器件重新焊接的设备,是公司的维修线以及个体电子产品维修站的维修基础设备。

一、返修的目的、条件和注意事项

1.返修目的

SMA 的返修通常是为了除掉 PCB 上无法实现功能的元器件,重新更换新的元器件。返修与修理不同,返修是为了使电路恢复成与特定要求相一致的电路组件,而修理则是将损坏的地方进行改变,以实现电路的电气性能,不一定与原来一致。

2.返修条件

操作人员在进行返修工作时,应满足以下条件:

(1)操作人员应做好防静电防护,戴好防静电腕带。

(2)尽量采用防静电恒温电烙铁。

(3)电烙铁头无钩、无刺。

(4)备好专业返修工作台。

(5)拆取元器件时,要等全部引脚完全熔化后再取下元器件,以防破坏共面性。

(6)所采用焊料和助焊剂要与再流焊时所用相同。

3.返修注意事项

(1)注意安全,不损坏周边元器件,不对人体造成损害。

(2)手工焊接应遵循先小后大、先低后高原则进行焊接。

(3)片式元器件返修时,应选用和它尺寸相近的电烙铁头。

(4)对操作人员应进行技术和安全方面培训。

(5)手工返修无法实现时,需借助专业返修设备对微型元器件进行返修。

(6)选取正确的返修技术、方法和返修工具。

二、表面组装元器件手工焊接工艺要求、技术要求和焊点质量要求

1.手工焊接工艺要求

SMT 手工焊接应遵循先小后大、先低后高的原则,先焊接片式电阻、片式电容、晶体管,再焊接小型 IC、大型 IC,最后焊接插件。

片式元器件焊接时,应选用电烙铁头宽度与元器件宽度基本一致的电烙铁头,使用太小或太大的电烙铁头装焊时都不易定位。图 8-7 所示为常见的各种形状的电烙铁头。

SOP、QFP、PLCC 等封装 IC 焊接时,因其两边或四边都有引脚,应先在对角焊接定位点(见图 8-8a),再仔细检查确认每个引脚与焊盘位置是否相吻合,最后再进行焊接。可采用逐个焊接所有引脚(见图 8-8b)或拖焊(见图 8-8c)的方式完成,拖焊时速度不要太快。若焊接中发生粘连,可采用图 8-8d 所示方法涂抹助焊剂,用电烙铁头清除。

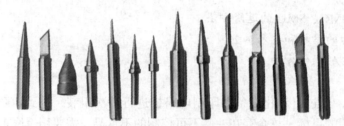

图 8-7　各种形状的电烙铁头

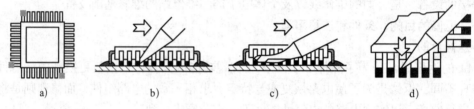

图 8-8　手工焊接 QFP

　　BGA 封装器件焊接时，先用夹具固定印制电路板，在焊盘上涂抹助焊剂，然后应用植锡钢网对准焊盘并固定，印刷锡膏，再将 BGA 封装器件对准焊盘，应用热风枪加热进行焊接，冷却后检查焊接结果，至此焊接完成。

2. 技术要求

　　表面组装元器件手工焊接技术要求如下：

　　（1）对于较大的贴片元器件，可采用手工焊接完成。

　　（2）对于微型贴片元器件，完全依靠手工焊接无法完成时，要借助半自动维修设备及工具。

　　（3）所选用焊锡丝要细，一般选择直径为 0.5~0.8 mm 的活性焊锡丝，也可使用锡膏。

　　（4）应选用腐蚀性小、无残渣的免清洗助焊剂。

　　（5）使用更小巧的镊子及电烙铁，电烙铁功率不超过 20 W，采用尖细的锥状电烙铁头。

　　（6）焊接 BGA、CSP 等封装元器件时，要使用热风工作台或专用维修工作站。

　　（7）操作者需熟练掌握 SMT 检测、焊接技能，有一定的工作经验。

　　（8）遵守严格的操作规程。

3. 焊点质量要求

　　表面组装元器件根据封装类型不同，主要有端头式引脚、翼形引脚、J 形引脚、球形引脚。对于不同的引脚类型，焊点质量可参考 IPC-A-610E 质量验收标准，总体要求如下：

　　（1）焊点光亮，无残留。

　　（2）焊点锡膏量合适。

　　（3）片式元器件焊端形成弯月状焊点。

　　（4）翼形引脚、J 形引脚无爬锡现象。

　　（5）球形引脚无裂痕。

　　（6）集成电路引脚无虚焊，无气泡，引脚间无桥连。

三、SMC、SMD 的返修方法

1. 片式元器件的返修

片式元器件的返修在返修工艺中是最简单的，可以采用普通电烙铁，也可采用专用的热夹电烙铁，但由于片式元器件通常都较小，要注意控制温度。返修工艺流程一般为：清除涂覆层—涂覆助焊剂—加热焊点—拆除元器件—清理焊盘—更换元器件—焊接。核心流程主要为拆焊—清理焊盘—重新焊接。

（1）拆焊步骤如图 8-9 所示。

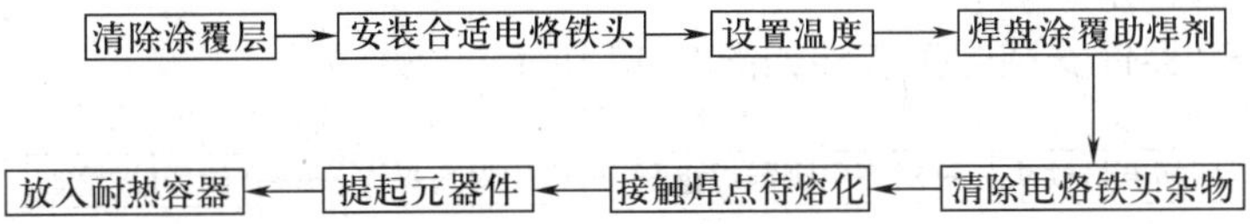

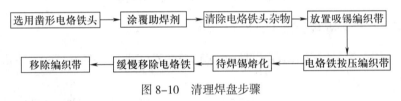

图 8-9　拆焊步骤

（2）清理焊盘步骤如图 8-10 所示。

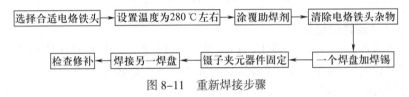

图 8-10　清理焊盘步骤

（3）重新焊接步骤如图 8-11 所示。

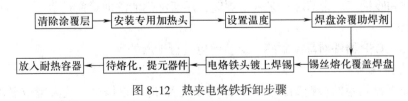

图 8-11　重新焊接步骤

2. SOP、QFP、PLCC 器件的返修

SOP、QFP、PLCC 器件的返修可采用热夹电烙铁或热风枪操作。操作流程为：印制电路板芯片预热—拆除芯片—清理焊盘—重新安装焊接。

（1）印制电路板芯片预热

预热是为了去除潮湿，若印制电路板芯片干燥，可省略此步骤。

（2）拆除芯片步骤

1）热夹电烙铁拆卸步骤如图 8-12 所示。

清除涂覆层 → 安装专用加热头 → 设置温度 → 焊盘涂覆助焊剂

放入耐热容器 ← 待熔化，提元器件 ← 电烙铁头镀上焊锡 ← 锡丝熔化覆盖焊盘

图 8-12　热夹电烙铁拆卸步骤

2）热风枪拆卸步骤如图 8-13 所示。

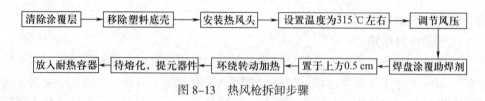

图 8-13　热风枪拆卸步骤

（3）清理焊盘步骤

与片式元器件清理焊盘步骤相同。

（4）重新安装焊接步骤

1）SOP、QFP 器件安装焊接步骤如图 8-14 所示。

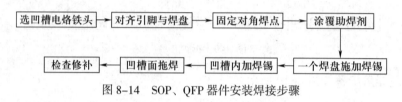

图 8-14　SOP、QFP 器件安装焊接步骤

2）PLCC 器件安装焊接步骤如图 8-15 所示。

图 8-15　PLCC 器件安装焊接步骤

3. BGA、CSP 器件的返修

BGA、CSP 器件的返修普遍采用热风返修工作台完成。主要操作流程为：拆卸 BGA、CSP 器件—清理焊盘—去潮—印刷锡膏—贴装器件—再流焊接—检验。

（1）拆卸 BGA、CSP 器件

1）将印制电路板放置在热风返修工作台。

2）装配与器件匹配的热风喷嘴。

3）调节喷嘴与器件之间的距离。

4）选择合适的吸嘴，应方便拆除、吸取待返修器件。

5）根据器件尺寸，设置拆卸温度曲线。

6）开启设备，加热元器件，待焊盘熔化，用吸嘴拆除元器件。

（2）清理焊盘

用电烙铁和吸锡编织带清除焊盘残留焊锡，用清洗剂清洗助焊剂残留。

（3）去潮

由于 BGA、CSP 器件对潮湿敏感，组装前应进行干燥处理。

（4）印刷锡膏

选择相应焊盘间距的植锡钢网（注意钢网厚度），应用返修台上放大镜或显微镜进行焊盘对准，在钢网上放置少量锡膏，实施印刷。若印刷不合格，洗板后重新印刷。

（5）贴装器件

1）将印好锡膏的印制电路板固定在热风返修工作台上。

2）选择合适吸嘴型号，打开真空泵，吸取更换 BGA、CSP 器件。

3）应用返修台成像系统，将引脚与焊盘对齐。

4）吸嘴下移，贴装 BGA、CSP 器件，关闭真空泵。

（6）再流焊接

1）设置焊接温度曲线。

2）预热贴装好 BGA、CSP 器件的印制电路板。

3）选择热风喷嘴，并固定。

4）将热风喷嘴扣在器件上，注意四周距离要均匀。

5）打开加热电源，调整热风强度，开始焊接。

（7）检验

用 X-ray 检测设备进行检验。

四、返修台的结构、技术参数和操作方法

1. 返修台的类型与结构

目前，市场上的返修台品牌主要有 ERSA、DIC、迅维、效时等。广泛使用的返修台根据温区多少，可分为二温区（上温区和下温区）和三温区（上温区、下温区和底部温区）两种；根据对位装置不同，可分为光学对位和非光学对位两种；根据加热方式不同，可分为全红外加热、全热风加热、热风 + 红外加热三种。

BGA 返修台一般由底座、加热器、PCB 夹持固定机构及显示屏等结构组成。DIC-RD500III 返修台的基本结构如图 8-16 所示。

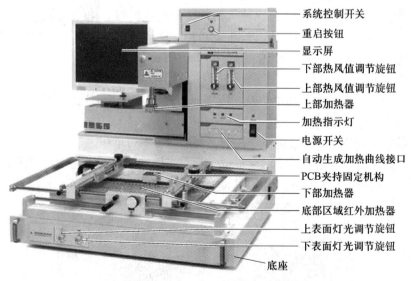

系统控制开关
重启按钮
显示屏
下部热风值调节旋钮
上部热风值调节旋钮
上部加热器
加热指示灯
电源开关
自动生成加热曲线接口
PCB夹持固定机构
下部加热器
底部区域红外加热器
上表面灯光调节旋钮
下表面灯光调节旋钮
底座

图 8-16 DIC-RD500III 返修台基本结构

2. 技术参数

DIC-RD500III 返修台主要技术参数见表 8-3。

表 8-3 DIC-RD500III 返修台主要技术参数

参数名称	参数值	参数名称	参数值
返修最大 PCB 尺寸	500 mm × 600 mm	温度设置范围（顶部和底部发热体）	0 ~ 650 ℃
返修器件尺寸	2 ~ 70 mm，可支持返修的最小元器件封装为 01005	温度设置范围（大面积区域加热）	0 ~ 650 ℃
贴装精度	± 0.025 mm	操作系统	Windows
顶部发热体	700 W，热风	视频显示	17 in 液晶显示器
底部发热体	700 W，热风	机器外形尺寸	770 mm × 750 mm × 760 mm
大面积区域加热	400 W × 6=2 400 W，红外加热	机器质量	约 78 kg
空气要求	空气流量 60 L/min，空气压力 0.1 ~ 1.0 MPa	电源要求	AC 100 ~ 120 V 或 AC 200 ~ 230 V 4.0 kW

3. 操作方法

以使用 DIC-RD500III 返修台返修 BGA 为例，操作步骤如下：

（1）生产前准备

一个完整的 BGA 返修开始前，首先需对 BGA 返修台进行点检，检查设备是否正常，打开电源、计算机并预热设备；然后准备辅助工具，如锡膏、助焊剂、吸锡绳、BGA 焊盘钢网、刮刀、毛刷、需返修的 PCB 等；最后，根据 PCB 暴露时间长短进行 PCB 烘烤去潮，选择合适的加热喷嘴（见图 8-17）和 PCB 定位支撑方式。

图 8-17 加热喷嘴

（2）拆除 BGA

将 PCB 固定在返修台上，从程序目录中选择合适的程序加热 BGA，加热完成后设备自动吸取被拆器件，检查被拆器件是否完好。若 BGA 需重复使用，则需对 BGA 进行植球，若不需要再利用，可升高加热温度快速拆下。

（3）清理焊盘

将 PCB 放置在工作台上，用电烙铁、吸锡绳清理 PCB 焊盘上残留焊锡，平整焊盘。

（4）涂抹辅料

用毛刷蘸取少许助焊剂，涂抹在焊盘上，要均匀，不可堆积。

选择对应的印刷锡膏钢网，将钢网定位并粘牢，用刮刀取适量锡膏在钢网上刮过，防止挖锡和漏印，最后清洗刮刀和钢网，如图 8-18 所示。

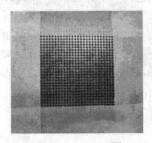

图 8-18 印刷锡膏

（5）贴放 BGA

将印刷好的 PCB 固定在 PCB 工作台上，核对需贴放元器件型号和封装，启动光学对位系统，将元器件放在吸嘴上，使元器件与焊盘影像重合，进行贴放，贴放完成后，检查贴放精度、平整度、是否倾斜等。

（6）焊接 BGA

从软件目录中调用相应的焊接温度曲线对应程序，对元器件进行加热，程序运行完毕完成焊接，冷却元器件和 PCB，松开 PCB 支撑，取走 PCB。同一块 PCB 最多返修三次，同一个元器件最多返修两次。

（7）焊后检验

目测是否有虚焊、连焊，并用 X-ray 检测设备检测焊接质量。检查周围是否有溅锡及助焊剂残留并清洗。

实训 8　检测与返修技能训练

一、实训目的

1. 能根据需要领用检测与返修所需工具、元器件和材料。

2. 能完成实训印制电路板的检测与返修。

二、实训内容

1. 领用检测与返修所需工具、元器件和材料

根据要求确定并领用检测与返修所需工具、元器件和材料，完成表 8-4 的填写。

表 8-4　　　　　　　　　　　　检测、返修领料表

序号	物料名称	规格 / 尺寸 / 型号	用途	单位	领用数量	领料人	日期
1							
2							
3							
4							
5							
6							
7							

2. SMT 工艺质量检测

各组根据所领元器件及印制电路板特点，选择合适的检测方式（如目检、自动光学检测、自动 X 射线检测）进行检测，完成表 8-5 的填写。

表 8-5   SMT 工艺质量检测记录表

元器件或印制电路板	是否合格	缺陷名称	缺陷分析	解决办法

3. 手工返修操作

结合所领的需返修印制电路板的实际情况，采用恒温电烙铁进行返修。不同的元器件返修工序基本相同，都需将损坏元器件拆下，并清洗焊盘，再将合格元器件焊接到印制电路板上。下面以返修 BGA 为例进行说明。

（1）拆除 BGA

用热风枪加热 BGA，待焊盘熔化完成后用镊子拆下，检查被拆器件是否完好。

（2）清理焊盘

用电烙铁（或热风枪）、吸锡绳清理 PCB 焊盘上残留的焊锡，平整焊盘，如图 8-19 所示。

（3）涂抹辅料

预涂助焊剂，选择对应的印刷锡膏钢网，将钢网定位并粘牢，用刮刀取适量锡膏在钢网上刮过，防止挖锡和漏印，最后清洗刮刀和钢网，如图 8-20 所示。

（4）贴放 BGA

用镊子夹取新的 BGA，按照正确方向贴放，并注意检查是否对齐，然后用热风枪固定其对角，如图 8-21 所示。

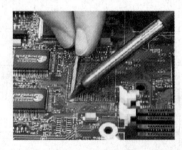  

图 8-19   清理焊盘   图 8-20   印刷锡膏   图 8-21   贴放 BGA

（5）焊接 BGA

用热风枪在 BGA 上方对整个芯片均匀加热，如图 8-22 所示。

（6）焊后检验

用 X-ray 检测设备检测焊接质量，如图 8-23 所示。检查周围是否有溅锡及助焊剂残留并进行清洗。

图 8-22　焊接 BGA

图 8-23　用 X-ray 检测设备检测焊接质量

4. 检测印制电路板返修质量

对印制电路板返修质量进行检测，并完成表 8-6 的填写。

表 8-6　　　　　　　　　　印制电路板返修质量检测记录表

印制电路板	故障	缺陷元器件	返修工具	返修结果

三、测评记录

按表 8-7 所列项目进行测评，并做好记录。

表 8-7　　　　　　　　　　测评记录表

序号	评价内容	配分 / 分	得分 / 分
1	能根据需要领用检测和返修所需工具及材料	1	
2	能用检测设备完成印制电路板的检测	3	
3	能用手工焊接方法完成印制电路板的返修	4	
4	能根据相关检测标准检测印制电路板的返修质量	1	
5	成果符合工艺要求	1	
总分		10	

思考与练习

一、填空题

1. SMT 的检测工艺分为_____、_____ 和
_____三大类。

2. SMT 的检测方法主要包含＿＿＿＿＿＿＿、＿＿＿＿＿＿＿、＿＿＿＿＿＿＿、
＿＿＿＿＿＿＿、＿＿＿＿＿＿＿、＿＿＿＿＿＿＿等。

3. AOI 设备可分为＿＿＿＿＿＿＿、＿＿＿＿＿＿＿、＿＿＿＿＿＿＿三大类。

4. 来料检测主要检测＿＿＿＿＿＿＿、＿＿＿＿＿＿＿、＿＿＿＿＿＿＿。

二、简答题

1. 简述 SMT 检测工艺的主要内容。

2. AOI 设备与 X-ray 检测设备的主要区别有哪些？

3. 片式元器件返修的主要步骤是什么？

4. BGA、CSP 器件返修的步骤是什么？

第九章　SMT 清洗工艺与材料

焊接后印制电路板的清洗越来越受到各电子生产企业的重视。因为，SMT 焊接后的清洁程度直接影响电子产品的可靠性、电气指标及使用寿命。清洗环节是保障电子产品可靠性的重要工序。选择合适的清洗材料、采用合适的清洗工艺是电子产品清洁的必然要求。

§9—1　焊后清洗的目的和清洗材料

学习目标

1. 了解污染物的来源、类型以及污染物对表面组装板的危害。
2. 了解电子产品清洁等级分类及清洁度要求。
3. 理解清洗的目的和作用，掌握清洗的作业流程。
4. 了解清洗剂的化学组成、选用原则和配置方法。

一、污染物的来源、类型以及污染物对表面组装板的危害

1. 污染物的来源

在表面组装焊接工艺结束后，印制电路板上会留下各种残留物，通常这些残留物来源于助焊剂、黏结剂、设备上润滑油、人的指印残留等。

2. 污染物的类型

根据污染物种类不同可将污染物分为有机污染物、难溶无机物、有机金属化物、可溶无机物、颗粒物。一般有机污染物来源于助焊剂、焊接掩膜、编带以及指印等；难溶无机物来源于光刻胶、助焊剂残留物等；有机金属化物来源于助焊剂残留物；可溶无机物来源于助焊剂残留物、酸、水；颗粒物来源于空气中物质、有机物残渣。

根据污染物特性可将污染物分为极性污染物、非极性污染物和粒状污染物。极性污染物主要来源于助焊剂中的活化剂，如卤化物、酸、盐；非极性污染物主要来源于助焊剂中的有机物残渣，如松香残渣、残留胶带和浮油等；粒状污染物主要来源于空气中的杂质，尘埃、烟雾、静电粒子等都是粒状污染物。

3. 污染物的危害

极性污染物在一定条件下，可发生电离，会产生正离子或负离子。这种离子在一定电压作用下，会向相反极性导体迁移，能引起电路的故障，同时极性污染物还具有吸湿性，吸收水分后在二氧化碳作用下加快自身分解，造成 PCB 导线的腐蚀。

非极性污染物不会分离成离子，是绝缘体，不会产生腐蚀和电气故障，但其本身具有较大的黏性，会吸附灰尘，影响焊盘的可焊性。大多数残留物为极性和非极性物质的残留物。

粒状污染物也可能对印制电路板焊盘造成危害，使得测试探针不能和焊点之间形成良好的接触，导致测试结果不准确，影响可焊性。

二、电子产品清洁度等级分类及清洁度要求

1.清洁度等级分类

我国将电子产品的清洁度分为五个等级，大致划分了每一级电子产品的种类范围，见表9-1。

表 9-1　　　　　　　　　　　　　　电子产品清洁度等级分类

清洁度等级	类别	种类范围
一级	军品及生命保障类	卫星、飞机仪表、潜艇通信设备、陆地通信设备、保障生命的医疗装置、汽车零部件（减速器、电动机等）
二级	高级工业类设备	各种复杂的工业设备、计算机、低档通信设备
三级	工业及医疗设备	工业设备、非保障生命的医疗设备、低成本的外部设备
四级	办公设备类	低成本仪表、仪器、办公设备、TV 电路、音响
五级	免清洗设备	消费类电子产品、TV 音响、娱乐小用品

2.清洁度要求

清洁度等级不同，对电子产品的清洁要求也不同。一级清洁度要求最高，五级最低，但是在五级消费类电子产品中为防止污染，目前常采用免清洗助焊剂进行焊接，称为免清洗工艺。

三、清洗的目的、作用与作业流程

1.清洗的目的

电子产品组装完成后，需对印制电路板去污染，SMT 清洗工艺其实就是一种去污染工艺，主要是去除组装焊接后残留在印制电路板上影响其可靠性的污染物。

2.清洗的作用

组装焊接后，清洗 SMA 的作用主要有以下几点：

（1）清除腐蚀物

SMA 上残留的腐蚀物会损坏电路，造成元器件脆化，腐蚀物本身受潮也容易导电，易引起短路。

（2）防止电气缺陷产生

若 PCB 上残存有离子污染物等，可能造成印制电路板漏电。

（3）使 SMA 更清晰

外观形态清晰的 SMA，通过检测更容易看到热损伤、开裂等不易察觉的缺陷，便于排除故障。

除了采用免洗工艺，其余 SMA 组装焊接后都要经历清洗工序。

3.清洗作业流程

清洗作业的一般工艺流程如图9-1所示。

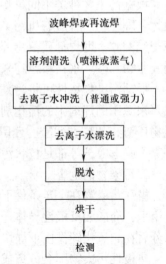

图 9-1　清洗作业的一般工艺流程

四、清洗材料

1. 清洗剂的化学组成

传统的、最有效的清洗剂是以三氯三氟乙烷（CFC-113）和甲基氯仿作为主体材料，它们具有脱脂率高、溶解力强、无毒、不燃不爆、易挥发、无腐蚀性、性能稳定等优点，长期以来一直是清洗的理想溶剂。但是近年来研究发现，三氯三氟乙烷会破坏大气臭氧层，为保护环境，现已全部停止使用。

可替代的清洗技术有免清洗技术、使用改进型 CFC 溶剂清洗剂、使用水清洗剂和使用半水清洗剂。

（1）免清洗技术是指在助焊剂上进行改进研究，使焊后不产生污染物或产生极少污染物，从而可以免清洗。

（2）改进型 CFC 溶剂清洗剂（HCFC）是指在原来 CFC-113 分子中引入氢原子，代替部分氯原子，以减少对臭氧层的损害。

（3）水清洗剂主要成分为极性水基无机物，通常采用皂化剂。应用皂化剂与焊接残留物发生化学反应并生成可溶于水的脂肪酸盐，然后用去离子水漂洗，主要用于低密度组件的清洗。

（4）半水清洗剂主要有萜烯类溶剂和烃类混合物溶剂。它既能溶解松香，又能溶解于水。萜烯类溶剂主要成分为烃和有机酸，可生物降解，不破坏臭氧层，无毒，无腐蚀，可很好地溶解助焊剂残留物。烃类混合物溶剂主要成分为烃类混合物，含有极性和非极性成分，可提高对污染物的溶解能力。

2. 选用原则

不同的印制电路板所选用的焊料和助焊剂不同，相应的清洗方式也不同，清洗剂的选择也不同。

清洗工艺对清洗剂的基本要求如下：

（1）良好的润湿性

要想溶解去除焊盘污染残留，首先清洗剂要能够润湿污染面。

（2）较强的毛细作用

清洗剂除了可润湿污染面之外，还须能够渗透、进入和退出印制电路板元器件的狭细位置，并反复循环，直至清洗干净。不同的清洗溶剂，毛细渗透率不同。同一清洗溶剂，温度越高，毛细渗透率越大。含氯烃混合物的毛细渗透率高于含氟烃混合物。水的毛细渗透率最高，但表面张力大，不易从缝隙排出，清洗效果不佳。碳氟化合物溶剂毛细渗透率较低，但表面张力也低，因此清洗效果最佳。

（3）较低的黏性

低黏性有助于溶剂在缝隙中多次交换，可有效清洗。

（4）较高的密度

高密度的溶剂在水平放置的 SMA 上扩展更均匀，有利于减少挥发，降低成本，完成有效清洗。

（5）较高的沸点

多数情况下，溶剂温度一般控制在沸点或接近沸点的范围。提高溶剂沸点，可获得更高温度的蒸气，而较高的蒸气温度会使大量的蒸气凝聚，因此可短时间内去除大量污染物。

（6）较强的溶解能力

在清洗中，为了在有限的时间里，清洗干净狭窄缝隙里的污染物，通常选择有较强溶解能力的溶剂，但溶解能力高对应腐蚀性也大。

（7）较低的臭氧破坏系数

随着人们环保意识的加强，对电子产品的环保要求也越来越高，在保证清洗能力的同时，还要考虑对臭氧层破坏程度，引入了臭氧破坏系数（ODP）的概念。

（8）最低限制值

最低限制值表示人体与溶剂接触所能承受的最高限量值，又称为暴露极限。操作人员每天工作不允许超出溶剂的最低限制值。

选择溶剂，除了考虑与残留物类型相匹配之外，还要考虑其他因素，如去污能力、与设备元器件兼容性、经济性、环保性等。

3. 配置方法

通常组装焊后残留污染物不是单一类型，而是由极性和非极性残留物混合而成，要采用清洗剂进行清洗。清洗剂也分为极性和非极性两大类：极性溶剂，如酒精、水等，可以用来清除极性残留污染物；非极性溶剂，如氯化物、氟化物等，可用来清除非极性残留污染物。基于污染物的特点，实际应用中所使用的溶剂都由极性溶剂和非极性溶剂混合而成，混合溶剂由两种或多种溶剂组成，可直接购买，依据说明书中适用范围选用。

§9—2 常见清洗工艺

学习目标

1. 熟悉表面组装板焊后有机溶剂清洗工艺的内容。
2. 掌握水清洗和半水清洗技术的工艺流程和清洗过程。
3. 掌握电子产品清洗后的清洁度标准和检验方法。

一、有机溶剂清洗工艺的内容

在清洗工艺中，传统、有效的清洗方法主要有超声波清洗和气相清洗。

1. 超声波清洗技术

（1）超声波清洗特点

优点：洗净率高，残留物少；清洗时间短，清洗效果好，不受清洗件形状限制，高效节能，易实现自动化；不损坏被洗件表面；节省溶剂、热能、工作面积、人力，对玻璃、金属清洗效果好。

缺点：不适宜清洗纺织品、多孔泡沫塑料、橡胶制品等声吸收强的材料。

（2）超声波清洗原理

超声波清洗的基本原理为"空化效应"。高于 20 kHz 的高频超声波通过换能器转换为高频机械振荡传入清洗液，向前辐射，使清洗液流动并产生数以万计的小气泡，当声压达到一定值时，气泡迅速增长，然后突然闭合，产生强大的冲击波，像一连串的小爆炸，轰击污染物表面，使污染物剥落。气泡多次增长闭合，向前推进，使污垢一层层剥开，达到清洗的目的。

（3）超声波清洗设备

超声波清洗机一般有超声电源和清洗器一体式和分体式两种结构。清洗器主要由清洗缸、超声波发生器和换能器三个主要部分组成。图 9-2 所示为常用的全自动超声波清洗机。

图 9-2　全自动超声波清洗机

若将超声波清洗机安装在生产线上，其工艺过程为：进料—前喷淋—超声波清洗—后喷淋—风刀吹劈—热风烘干—冷风冷却—出料。

2. 气相清洗技术

（1）气相清洗特点

气相清洗技术主要是采用溶剂蒸气清洗技术，是目前使用最普遍的 SMA 清洗技术，主要有批量式溶剂清洗技术和连续式溶剂清洗技术两种。

1）批量式溶剂清洗系统有多种类型，如环形批量式系统、偏置批量式系统、双槽批量式系统和三槽批量式系统。此类系统采用电浸没式加热器加热溶剂，有单槽、多槽之分，若加入喷淋等机械力和反复多次进行蒸气清洗，清洗效果更佳。

2）连续式溶剂清洗系统有一个很长的蒸气室，内设小蒸气室，内部有加热预清洗喷淋室、高压喷淋室、煮沸室、加热蒸馏溶剂储存室。这种清洗技术通常将组件放在传送带上，根据 SMA 特点，以不同速度运行，水平通过蒸气室，连续完成组件清洗，清洗效率高。

（2）气相清洗原理

气相清洗是通过供热系统控制加热使溶剂槽中的清洗溶剂受热沸腾，从而产生气相清洗溶剂蒸气，蒸气上升后，与冷状态下的待清洗组件相接触时，由于温度差，蒸气冷凝在组件表面，从而利用溶剂蒸气带走组件上的污染残留，带有污染物的蒸气在制冷区受冷液化顺着管道流入回收槽。通过对残留物过滤，可将溶剂再送回溶剂槽，实现循环利用。

（3）气相清洗设备

气相清洗机主要由加热区、溶剂槽、蒸气清洗区、制冷区和回收槽等组成。

图 9-3 所示为超声波气相清洗机。

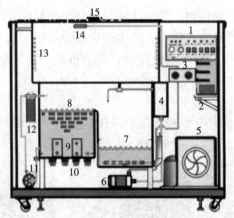

图 9-3　超声波气相清洗机

1—操作面板　2—超声波发生器　3—温度控制器　4—油水分离器　5—冷气机组　6—喷淋泵　7—蒸气洗槽
8—超声洗槽　9—加热器　10—换能器　11—过滤泵　12—过滤器　13—冷排器　14—喷淋嘴　15—缸盖

二、水清洗和半水清洗技术

1. 水清洗工艺流程及清洗方法

水清洗工艺是代替 CFC 溶剂清洗最有效的方法。简单水清洗工艺流程如图 9-4 所示，分为两种水清洗工艺，一种是采用皂化剂的水溶液，另一种是不采用皂化剂的水溶液。

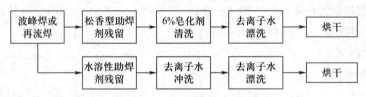

图 9-4　简单水清洗工艺流程

第一种类型采用皂化剂的水清洗工艺，主要针对采用松香型助焊剂的 SMA，清洗方法为在 60～70 ℃温度下，皂化剂与松香型助焊剂残留物发生化学反应，形成可溶于水的脂肪酸盐，然后应用高压水喷淋，再用净水漂洗去除皂化剂残留物，达到清洗的目的。不同助焊剂可选择不同的皂化剂进行清洗，但易造成皂化剂残留污染，影响印制电路板质量。

第二种类型不采用皂化剂的清洗工艺，即净水清洗。此种方法是基于采用可溶于水的助焊剂焊接的 SMA，清洗中适当加入中和剂，可更有效地去除可溶于水的助焊剂残留物。

对于大批量电路组件，采用水清洗技术，也是由预冲洗、冲洗、漂洗、最终漂洗和干燥五部分组成。但是为了将 SMA 彻底地冲洗干净，增加了强力冲洗和强力漂洗。同时采用闭水循环系统，实现水循环处理和再利用，比普通水洗系统节约用水，节省热能 60%～70%。

2. 半水清洗工艺流程及清洗方法

半水清洗工艺是介于溶剂清洗和水清洗之间的一种清洗工艺。清洗时，加入了可分离型溶剂。图 9-5 所示为半水清洗工艺流程。

图 9-5　半水清洗工艺流程

半水清洗工艺流程为先用溶剂清洗组件，再用水进行漂洗，最后烘干。所采用的半水清洗剂既能溶解松香，又能溶解在水中，清洗时，可将印制电路板浸没在半水清洗剂中，采用喷射清洗，获得最佳清洗效果。为避免萜烯类半水清洗剂对印制电路板的副作用，溶剂清洗后要用去离子水漂洗。实际清洗中，应根据需要选择合适的半水清洗剂和相应工艺设备，同时注意环保要求。另外，还可在漂洗后将半水清洗剂从漂洗后的水中分离出来，实现循环使用。

三、电子产品清洗后的清洁度标准和检验方法

1. 清洁度标准

电子产品清洁度标准见表 9-2。

表 9-2　　　　　　　　　　　　　　　电子产品清洁度标准

清洁度等级	清洁工艺	清洁度标准
一级	各种清洗方法	残留离子污染物含量 ≤ 1.5 μg（NaCl）/cm²，电子法测电阻率 >2×10⁶ Ω·cm
二级	各种清洗方法	残留离子污染物含量为 1.5~5.0 μg（NaCl）/cm²，电子法测电阻率 >2×10⁶ Ω·cm
三级	各种清洗方法或氮气保护焊	残留离子污染物含量为 5.0~10.0 μg（NaCl）/cm²
四级	大多数需要清洗，清洗时使用松香型助焊剂（溶剂清洗），或者使用低固态松香型助焊剂（免清洗）	残留离子污染物含量 >10.0 μg（NaCl）/cm²
五级	配免清洗助焊剂	—

2. 检验方法

组装焊好后的印制电路板质量直接影响产品的使用体验，因此，在电路组件焊接完后，必须对印制电路板进行清洗（免清洗除外），清洗后还需要对清洁度进行检测。目前，污染物基本的测试方法有目测法、溶剂萃取法、离子污染物检测法、红外分光光度测试法等，实际检测中根据需要选择一种或多种检测方法。

（1）目测法

目测法主要是借助光学显微镜，对污染物进行定性检测，通过高倍放大镜观察组件焊点四周是否有助焊剂及清洗剂残留的痕迹。这种方法简单易行，但对于元器件底部隐藏的污染物无法识别，适用范围有限。

（2）溶剂萃取法

溶剂萃取法也称为溶剂萃取电阻率检测法，是将电路组件浸入测试溶剂中，或用测试溶剂冲洗电路组件，然后测量浸过印制电路板的测试溶剂的离子电导率，离子电导率的下降程度与污染物数量成正比，可定量测出电路组件的清洁度。这种方法在 SMA 污染物测试中使用广泛。

（3）离子污染物检测法

离子污染物检测法是测量清洗后印制电路板上离子污染物残留程度的方法。这类测试方

法的原理是异丙醇和去离子水组成的测试溶液具有较低的电导率，但当将测试组件放入溶液后，溶液电导率会增加，用仪器记录电导率变化，即可得出极性污染物的定量值。这种方法可用于极性污染物的测试。

（4）红外分光光度测试法

红外分光光度测试法是一种用于非极性污染物的测试方法。非极性污染物虽不会严重影响 SMA 可靠性，但可能引起一些机械、电气故障。此外，非极性污染物还可采用紫外线吸收分光光度测试法，定量分析松香残留物。

实训 9　印制电路板清洗技能训练

一、实训目的

1. 能根据需要领用清洗印制电路板所需工具及材料。
2. 能按照有机溶剂清洗工艺完成实训印制电路板的清洗。

二、实训内容

1. 领用清洗印制电路板所需工具和材料

根据要求确定并领用清洗印制电路板所需工具和材料，完成表 9-3 的填写。

表 9-3　　　　　　　　　　印制电路板清洗领料表

序号	物料名称	规格 / 尺寸 / 型号	用途	单位	领用数量	领料人	日期
1							
2							
3							
4							
5							
6							
7							

2. 使用有机溶剂清洗印制电路板

在实训中可采用酒精溶剂清洗焊后印制电路板。

（1）准备焊后印制电路板，如图 9-6 所示。焊后印制电路板由于采用了松香等助焊剂辅助焊接，残留物较多，影响印制电路板美观性，需清洗。

（2）用酒精清洗印制电路板焊盘，如图 9-7 所示。要注意及时拧紧酒精瓶盖，防止挥发。在生产中可采用超声波清洗机或气相清洗技术进行清洗。清洗后的印制电路板如图 9-8 所示。

图 9-6 焊后印制电路板

图 9-7 用酒精清洗焊盘

图 9-8 清洗后的印制电路板

3.检测印制电路板的清洗质量

对印制电路板清洗质量进行检测，并完成表 9-4 的填写。

表 9-4 　　　　　　　　印制电路板清洗质量检测记录表

印制电路板	有机溶剂	清洗工艺	质量检测方法	是否合格

三、测评记录

按表 9-5 所列项目进行测评，并做好记录。

表 9-5 　　　　　　　　测评记录表

序号	评价内容	配分 / 分	得分 / 分
1	能根据需要领用清洗所需工具及材料	2	
2	能用有机溶剂完成焊后印制电路板的清洗	5	
3	能根据相关检测标准检测印制电路板的清洗质量	2	
4	成果符合清洗工艺要求	1	
总分		10	

思考与练习

一、填空题

1.污染物的来源主要有＿＿＿＿＿＿、＿＿＿＿＿＿、＿＿＿＿＿＿、＿＿＿＿＿＿。

2.印制电路板清洁度等级一般分为＿＿＿＿＿＿级。

3. 根据污染物特性可将污染物分为＿＿＿＿＿＿＿＿＿＿＿、＿＿＿＿＿＿＿＿＿＿＿、
＿＿＿＿＿＿＿＿＿＿三大类。

二、简答题

1. 清洗的作用是什么？

2. 清洗工艺对清洗剂的基本要求有哪些？

3. 超声波清洗机的工作原理是什么？

4. 清洗后的检验方法有哪些？

综合实训　贴片小音响的装配与调试

实训目的

1. 掌握贴片类电子产品的装配与调试工艺流程。

2. 能按照任务要求分别领用印刷、贴装、焊接及装配所需工具和辅助材料，领用并检测元器件。

3. 能用全自动印刷机完成贴片小音响 PCB 的印刷，并对印刷锡膏后的 PCB 进行检测。

4. 能按照贴装工艺完成贴片小音响贴片元器件的贴装，并排除贴装过程中出现的故障。

5. 能正确设定和调试再流焊锡炉炉温，完成贴片小音响 PCB 的焊接。

6. 能用 AOI 光学检测仪对 PCB 焊后质量进行检测。

7. 能按插装工艺要求完成后焊元器件的插装及手工焊接。

8. 能按组装工艺要求分析与排除组装过程中出现的故障。

9. 能按要求完成贴片小音响成品检测。

实训内容

前面介绍了表面组装技术的基础和工艺知识，为了更好地掌握贴片类电子产品的装配与调试过程，本实训将以双面板贴片小音响为例详细介绍贴片类电子产品的装配与调试过程。双面板贴片小音响装配图如实训图 1 所示。

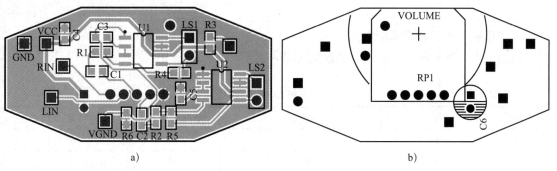

实训图 1　双面板贴片小音响装配图
a）正面装配图　b）背面装配图

一、贴片小音响装配与调试前准备

1. 制订贴片小音响装调工作计划

准备好贴片小音响装调所需设备、仪表、材料与工具→用全自动印刷机印刷贴片小音响 PCB →检查 PCB 印刷质量→用全自动贴片机贴装贴片小音响→检测 PCB 贴装质量→过再流焊锡炉焊接→用 AOI 光学检测仪检测贴片小音响 PCB 的贴装质量→贴片小音响组装与调试→贴片小音响成品检测。

2. 准备贴装设备、仪表、材料及工具

（1）根据装调工艺流程，明确装调贴片小音响需要用到的贴装设备、仪表、材料及工具。

1）设备：全自动印刷机、全自动贴片机、再流焊机及 AOI 光学检测仪。

2）仪表：直流稳压电源、万用表。

3）材料：贴片小音响 PCB（18 连板）、中温锡膏（500 g 一瓶）、贴片小音响钢网、酒精、无尘布、防静电手环、防静电衣服及防静电手指套。

4）工具：全自动印刷机上用的刮刀、气枪、防静电物料架、小刮刀、电烙铁、镊子、水口钳。

（2）领用所需物品，并填写物品领用单（见实训表 1）。

实训表 1　　　　　　　　　　　　　　　　　物品领用单

序号	物品名称及规格	领用数量	领用人	领用时间	备注
1					
2					
3					
4					
5					
6					
7					
8					
9					

审核人：_____　　　　发料人：_____

3. 领用贴片小音响装调所需元器件

按实训表 2 领取贴片小音响装调所需元器件。

实训表 2　　　　　　　　　　　　　　　　贴片小音响的元器件清单

序号	名称	规格	单板使用数量	贴片位置	备注
1	PCB	单层板	1 个		
2	主控 IC	8002	2 个	U1, U2	
3	电解电容	470 μF, 10 V	1 个	C6	
4	双声道电位器	50 $k\Omega$, $\phi 16$ mm	1 个	RP1	
5	贴片电容	0603, 0.1 μF	2 个	C1, C2	
6		0603, 1 μF	3 个	C3, C4, C5	

续表

序号	名称	规格	单板使用数量	贴片位置	备注
7	贴片电阻	0603，22 kΩ	2个	R4，R5	
8		0603，6.8 kΩ	2个	R1，R2	
9		0603，0 Ω	1个	R6	
10			不用贴装	R3	
11	扬声器		2个		
12	扬声器固定螺钉	短（2边各4粒）	8个		
13	音响上下壳螺钉	长（2边各4粒）	8个		
14	外壳	蓝色或红色	2个		
15	音响上下壳	黑色（各1个）	1套		
16	线控壳	黑色（上下壳）	2个		
17	USB 供电线 + 输电线	USB+3.5 双声道双拼线	1组		
18	信号线	70 cm 双拼线	1条		
19	彩盒		1个		

4. 识别并清点元器件

（1）识别 8002 芯片

8002 芯片是一种桥工音频功率放大器，使用 5 V 电源，能给一个 4 Ω 的负载提供 2 W 的平均功率，只需要很少的外围设备，便可提供高品质的输出音质与音量。8002 芯片不需要输出耦合电容，具有高电平关断模式，非常适合低功耗的便携式系统。8002 芯片可以通过外部电阻控制增益，并有补偿器件保证芯片的正常工作。8002 芯片的引脚分布如实训图 2 所示，其引脚功能见实训表 3。

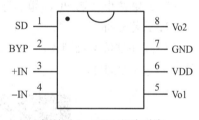

实训图 2　8002 芯片引脚

实训表 3　　　　　　　　　　8002 芯片引脚功能

引脚号	符号	描述
1	SD	掉电控制引脚，高电平有效
2	BYP	内部共模电压旁路电容接口
3	+IN	模拟输入端，正相
4	−IN	模拟输入端，反相
5	Vo1	模拟输出端 1
6	VDD	电源正
7	GND	电源地
8	Vo2	模拟输出端 2

（2）清点元器件

按贴片小音响的元器件清单（见实训表2）核对元器件数量和规格，如有短缺、差错，应及时补全和更换。

5. 确定贴片小音响装调工艺流程

以小组为单位，共同讨论确定贴片小音响装调工艺流程，并以小组为单位分工合作完成贴片小音响装调的全过程。推荐使用的贴片小音响装调工艺流程如实训图3所示。

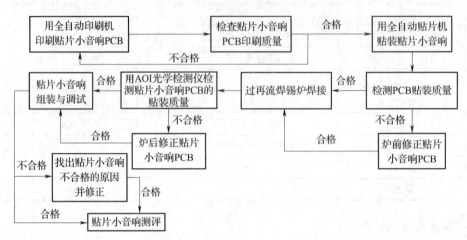

实训图3　贴片小音响装调工艺流程

二、贴片小音响 PCB 印刷与检测

1. 工艺分析

识读并分析实训图4所示贴片小音响 PCB，可知该贴片小音响 PCB 为双面板，top 面贴片，bottom 面插件。

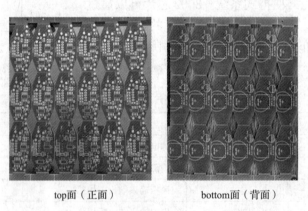

top面（正面）　　　　bottom面（背面）

实训图4　贴片小音响 PCB

2. top 面印刷

（1）开机前，先检查设备电源是否正常，检查设备内部是否有残留的 PCB 或其他杂物，确保没有问题即可进行下一步操作。

（2）打开全自动印刷机供电电源，电源要求：AC 220 V 50 Hz，15 A。

（3）将主电源开关旋转至 ON 位置，开启机器主电源，如实训图 5a 所示。

（4）按照操作安全规范开启全自动印刷机供气气源，如实训图 5b 所示。注意观察供气是否在正常工作气压范围 0.4 ~ 0.6 MPa 以内。

a)   b)

实训图 5　打开主电源开关和红色气源开关

a）打开主电源开关　b）打开红色气源开关

（5）双击桌面"HTGD"图标，启动全自动印刷机控制软件。

（6）进入系统软件界面后，单击"开始归零"按钮，系统执行归零动作，如实训图 6 所示。

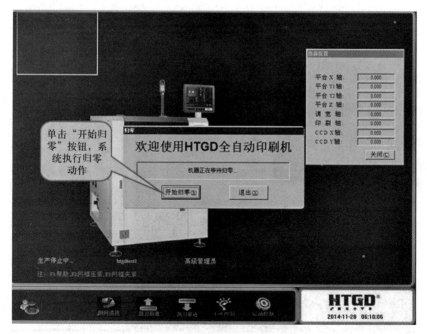

实训图 6　单击"开始归零"按钮

（7）单击"二级权限"按钮，输入密码，单击"确认"按钮进入软件界面，如实训图 7 所示。

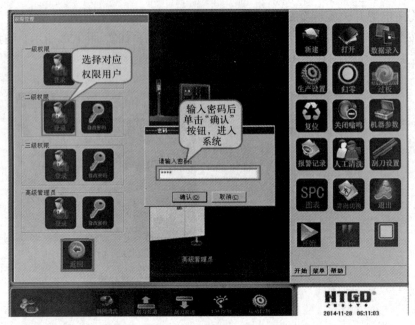

实训图 7　单击"二级权限"按钮，输入密码

（8）单击"新建"按钮，即显示文件目录"htgdtest1"，此时可根据所要生产的 PCB 修改输入新的文件名，如实训图 8 所示。

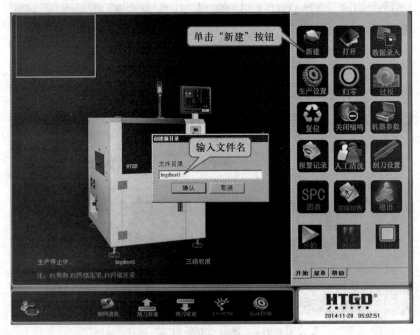

实训图 8　单击"新建"按钮，输入文件名

（9）单击"确认"按钮，在弹出的"模板设置页 1"对话框中，填写 ETS450 型全自动印刷机的参数，如实训图 9 所示。

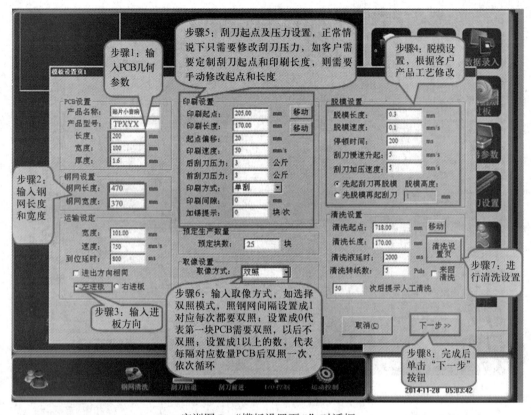

实训图9　"模板设置页1"对话框

1）修改/输入产品名称为"贴片小音响"，产品型号为"TPXYX"。

2）修改/输入PCB长度、宽度（实际宽度+0.2 cm）和厚度（实训图9中的步骤1）。

3）修改/输入钢网长度为"470 mm"、宽度为"370 mm"（实训图9中的步骤2）。

4）进板方向选择"左进板"（实训图9中的步骤3）。

5）修改/输入脱模长度为"0.3 mm"，脱模速度为"0.1 mm/s"，停顿时间为"200 ms"（实训图9中的步骤4）。

6）修改/输入印刷速度为"50 mm/s"（实训图9中的步骤5）。

7）修改/输入前/后刮刀压力为"3 kg"（实训图9中的步骤5）。

8）选择印刷方式为"单刮"（实训图9中的步骤5）。

9）修改/输入预定生产数量为"25"。

10）选择取相方式为"双照"，并设置照钢网间隔（实训图9中的步骤6）。

11）单击"清洗设置页"按钮（实训图9中的步骤7），打开"清洗设置页"对话框，进行清洗设置，如实训图10所示。

12）清洗设置完成后，单击"确定"按钮即返回"模板设置页1"对话框，单击其中的"下一步"按钮（实训图9中的步骤8），系统弹出"警告"对话框，询问导轨上有无PCB，如实训图11所示，单击"确定"按钮，此时系统会弹出"提示"对话框，提示下一步将调整运输导轨宽度，如实训图12所示，再次单击"确定"按钮，返回"模板设置页1"对话框。

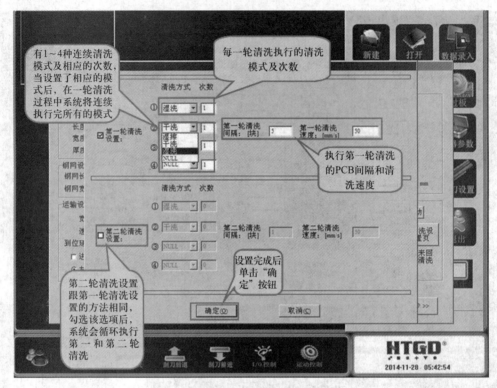

实训图 10　清洗设置

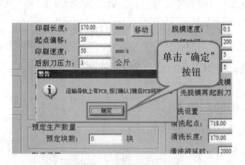

实训图 11　"警告"对话框

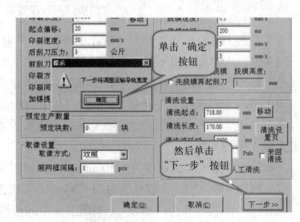

实训图 12　"提示"对话框

13）装载顶针、PCB 及钢网

①导轨调整完毕进入"模板设置页 2"对话框，如实训图 13 所示。不更改参数，打开安全门，开启机器内部照明灯，将顶针安装到 PCB 升降平台上，如实训图 14 所示。安装顶针前先将 PCB 按照位置大概放置在 PCB 传输导轨上，放置顶针时要求顶针不能顶到 PCB 上有元器件的位置。单击"自动定位"按钮，将 PCB 放在印刷机的进板处，PCB 被感应到后会被自动传入印刷机中，然后单击"CCD 回位"按钮，再单击"Z 轴上升"按钮，调整顶针的位置，确保顶针位置无元器件。

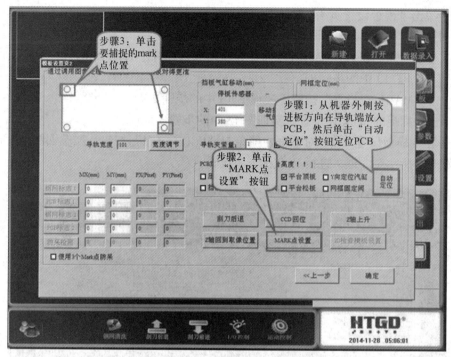

实训图13　"模板设置页2"对话框

②安装钢网并与PCB对位。安装钢网涉及两个按键的操作，分别是键盘上的"F2"键和"F3"键。其中，"F2"键是钢网锁紧/松开切换按键，"F3"键是钢网固定框宽度锁紧/松开切换按键，每按一次都会切换状态。操作时，先按"F2"键和"F3"键各一次，松开钢网锁紧机构和钢网固定框宽度锁紧机构，调节钢网固定框宽度，将钢网安装到印刷机内并与传送导轨中的PCB对位，如实训图15所示。对位完成后，按"F3"键锁定钢网固定框宽度，按"F2"键锁定钢网。若PCB与钢网之间缝隙过大或者PCB升起过高，可通过旋转平台升降手动调节旋钮调节平台高低（逆时针转动调低，顺时针转动调高），保证PCB与钢网贴合紧密且不会过高。完成后单击"Z轴下降"按钮，再单击"自动定位"按钮将PCB送到印刷机出板处，将PCB拿出。再单击"确定"按钮，弹出询问是否装载钢网的对话框，单击"否"按钮，返回"模板设置页1"对话框。

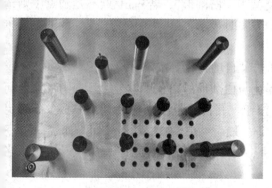

实训图14　安装顶针

实训图15　安装钢网并与PCB对位

（10）单击"模板设置页 1"对话框中的"下一步"按钮，进入实训图 13 所示"模板设置页 2"对话框，进行 mark 点设置。

1）从全自动印刷机外侧按进板方向在导轨端放入贴片小音响 PCB，然后单击"自动定位"按钮（实训图 13 中的步骤 1）。

2）单击"MARK 点设置"按钮（实训图 13 中的步骤 2）。

3）单击要捕捉的 mark 点位置（实训图 13 中的步骤 3）。

（11）在"模板设置页 2"对话框左侧单击"PCB 标志 1"按钮，如实训图 16 所示，打开如实训图 17 所示对话框，进行 PCB 标志 1 设置。

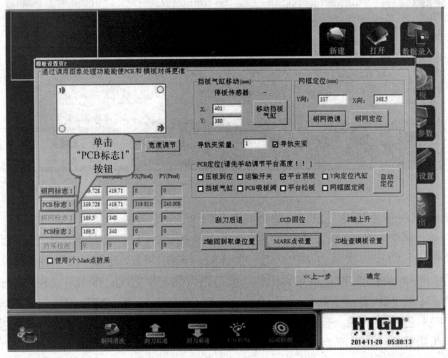

实训图 16　单击"PCB 标志 1"按钮

1）调节 LED1、LED2 的光照亮度，使 mark 点黑白分明。

2）在"查找标志点"选项组内设置标志类型为"白圆形"，若 mark 点不是圆点（则选择白方形或其他）或搜索 mark 点失败，可单击"实时显示""采集图像""搜寻范围"等按钮进行手动设置。

3）将 PCB 标志 1 调整到画面中间，然后单击"自动查找"按钮。

4）当白圆形内切于正方形四边，背景的黑色与白圆形的白色黑白分明且白圆形无任何杂质点时，单击"设置模板"和"定制模板"按钮。其目的是设置 PCB 标志模板，同时定制该模板，为以后批量印刷的同一批 PCB 做准备。最后再单击"确认"按钮，如实训图 18 所示。设置成功的 mark 点分数应达到 60 分以上，对于部分很难设置的 mark 点，也可适当降低分数。

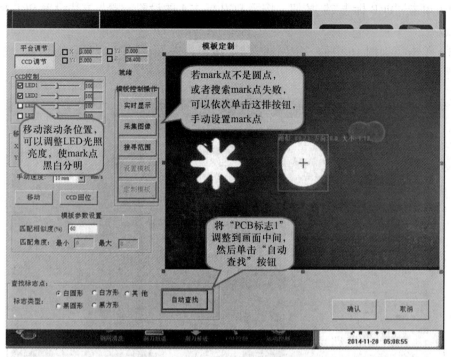

实训图 17　mark 点（PCB 标志 1）设置

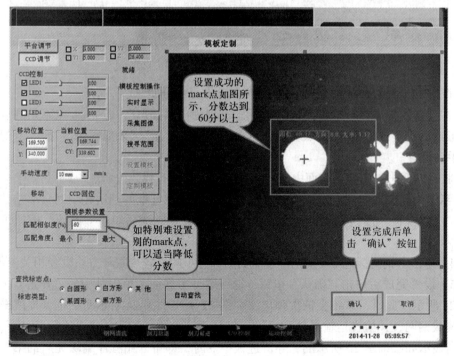

实训图 18　mark 点（PCB 标志 1）设置完成

（12）单击"PCB 标志 2"按钮，按照 PCB 标志 1 的设置步骤与方法设置 PCB 标志 2 的相关参数。

（13）单击实训图 16 中的"钢网标志 1"按钮，进入实训图 19 所示对话框，进行钢网参数设置。

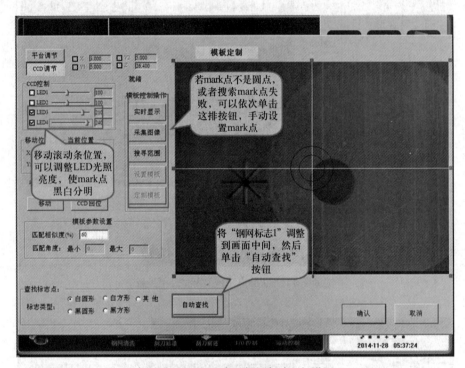

实训图 19　mark 点（钢网标志 1）设置

1）调节 LED3、LED4 的光照亮度，使 mark 点黑白分明。

2）在"查找标志点"选项组内设置标志类型为"黑圆形"，若 mark 点不是圆点（则选择黑方形或其他）或搜索 mark 点失败，可单击"实时显示""采集图像""搜寻范围"等按钮进行手动设置。

3）将钢网标志 1 调整到画面中间，然后单击"自动查找"按钮。

4）当图中黑圆形与黑圆点完全重合且与黑圆点所在红框的四边相切时，单击"设置模板"和"定制模板"按钮完成钢网标志 1 的设置，设置完成后单击"确认"按钮，如实训图 20 所示。

（14）单击"钢网标志 2"按钮，按照钢网标志 1 的设置步骤与方法设置相关参数。

（15）设置完成后单击"确认"按钮，返回软件主界面，单击其中的"开始"按钮，如实训图 21 所示。此时，系统会依次弹出实训图 22～实训图 24 所示对话框，提醒操作者确认是否装载钢网，并检查运输导轨和运输出口是否有 PCB，依次单击"否""确定""确定"按钮，当显示如实训图 25 所示的"等待进板…"时，即可开始程序编辑完后的第一块 PCB试生产。

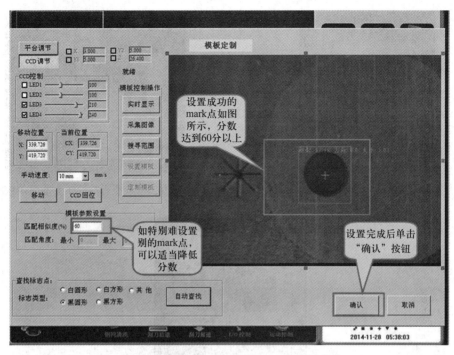

实训图 20　mark 点（钢网标志 1）设置完成

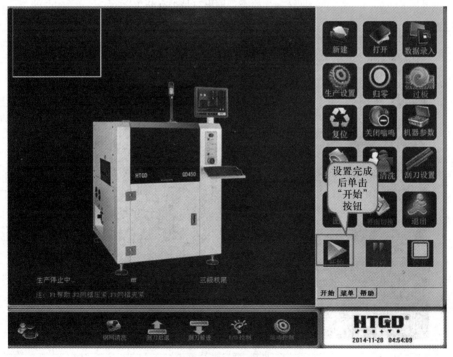

实训图 21　单击"开始"按钮

实训图 22　询问是否装载钢网

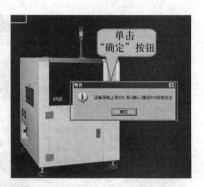

实训图 23　检查运输导轨上是否有 PCB

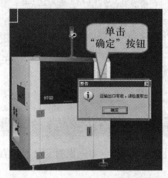

实训图 24　检查运输出口是否有 PCB

实训图 25　等待进板

（16）将锡膏约 2/3 的量均匀添加于钢网上的印刷起点处，并保证钢网表面到锡膏顶部约为 10 mm 厚度，如实训图 26 所示。添加锡膏时，不能将锡膏添加到钢网的窗口上。

实训图26 添加锡膏

（17）添加完锡膏后，按PCB进板方向，在导轨上重新放入PCB，然后单击"开始"按钮，此时印刷机进行钢网mark点与PCB mark点自动定位，并弹出如实训图27所示的"偏移调校"对话框，单击图中的"＋""－"号可调节印刷精度，调试完成后勾选"不再显示"复选框，然后单击"确认"按钮，开始PCB的正常印刷生产。

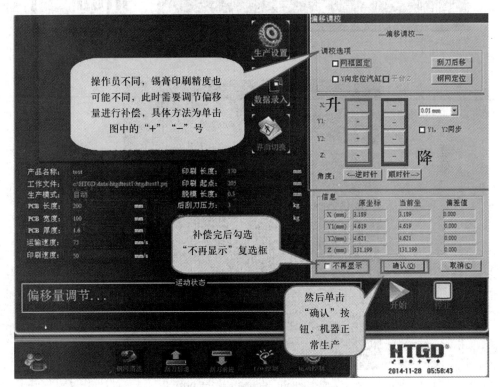

实训图27 "偏移调校"对话框

（18）若要退出系统可单击"退出"按钮，若要停止生产可单击"停止"按钮，如实训图28所示。

（19）完成印刷后的贴片小音响PCB如实训图29所示。

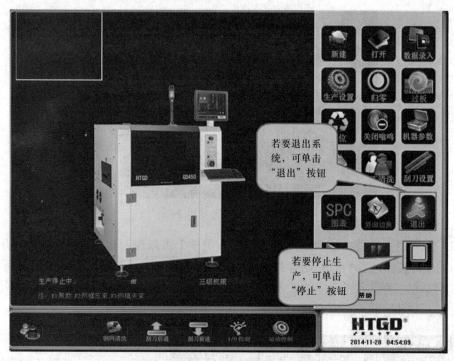

实训图 28　退出系统或停止生产

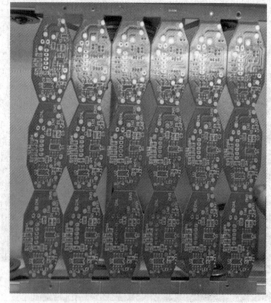

实训图 29　完成印刷后的 PCB

【小提示】

在印刷过程中，需要注意以下几点：

（1）编辑全自动印刷机程序之前，需将锡膏从冰箱中取出并回温 4~8 h，且锡膏在使用前需用搅拌机搅拌 3~4 min。

（2）做好贴片小音响锡膏印刷前的一切准备工作。

（3）全自动印刷机程序编辑好后，需加适量锡膏试印刷一块，并做好程序调试工作。

（4）全自动印刷机程序编辑好后，放贴片小音响生产时需佩戴防静电手指套和防静电手环。

3. 检查贴片小音响 PCB 印刷质量

常见的全自动印刷机印刷不良现象有渗锡、多锡、短路、少锡、锡膏拉尖、锡膏塌陷、锡膏粉化等。

（1）印刷后渗锡的原因分析

1）刮刀压力不足或刮刀角度太小。

2）钢网开孔过大、PCB 焊盘尺寸小（钢网孔与相应焊盘尺寸不匹配），印刷未对准。

3）PCB 与钢网贴合不紧密。

4）Snap-off（印刷时钢网和 PCB 间的距离）与刮刀下压高度设置不合理。

5）锡膏太稀，溶剂含量超标。

6）PCB 或钢网底部不干净。

7）全自动印刷机平台不稳、晃动。

8）真空座真空吸力不够，导致 PCB 晃动。

（2）印刷后多锡、短路的原因分析

1）PCB 表面或钢网底部有异物。

2）钢网开孔过大。

3）Snap-off 过大。

4）刮刀压力过小。

5）钢网或 PCB 变形。

6）溶剂超标，锡膏太稀扩散导致短路。

（3）印刷后少锡的原因分析

1）钢网开孔尺寸太小。

2）钢网开孔方法不合理（孔壁不够光滑）。

3）钢网塞孔或刮刀压力过大。

4）脱模速度或方式不合理。

5）锡膏本体不良（如锡粉不够圆、太大、成分不合理）。

6）Snap-off 过小。

（4）印刷后锡膏拉尖的原因分析

1）钢网开孔不光滑，造成拖锡。

2）钢网开孔尺寸过小，不易脱模。

3）脱模速度或方式不合理。

4）锡膏黏度太大。

5）锡粉颗粒不均匀、不够圆。

6）钢网擦拭不干净。

7）钢网使用时间过长，孔壁磨损严重。

（5）印刷后锡膏塌陷的原因分析

1）锡膏内溶剂过多，导致锡膏太稀。

2）擦拭时喷洒酒精溶剂过多，导致锡膏溶解在溶剂内。

3）擦拭纸不卷动，导致溶剂喷洒不均匀。

4）锡膏搅拌不均匀，导致密度、成分分配不均匀。

5）回温后开封条件不合理，吸入太多空气中的水分。

（6）印刷后印制电路板上锡膏粉化的原因分析

1）锡膏黏度不够。

2）PCB 印刷完毕在空气中放置时间过长，导致锡膏太干。

3）人为擦板。

三、贴片小音响 PCB 贴装与检测

1. 贴片小音响 PCB 的 top 面贴装

按照贴片小音响贴片工艺，完成贴装前准备、生产调试与贴装。

（1）贴装前准备

1）准备贴片小音响 PCB 的相关工艺文件［如 PCB 材料清单（BOM，又称贴装明细表）、供料器分配清单、生产安排表、工程变更单、工艺要求单等］。

2）根据产品工艺文件中的贴装明细表领取元器件，并进行核对。

3）对已经开启包装的元器件，根据开封时间的长短及是否受潮或污染等具体情况，进行整理和烘烤处理。

4）开封后检查元器件，对受潮元器件按照 SMT 工艺元器件管理要求进行处理。

5）按元器件的规格及类型选择合适的供料器，并正确安装元器件编带供料器。装料时，必须将元器件的中心对准供料器的拾片中心。

6）设备状态检查

①检查空气压缩机的气压是否达到设备要求，一般为 0.5～0.7 MPa。

②检查并确保传送导轨、贴装头移动范围内、自动更换吸嘴库周围、托盘架上无任何障碍物。

（2）生产调试

根据学校具体情况，采用在线编程或直接调用程序的方式进行贴片机操作与程序编辑，完成生产调试。贴片机操作、程序编辑与生产调试流程如实训图 30 所示。

1）按照设备安全技术操作规程开机。

2）检查贴片机的气压是否达到设备要求，一般为 0.45～0.55 MPa，如实训图 31 所示。

3）打开主电源开关，如实训图 32 所示。

4）使贴片机的所有轴回归原点位置，如实训图 33 所示。

5）根据贴片小音响 PCB 的宽度，调整贴片机传送导轨宽度。传送导轨宽度应大于 PCB 宽度 1 mm 左右，并保证 PCB 在传送导轨上滑动自如，如实训图 34 所示。

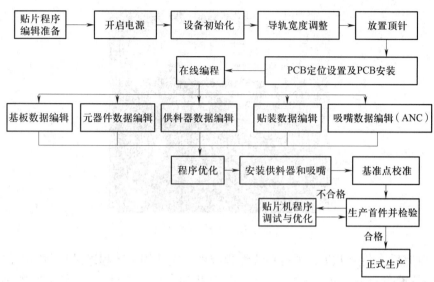

实训图 30　贴片机操作、程序编辑与生产调试流程

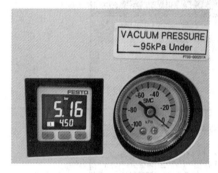

实训图 31　气压表

实训图 32　主电源开关

实训图 33　所有轴回归原点

实训图 34　调整导轨宽度

6）设置并安装 PCB 定位装置，如实训图 35 所示。首先应按照操作规程设置 PCB 定位方式，一般分为针定位和边定位两种方式。采用针定位时应按照 PCB 定位孔的位置安装并调整定位针的位置，要使定位针恰好在 PCB 的定位孔中间，使 PCB 上下自如。若采用边定位，必须根据 PCB 的外形尺寸调整限位器和顶块的位置。

实训图 35　PCB 定位设置

7）根据 PCB 厚度和外形尺寸安放 PCB 支撑顶针，以保证贴片时 PCB 上受力均匀，不松动，如实训图 36 所示。

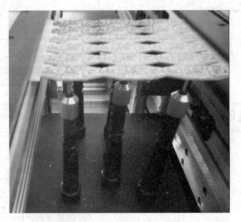

实训图 36 安放 PCB 顶针

8）设置完后，装上 PCB，进行在线编程或者直接调用生产程序进行贴装操作。对于已经完成程序编辑的 PCB，可直接调出产品的贴片程序（*.opt 文件），如实训图 37 所示。

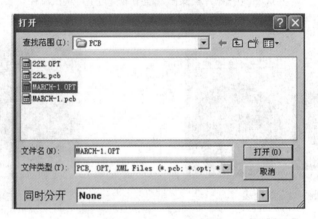

实训图 37 调用生产程序

9）安装供料器，如实训图 38 所示。按照离线编程或在线编程的供料器分配表，将各种元器件安装到贴片机的料站上。安装供料器时必须按照要求安装到位。安装完毕，必须由检验人员检查，确保正确无误后才能进行试贴和生产。

实训图 38 安装供料器

10）安装吸嘴，做基准标志和元器件的视觉图像。全自动贴片机贴装时，元器件的贴装坐标是以 PCB 的某一个顶角（一般为左下角或右下角）为原点计算的，而 PCB 加工时往往存在一定的加工误差，因此在高精度贴装时必须对 PCB 进行基准校准。基准校准是通过在 PCB 上设计基准标志和贴片机的光学对中系统进行校准的，如实训图 39 所示。

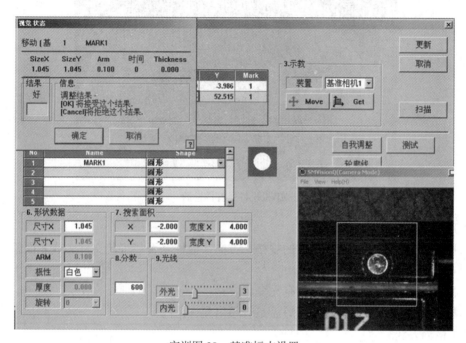

实训图 39　基准标志设置

11）首件试贴

①程序试运行：一般采用不贴装元器件（空运行）方式，若模拟生产试运行正常，则可正式贴装首件。

②首件试贴：调出程序文件，经过程序检查、编辑、调试后，按照操作规程试贴装一块 PCB。实训图 40 所示为贴片小音响 PCB 的 top 面贴装效果。

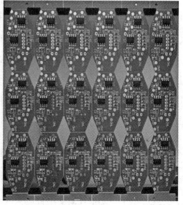

实训图 40　top 面贴装效果

2. 检测 PCB 贴装质量

首件 PCB 贴装完成后，检测 PCB 的贴装质量，如实训图 41 所示。

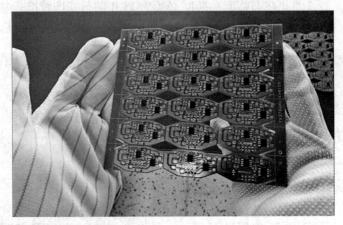

实训图 41　首件检验

（1）检测项目

1）检测各元器件位号上元器件的规格、方向、极性是否与工艺文件（或表面组装样板）相符。

2）检测元器件有无损坏、引脚有无变形。

3）检测元器件的贴装位置偏离焊盘是否超出允许范围。

（2）检测方法

检测方法要根据具体的检测设备配置而定。普通间距元器件可用目视检测，高密度窄间距元器件可用放大镜、显微镜、在线或离线光学检测设备 AOI 进行检测。

（3）检测标准

按照相关企业标准或参照其他标准（如 IPC 标准）执行。

3. 炉前修正贴片小音响 PCB

（1）如检查出元器件的规格、方向、极性有错误，应按照工艺文件修正程序。

（2）若 PCB 的元器件贴装位置有偏移，可用以下几种方法调整：

1）若 PCB 上所有元器件的贴装位置都向同一方向偏移，则应通过修正 PCB 标志点的坐标值来解决。即将 PCB 标志点的坐标向元器件偏移方向移动，移动量与元器件贴装位置偏移量相等，应注意每个 PCB 标志点的坐标都要等量修正。

2）若 PCB 上个别元器件的贴装位置有偏移，可估计一个偏移量在程序表中直接修正个别元器件的贴片坐标值，也可以通过示教的方式重新得出正确的坐标值。

3）如首件试贴时贴片故障比较多，则要根据具体情况进行处理，详见实训表 4。

实训表 4　　　　　　　　首件试贴常见故障现象、可能原因及处理方法

序号	故障现象	可能原因及处理方法
1	拾片失败	①拾片高度不合适，可能是由于元器件厚度或 Z 轴高度设置错误，检查后按实际值修正 ②拾片坐标不合适，可能是由于供料器的供料中心没有调整好，应重新调整供料器

序号	故障现象	可能原因及处理方法
1	拾片失败	③编带供料器的塑料薄膜没有撕开，一般是由于卷带没有安装到位或卷带轮松紧不合适，应重新调整供料器 ④吸嘴堵塞，应清洗吸嘴 ⑤吸嘴端面有脏物或裂纹，造成漏气，应清洗或更换吸嘴 ⑥吸嘴型号不合适，若孔径太大会造成漏气，若孔径太小会造成吸力不够，应更换合适的吸嘴 ⑦气压不足或气路堵塞，检查气路是否漏气，增加气压或疏通气路
2	丢元器件频繁	①图像处理不正确，应重新照图像 ②元器件引脚变形，应检查元器件 ③元器件本身的尺寸、形状与颜色不一致，对于管装和托盘包装的元器件可将弃件集中起来，重新照图像 ④由于吸嘴型号不合适、真空吸力不足等原因造成贴片在途中飞件，应更换合适的吸嘴 ⑤吸嘴端面有锡膏或其他脏物，造成漏气，应清洗吸嘴 ⑥吸嘴端面有损伤或裂纹，造成漏气，应清洗或更换吸嘴

4. 正式生产

按照操作规程进行生产，贴装过程中应注意以下问题：

（1）拿取 PCB 时不要用手触摸 PCB 表面，以防破坏印刷好的锡膏。

（2）报警显示时，应立即按下警报关闭键，查看错误信息并进行处理。

（3）贴装过程中补充元器件时，一定要注意元器件的型号、规格、极性和方向。

（4）贴装过程中，要随时注意废料槽中的弃料是否堆积过高，并及时进行清理，使弃料不能高于槽口，以免损坏贴装头。

5. 批量生产检测

（1）首件自检合格后送专检，专检合格后再批量贴装。

（2）批量生产的产品检测方法与检测标准同首件检测。

（3）有窄间距（引脚中心距在 0.65 mm 以下）时，必须全检。

（4）无窄间距时，可按每 50 块抽取 1 块 PCB、每 200 块抽取 3 块 PCB、每 500 块抽取 5 块 PCB、每 1000 块抽取 8 块 PCB 的取样规则抽检。

四、贴片小音响 PCB 再流焊与 AOI 检测

1. 贴片小音响 PCB 的 top 面过再流焊锡炉焊接

（1）设备点检

开机前，先检查设备电源是否正常，检查再流焊机内部是否有残留的 PCB 或其他杂物，如果有则将其取出，确保无误即可进行下一步操作。

（2）开启总电源

在确认设备紧急开关没有被按下后，在设备操作面板上的 POWER（电源）开关（见实训图 42）上插上钥匙，并旋向"ON"挡位，此时电源指示灯亮起，设备的总电源接通。POWER 开关为自锁开关，旋向"ON"为开启，旋向"OFF"为关闭。

实训图 42　总电源开关

（3）开启计算机

在总电源开启后按下主控计算机的开机键开启计算机。

（4）打开控制软件

进入系统后，系统一般会自动打开再流焊控制软件；如果没有自动打开，则单击桌面图标 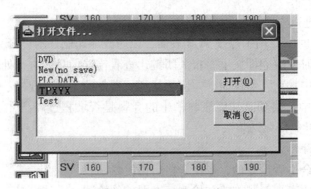 进入再流焊控制软件。

（5）载入程序

进入软件后，单击菜单栏的"文件"→"打开"，选择将要操作的印制电路板的程序，然后单击"打开"按钮，打开并载入程序，如实训图 43 所示。

实训图 43　打开并载入程序

（6）调节导轨宽度

载入程序后，需要根据被操作的 PCB 的宽度，调节再流焊机运送导轨的宽度。导轨宽度调节开关（WIDTH）如实训图 44 所示。

实训图 44　导轨宽度调节开关

WIDTH 开关为不自锁开关，常态为"OFF"。需要调节导轨宽度时，在 WIDTH 开关上插上钥匙，旋向"IN"方向并保持为将导轨宽度调窄，旋向"OUT"方向并保持为将导轨宽度调宽。

（7）开启再流焊接功能

导轨宽度调整好后，回到再流焊机控制界面，开启网链、运风、加热、冷却等开关，如实训图45所示。单击相应虚拟按键使其变为绿色即为开启。

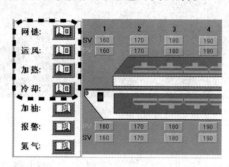

实训图45　开启再流焊接功能相应开关

根据贴片小音响产品生产需求，将设定好的炉温参数按照要求记录在实训表5~实训表8中。

实训表5　上温区 SV（设置炉温）

温区	1	2	3	4	5	6	7	8	9	10
温度									—	—

实训表6　上温区 PV（实际炉温）

温区	1	2	3	4	5	6	7	8	9	10
温度									—	—

实训表7　下温区 SV（设置炉温）

温区	1	2	3	4	5	6	7	8	9	10
温度										

实训表8　下温区 PV（实际炉温）

温区	1	2	3	4	5	6	7	8	9	10
温度										

（8）放置 PCB

再流焊接功能开启后，等待炉温升至程序设定值，即所有温区的"SV"与"PV"相等时，即可开始进行 PCB 的再流焊接，此时可以把已经贴装好元器件并需要进行再流焊接的 PCB 放置到链条（或网带）上，如实训图46所示。

实训图 46　放置 PCB

（9）回收并检查 PCB

PCB 经过再流焊机再流焊接完后，于再流焊机出口处将 PCB 回收，并初步目检焊接的质量。经检查无明显缺陷即可将 PCB 放置保存好，等待进入后续工序。

（10）完成再流焊后的产品如实训图 47 所示。

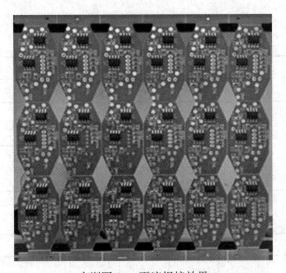

实训图 47　再流焊接效果

2. 贴片小音响 PCB 的 top 面 AOI 光学检测

（1）按照设备安全技术操作规程开机，开机步骤如下：通电→打开设备总开关→开启计算机→单击桌面图标 　→用户类型选择管理员并登录→单击"确定"按钮。

（2）按照导航制作程序

将已贴好元器件的贴片小音响 PCB 放在物料架上，取其中一块（目视检测比较好的一块板）作为样板，将其固定在 AOI 设备的导轨中，然后单击菜单栏中的"文件"→"新建程序"，开始按照导航制作程序。

1）在"程序面设置"界面，依次单击"面回原点"和"到尺寸位置"按钮。

2）制作缩略图。

3）注册 mark 点。操作步骤为：在菜单栏选择"标准模板"，然后单击"mark"进行制作→寻找 mark 点→设置 mark 点参数→单击"注册"按钮。

4）使用 CAD 或 BOM 导入后的重置数据制作标准

①导入 CAD 或 BOM。

②读取 CAD 或 BOM 文本文件。

③单击"重置字段"按钮，将 CAD 或 BOM 文本文件转换成 AOI 程序文件。

④单击"下一步"按钮形成元器件镜像图像。

⑤把 CAD 或 BOM 数据加载到程序中，选择"根据公用标准自动链接"复选框。

⑥单击"锁定"按钮，并设置标识点。

5）保存程序。

6）模式设置和调试程序

①选择"调试测试结果""学习误报数据""限定次数为 40""基板不移出"。

②调整完一块 PCB 后，再将模式设为"调试测试结果"+"学习误报数据"+"限定次数为 80"+"基板不移出"。

③调试到不合格品数（NG 数）在 20 个以下后，可去掉"基板不移出"复选框的选择。

④调试完成后，在正常测试前，选中"测试正确自动定位"单选按钮。

（3）正常测试

1）在正常测试前先保存程序。

2）将模式设置为"正常测试"+"学习误报数据"+"输出 NG 数据"+"不自动定位"。

3）经过 AOI 光学检测程序编辑、调试及正常测试后，贴片小音响 PCB 的自动光学检测合格品（OK 品）如实训图 48 所示。

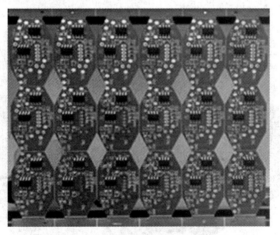

实训图 48　AOI 光学检测合格品

五、贴片小音响成品组装与调试

1. bottom 面插装元器件，top 面焊元器件引脚与导线

（1）按照实训图 49 所示贴片小音响 PCB 电路工艺图，在 bottom 面插装元器件双声道电位器和电解电容，在 top 面完成双声道电位器引脚与焊盘的焊接以及电解电容引脚与焊盘的焊接。然后焊接左声道红色（焊点 59）、黑色（焊点 58）两根导线，右声道红色（焊点 57）、黑色（焊点 56）两根导线，电源红色（焊点 53）、黑色（焊点 49）两根导线，信号输入绿色（焊点 52）、白色（焊点 50）、黄色（焊点 51）三根导线。

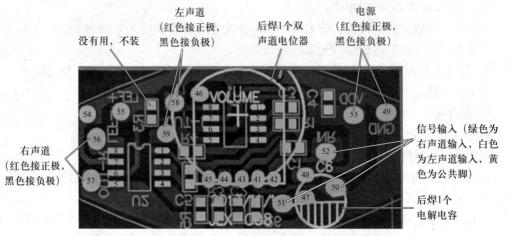

实训图 49　贴片小音响 PCB 电路工艺图

（2）按要求装配好贴片小音响板 bottom 面并焊接好 top 面。按音质、音量的要求进行调试，确保播放声音不失真。若失真，检查焊点是否有焊接缺陷，如实训图 50 所示。

实训图 50　调试贴片小音响

2. 总装

按要求调试好后，组装贴片小音响的外壳和扬声器，如实训图 51 所示。需要注意，在组装外壳时，导线不可裸露在外面；组装扬声器时，需先将导线穿入外壳孔中再焊接。此外，还需注意长、短螺钉的不同用途，避免装错孔位。

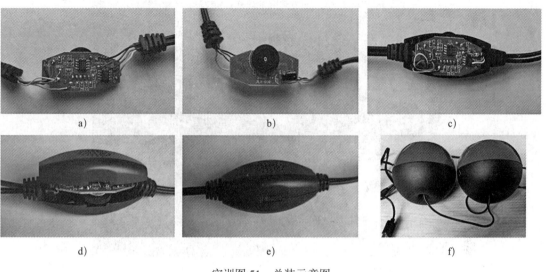

实训图 51 总装示意图

3. 调试

组装完成后再次调试音量与音质。调试过程中如发现贴片小音响音质差，需根据贴片小音响电路原理图（见实训图 52），合理分析音质差的原因，并修正好。

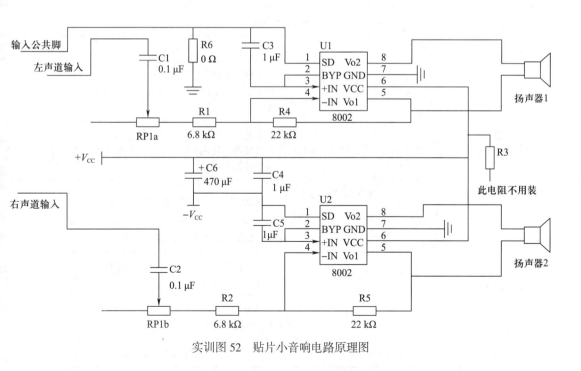

实训图 52 贴片小音响电路原理图

4. 组装小音响成品

贴片小音响贴装完成后的组装成品如实训图 53 所示。

实训图 53　贴片小音响成品

项目测评

按实训表 9 所列项目进行测评，并做好记录。

实训表 9　　　　　　　　　　　　综合测评表

序号	考核项目	考核内容	考核标准	配分 / 分	得分 / 分
1	贴片小音响装调前准备	贴装设备、仪表、材料及工具准备	能根据装调工艺流程，准备装调贴片小音响所需的设备、仪表、材料及工具	1	
		贴片小音响元器件清点与检测	能熟练完成贴片小音响元器件的清点与检测，发现短缺、差错，能及时补全或更换	1	
		贴片小音响装调工艺流程的制定	制定的贴片小音响装调工艺流程合理	1	
2	贴片小音响 PCB 印刷与检测	防静电措施	佩戴防静电手指套和防静电手环	1	
		锡膏是否回温与搅拌	锡膏使用前需回温 4 ~ 8 h，搅拌机搅拌 3 ~ 4 min	2	
		设备开启及软件启动	能按要求完成全自动印刷机的启动及控制软件的打开	2	
		全自动印刷机程序编辑	全自动印刷机程序编辑步骤合理	5	

续表

序号	考核项目	考核内容	考核标准	配分/分	得分/分
2	贴片小音响PCB 印刷与检测	mark 点编辑	试生产时 mark 点能通过	7	
		顶针与 PCB 放置	顶针与 PCB 放置正确	2	
		生产模式设置和程序调试	生产模式设置和程序调试正确	2	
		贴片小音响 PCB 印刷质量检测	贴片小音响 PCB 无渗锡、多锡、短路、少锡、锡膏拉尖、锡膏塌陷、锡膏粉化等不良现象	1	
3	贴片小音响PCB 贴装与检测	贴装前准备	能按要求完成贴装前准备	1	
		设备开启及软件启动	能按要求完成全自动贴片机的启动及控制软件的打开	2	
		程序编辑与生产调试	能按要求进行程序编辑	11	
		程序的调用	能按要求正确调用产品程序	2	
		安装供料器	能按步骤正确安装供料器	2	
		基准标志和元器件的视觉图像	能正确做好基准标志和元器件的视觉图像	1	
		首件试贴并检验	会进行首件试贴并按要求进行检验	1	
		根据首件试贴和检验结果调整程序或重做视觉图像	能根据首件试贴和检验结果调整程序或重做视觉图像	2	
		连续贴装生产	能按操作规程进行连续贴装生产	1	
		批量生产检测	能正确进行批量生产检测	1	
4	贴片小音响PCB 再流焊	设备开启及软件启动	能按要求完成再流焊机的启动及控制软件的打开	2	
		炉温设定	能按锡膏与 PCB 要求进行炉温设定	8	
		程序的调用与生产调试	能按要求正确调用产品程序	5	
		连续再流焊接生产	能按操作规程进行生产	2	
5	贴片小音响PCB 的 AOI 检测	设备开启及软件启动	能按要求完成 AOI 光学检测仪的启动及控制软件的打开	2	
		AOI 程序编辑	能按 AOI 工艺要求进行程序编辑	8	
		程序的调用	能按要求正确调用产品测试程序	2	
		连续 AOI 光学检测生产	能按操作规程进行测试	2	

续表

序号	考核项目	考核内容	考核标准	配分 / 分	得分 / 分
6	贴片小音响成品组装与调试	贴片小音响成品组装	能按步骤完成操作	2	
		成品组装质量检测	成品组装质量符合要求	5	
		手工后焊步骤	能按规范使用电烙铁进行手工后焊	4	
		焊点质量	焊点饱满、光亮、无缺陷	2	
		贴片小音响电路分析与排故	能按操作规程进行调试、分析与排故	5	
7		安全文明生产	能按实训室安全管理规范进行实训	2	
总分				100	
总评				综合等级	

附　　录

附表 1　　　　　　　　　　常用贴片二极管的型号和封装类型

型号	封装类型	型号	封装类型	型号	封装类型
1N4148W		MURX0505~MURX0560	SOD–123	SD103BWS	
1N4448W		1N4148WS		SD103CWS	
BAV16W		1N4448WS		MBR0520WS	
BAV19W		BAV16WS		MMBD4148W	
BAV20W		BAV19WS		MMBD4448W	
BAV21W		BAV20WS		BAT54W	
B5819W		BAV21WS		BAT54AW	SOT–323
BAT42W		BAS21W		MBR0530WS	
BAT43W		BAV70W		MBR0540WS	
BAT46W		BAS40W–05		1N5711WS	
SD101AW		BAS40W–06		BAS16W	
SD101BW	SOD–123	BAT42WS		BAS19W	
SD101CW		BAT43WS	SOT–323	BAS20W	
B5819W		BAT54WS		BAS40W	
1N5711W		BAS40WS		BAS40W–04	
1N6263W		BAS70WS		BAT54SW	
B0520W		BAV99W		RB706F–40	
B0530W		BAW56W		1SS181	
B0540W		BAS70W–04		1SS184	
B5817W		BAS70W–05		1SS187	
FM120–M~FM1100–M		SD101AWS		1SS190	SOT–23
FM220–M~FM2100–M		SD101BWS		1SS193	
FM4001–M~FM4007–M		SD101CWS		1SS196	
FFM101–M~FFM107–M		SD103AWS		1SS226	

型号	封装类型	型号	封装类型	型号	封装类型
BAL99LT1		MMBD6050LT1		RB495D	SOT-23-3L
BAS116LT1		MMBD7000LT1		1SS387	
AZ23C2V7~AZ23C51		SDS7000		1SS388	
BAS16LT1		BAS40LT1		1SS400	
BAS19LT1		BAS70LT1		1SS422	
BAS21LT1		BAS70LT1-04	SOT-23	BAS16X	SOD-523
BAV70LT1		BAS70LT1-05		BAT54X	
BAW56LT1		BAS70LT1-06		RB520S-30	
BAV74LT1		BAT54A		RB521S-30	
BAV99LT1	SOT-23	BAT54C		RB751S-40	
DAN202K		BAT54S		BAS516	
DAP202K		BZX84C2V4~BZX84C75		BAS16T	
MA147		1N5817		BAW56T	
MA153		1N5819		BAV70T	
MA153A		RB400D		BAV99T	SOT-523
MA157A		RB420D	SOT-23-3L	DAN222	
MMBD914LT1		RB421D		DAP222	
MMBD2836LT1		RB425D			
MMBD2838LT1		RB491D			

附表 2 　　　　　　　　　SOT-23 封装三极管常用型号的参数

型号	标识	电流/A	电压/V	极性	型号	标识	电流/A	电压/V	极性
S9012	2T1	0.3	20	PNP	S8550	2TY	0.5	25	PNP
S9013	J3	0.3	25	NPN	SS8050	Y1	0.8	25	NPN
S9014	J6	0.1	45	NPN	SS8050	Y1	1.5	25	NPN
S9015	M6	0.1	45	PNP	SS8550	Y2	0.8	25	PNP
S9018	J8	0.05	15	PNP	SS8550	Y2	1.5	25	PNP
S8050	J3Y	0.3	25	NPN	MMBT3904	1AM	0.2	40	NPN
S8050	J3Y	0.5	25	NPN	MMBT3906	2A	0.2	40	PNP
S8550	2TY	0.3	25	PNP	MMBT2222A	1P	0.5	40	NPN

型号	标识	电流 /A	电压 /V	极性	型号	标识	电流 /A	电压 /V	极性
MMBT2907A	2F	0.5	40	PNP	2SC2412	BR	0.15	50	NPN
MMBT5401	2L	0.3	160	PNP	2SD596	DV4	0.7	25	NPN
MMBT5401	2L	0.6	160	PNP	2SB624	BV4	0.7	25	PNP
MMBT5551	G1	0.3	160	NPN	2SD1781	AFR	0.8	32	NPN
MMBT5551	G1	0.6	160	NPN	2SB1197	AHR	0.8	32	PNP
MMBTA42	1D	0.5	300	NPN	2SC3265	EY	0.8	25	NPN
MMBTA92	2D	0.5	300	PNP	2SA1298	IY	0.8	25	PNP
MMBTA44	3D	0.2	400	NPN	BC846A	1A	0.1	65	NPN
MMBTA94	4D	0.2	400	PNP	BC846B	1B	0.1	65	NPN
MMBT4401	2X	0.6	40	NPN	BC847A	1E	0.1	45	NPN
MMBT4403	2T	0.6	40	PNP	BC847B	1F	0.1	45	NPN
MMBTH10	3EM	0.05	25	NPN	BC847C	1G	0.1	45	NPN
FMMT493	493	1	60	NPN	BC848A	1J	0.1	30	NPN
FMMT591	591	1	60	PNP	BC848B	1K	0.1	30	NPN
KTC3875	ALY	0.15	50	NPN	BC848C	1L	0.1	30	NPN
2SC1815	HF	0.15	50	NPN	BC856A	3A	0.1	65	PNP
BC807–25	5B	0.5	45	PNP	BC856B	3B	0.1	65	PNP
BC817–40	6C	0.5	45	NPN	BC857A	3E	0.1	45	PNP
2SC945	CR	0.15	50	NPN	BC857B	3F	0.1	45	PNP
2SA1015	BA	0.15	50	PNP	BC857C	3G	0.1	45	PNP
2SC945	CR	0.15	50	NPN	BC858A	3J	0.1	30	PNP
2SA733	CS	0.15	50	PNP	BC858B	3K	0.1	30	PNP
2SC2712	LG	0.15	50	NPN	BC858C	3L	0.1	30	PNP
2SC2712	LY	0.15	50	NPN	BC807–16	5A	0.5	45	PNP
2SA1162	SY	0.15	50	PNP	BC807–25	5B	0.5	45	PNP
2SC3356	R24	0.1	12	NPN	BC807–40	5C	0.5	45	PNP
2SC1623	L6	0.1	50	NPN	BC817–16	6A	0.5	45	NPN
2SC2714	QY	0.02	30	NPN	BC817–25	6B	0.5	45	NPN
2SC2757	T33	0.1	30	NPN	BC817–40	6C	0.5	45	NPN
2SA1037	FR	0.15	50	PNP					